21 世纪高等学校数字媒体专业规划教材

数字媒体技术与应用

李绯　杜婧　李斌　邓云木　编著

清华大学出版社
北京

内 容 简 介

本书介绍了数字媒体技术的概念、研究及应用领域,重点讲述了常见的数字媒体技术及其应用,主要包括数字图像技术与制作、数字音频技术与制作、数字视频技术与制作、数字动画技术与设计、数字游戏的设计与开发、网络多媒体技术与设计等内容。

本书在介绍各类数字媒体技术知识的基础上,着重从各类媒体产品的设计、制作入手,介绍媒体产品的设计思路、开发流程、软件使用等技巧,力图使读者掌握媒体产品的制作全过程。

该书内容丰富、实用性强,以简洁、通俗易懂的语言介绍了数字媒体的设计、制作技术与技巧,适合于数字媒体相关产品的开发、制作者使用,尤其适合教师、学生、技术人员从事数字媒体产品开发之用。

图书在版编目(CIP)数据

数字媒体技术与应用/李绯等编著. —北京:清华大学出版社,2012.11(2025.2重印)
(21世纪高等学校数字媒体专业规划教材)
ISBN 978-7-302-29944-8

Ⅰ. ①数… Ⅱ. ①李… Ⅲ. ①数字技术—多媒体技术—高等学校—教材 Ⅳ. ①TP37

中国版本图书馆 CIP 数据核字(2012)第 203482 号

责任编辑:魏江江　薛　阳
封面设计:杨　兮
责任校对:白　蕾
责任印制:宋　林

出版发行:清华大学出版社
　　　网　　　址:https://www.tup.com.cn,https://www.wqxuetang.com
　　　地　　　址:北京清华大学学研大厦 A 座　　　　　　邮　　编:100084
　　　社 总 机:010-83470000　　　　　　　　　　　　邮　　购:010-62786544
　　　投稿与读者服务:010-62776969,c-service@tup.tsinghua.edu.cn
　　　质量反馈:010-62772015,zhiliang@tup.tsinghua.edu.cn
　　　课件下载:https://www.tup.com.cn,010-62795954
印 装 者:北京建宏印刷有限公司
经　　销:全国新华书店
开　　本:185mm×260mm　　印　张:20　　　　　　字　　数:486 千字
版　　次:2012 年 11 月第 1 版　　　　　　　　　　印　　次:2025 年 2 月第12次印刷
印　　数:11301~11800
定　　价:29.50 元

产品编号:037787-01

数字媒体专业作为一个朝阳专业,其当前和未来快速发展的主要原因是数字媒体产业对人才的需求增长。当前数字媒体产业中发展最快的是影视动画、网络动漫、网络游戏、数字视音频、远程教育资源、数字图书馆、数字博物馆等行业,它们的共同点之一是以数字媒体技术为支撑,为社会提供数字内容产品和服务,这些行业发展所遇到的最大瓶颈就是数字媒体专门人才的短缺。随着数字媒体产业的飞速发展,对数字媒体技术人才的需求将成倍增长,而且这一需求是长远的、不断增长的。

正是基于对国家社会、人才的需求分析和对数字媒体人才的能力结构分析,国内高校掀起了建设数字媒体专业的热潮,以承担为数字媒体产业培养合格人才的重任。教育部在2004 年将数字媒体技术专业批准设置在目录外新专业中(专业代码:080628S),其培养目标是"培养德智体美全面发展的、面向当今信息化时代的、从事数字媒体开发与数字传播的专业人才。毕业生将兼具信息传播理论、数字媒体技术和设计管理能力,可在党政机关、新闻媒体、出版、商贸、教育、信息咨询及 IT 相关等领域,从事数字媒体开发、音视频数字化、网页设计与网站维护、多媒体设计制作、信息服务及数字媒体管理等工作"。

数字媒体专业是个跨学科的学术领域,在教学实践方面需要多学科的综合,需要在理论教学和实践教学模式与方法上进行探索。为了使数字媒体专业能够达到专业培养目标,为社会培养所急需的合格人才,我们和全国各高等院校的专家共同研讨数字媒体专业的教学方法和课程体系,并在进行大量研究工作的基础上,精心挖掘和遴选了一批在教学方面具有潜心研究并取得了富有特色、值得推广的教学成果的作者,把他们多年积累的教学经验编写成教材,为数字媒体专业的课程建设及教学起一个抛砖引玉的示范作用。

本系列教材注重学生的艺术素养的培养,以及理论与实践的相结合。为了保证出版质量,本系列教材中的每本书都经过编委会委员的精心筛选和严格评审,坚持宁缺毋滥的原则,力争把每本书都做成精品。同时,为了能够让更多、更好的教学成果应用于社会和各高等院校,我们热切期望在这方面有经验和成果的教师能够加入到本套丛书的编写队伍中,为数字媒体专业的发展和人才培养做出贡献。

21 世纪高等学校数字媒体专业规划教材

联系人:魏江江　weijj@tup. tsinghua. edu. cn

数字媒体技术是一种新兴的、综合的技术，涉及和综合了许多学科和研究领域的理论、技术和成果，广泛应用于信息、通信、影视、广告、出版、教育等领域。得益于数字媒体技术不断突破产生的引领和支持，以数字媒体、网络技术与文化产业相融合而产生的数字媒体产业，正在世界各地快速成长。数字媒体的发展推动着社会生活方式、内容的变革，已成为信息社会中最新、最广泛的信息载体，几乎渗透到人们生活的方方面面。

本书主要讲述了数字媒体技术的概念、研究及应用领域，重点讲述了常见的数字媒体技术及其应用，主要包括数字图像技术与制作、数字音频技术与制作、数字视频技术与制作、数字动画技术与设计、数字游戏的设计与开发、网络多媒体技术与设计等内容。

本书在介绍各类数字媒体技术知识的基础上，着重从各类媒体产品的设计、制作入手，介绍媒体产品的设计思路、开发流程、软件使用等技巧，力图使读者掌握媒体产品的制作全过程。

本书具有以下特点。

- 内容丰富：本书内容涵盖了数字图像、数字音频、数字视频、数字动画、数字游戏、网络多媒体等技术的应用，内容全面，涉及面广。
- 实用性强：通过本书的学习，读者可以掌握多种数字媒体产品的开发、制作技巧。例如，根据数字音视频资源开发中的实际需要，介绍了利用 Vegas Pro、Premiere Pro 实现音视频编辑；在图像处理方面讲述了利用光影魔术手处理照片的技巧；在动画制作上，介绍了 Flash 的使用技巧；在数字游戏方面，介绍了游戏设计的流程及常用开发工具的使用等。
- 代表性强：本书介绍的几种工具都是现在比较流行的数字媒体产品开发的主流软件。通过阅读本书，读者可以基本掌握这些数字媒体产品的设计、开发、制作方法。

由于本书涉及内容较多，再加上作者水平和撰稿时间有限，难免有疏漏和不当之处，敬请广大读者谅解并加以指正。

作 者

2012 年 8 月

目 录

第1章 数字媒体技术概述

数字媒体技术是一种新兴的、综合的技术,涉及和综合了许多学科和研究领域的理论、技术和成果,广泛应用于信息、通信、影视、广告、出版、教育等领域。数字媒体技术的发展推动着社会生活方式、内容的变革,已成为信息社会中最新、最广泛的信息载体,几乎渗透到人们生活的方方面面。

1.1 数字媒体及其特性

1.1.1 数字媒体的概念

在人类社会中,信息的表现形式是多种多样的,这些表现形式称为媒体。数字媒体就是以数字化形式存储、处理和传播信息的媒体。

过去我们熟悉的媒体几乎都是以模拟的方式进行存储和传播的,而数字媒体却是以比特的形式进行存储、处理和传播。数字媒体中信息的最小单元是比特(b),任何信息在数字媒体中都可分解为一系列"0"或"1"的排列组合,以二进制的形式存在。

数字媒体包括两个方面:一是信息,采用二进制形式表现的内容;二是媒介,能存储、传播信息的载体。从这层意义上说,数字媒体就是指以二进制数的形式记录、处理、传播、获取的信息媒体,这些媒体包括数字化的文字、图形、图像、声音、视频影像、动画及其编码和存储、传输、显示的物理媒体。

从学科的角度来看,数字媒体是以信息科学和数字技术为主导,以大众传播理论为依据,以现代艺术为指导,将信息传播技术应用到文化、艺术、商业、教育和管理领域的科学与艺术高度融合的综合交叉学科。数字媒体包括了图像、文字、音频、视频等各种形式,以及传播形式和传播内容中采用的数字化,即信息的采集、存取、加工和分发的数字化过程。数字媒体已经成为继语言、文字和电子技术之后的最新的信息载体。

1.1.2 数字媒体的特性

数字媒体具备数字化、网络化、虚拟化和多媒体化等显著特征,将成为集公共传播、信息、服务、文化娱乐、交流互动于一体的信息载体。其主要特点包括以下几项。

1. 数字化

数字媒体存储、处理、传输的信息,都是以二进制形式表示,也就是以数字化的形式存在。这种方式使得信息易于复制,可以快速传播和重复使用,使得不同媒体之间的信息可以相互混合,利于多媒体的表现。

2. 互动性

以数字方式存在的信息,使得信息在发送者和接收者之间的双向流动变得容易很多,加之以网络或信息终端为介质的传输载体,使得数字媒体具备"人机交互"的显著特点。

3. 集成性

集成性主要表现为多种媒体信息的集成。数字媒体能使多种不同形式的信息媒体综合起来,共同表现某一内容。数字媒体可以将文字、图像、声音、视频、动画等表现形式于一身,使表现的内容丰富多彩,达到最佳的传播效果。

4. 传播的多样性

数字媒体的传播形式多种多样,主要传播渠道有光盘、互联网、数字电视广播网、数字卫星等,传播方式包括 E-mail、BBS(Bulletin Board System)、QQ、博客、IPTV(Interactive Personality TV)、手机电视、移动电视、数字电视广播等,这些都体现了数字媒体多样化的传播特性。

1.1.3 数字媒体的分类

与媒体的分类相似,数字媒体按照其不同功能,也具有不同的类型。

(1)感觉媒体(Perception Medium),是指能够直接作用于人的感觉器官,使人产生直接感觉(视觉、听觉、嗅觉、味觉、触觉)的媒体,如语言、音乐、图像、图形、动画、文本等。

(2)表示媒体(Presentation Medium),是指为了传送感觉媒体而人为研究出来的媒体,借助这一媒体可以更加有效地存储感觉媒体,或者是将感觉媒体从一个地方传送到另一个地方的媒体,如语言编码、电报码、条形码、静止和活动图像编码以及文本编码等。

(3)显示媒体(Display Medium),是显示感觉媒体的设备。显示媒体又分为两类:一类是输入显示媒体,如话筒、摄像机、光笔以及键盘等;另一种为输出显示媒体,如扬声器、显示器以及打印机等。输出显示媒体指用于通信中,使电信号和感觉媒体间产生转换用的媒体。

(4)存储媒体(Storage Medium),用于存储表示媒体。存储感觉媒体数字化后的代码的媒体称为存储媒体,如磁盘、光盘、磁带、纸张等。简言之,是指用于存储某种媒体的载体。

(5)传输媒体(Transmission Medium),是指传输信号的物理载体,如同轴电缆、光纤、双绞线以及电磁波等。

1.2 数字媒体技术的研究领域

1.2.1 数字媒体技术的研究内容

数字媒体技术是通过现代计算和通信手段,综合处理文字、声音、图形、图像等信息,使抽象的信息变成可感知、可管理和可交互的一种技术。

数字媒体技术主要研究与数字媒体信息的获取、处理、存储、传播、管理、安全、输出等相关的理论、方法、技术与系统。数字媒体技术是包括计算机技术、通信技术和信息处理技术等各类信息技术的综合应用技术,涉及的关键技术及内容主要包括数字媒体信息的获取技术、数字媒体信息处理技术、数字媒体信息存储技术、数字媒体传播技术、数字信息输出技术、数字信息检索与信息安全技术等。

1. 数字媒体信息的获取技术

数字媒体信息的获取是数字媒体信息处理的基础,其关键技术包括声音和图像等信息的获取技术、人机交互技术、传感技术等。对于不同的媒体信息,获取设备各有不同,如适用于图像信息获取的数字化仪、数码相机、数字摄像机、扫描仪、视频采集系统等,适合音频信息获取的话筒、数字录音机、录音笔、音乐合成器等,还有用于运动数据采集的数据手套、数据衣,用于三维立体建模的立体扫描仪、自动跟踪仪等。

2. 数字媒体信息处理技术

数字媒体信息处理技术主要包括模拟媒体信息的数字化、高效的压缩编码技术,以及对数字媒体信息的特征提取、分类与识别技术等。数字媒体信息处理技术主要包括数字声音处理技术、数字语音处理技术、数字图像处理技术、数字视频处理技术等。数字声音处理是将模拟声音信号经采样、量化和编码转换为数字音频信号,其中数字音频压缩编码技术尤为关键。数字语音处理技术包括语音合成和语音识别等技术。对视觉信息的处理,则涉及数字图像处理技术和数字视频处理技术,其中编码技术、图像识别技术等在数字媒体系统中应用广泛。

3. 数字媒体信息存储技术

数字媒体对存储技术的存储容量、传输速度等性能指标的高标准、高要求,促进了数字媒体存储介质以及相关控制、接口、机械结构等技术的发展,高存储容量和高速的存储产品不断涌现。目前主流的存储技术主要有磁存储技术、光存储技术和半导体存储技术。

4. 数字媒体传播技术

数字媒体传播技术包括数字传输技术和网络技术两个方面。数字传输技术是指各类调制技术、差错控制技术、数字复用技术、多址技术等。网络技术主要指公共通信网技术、计算机网络技术以及接入网技术等。目前,基于三网融合的 IP(Internet Protocol)技术和基于IPv 6(Internet Protocol version 6)的下一代网络技术的广泛应用代表着数字媒体传播技术的发展趋势。

5. 数字信息输出技术

数字媒体信息输出技术包括显示技术、硬拷贝技术、声音系统以及用于虚拟现实技术的三维显示技术等。目前,平板高清显示器、三维显示技术及带有交互功能的输入、输出技术已经成为一种趋势。

6. 数字信息检索与信息安全技术

数字媒体的数据库技术、信息检索技术是对数字媒体信息进行高效管理、检索、查询的关键技术。如何让数据库管理系统满足各类数字媒体的应用需求,建立专用的数字媒体数据库是数据库技术的研究方向。基于内容的检索技术也是目前研究的趋势,如直接对图像、视频、音频内容进行分析,抽取特征和语义,建立索引并进行检索等。

数据媒体信息安全技术的应用包括数字信息保护和数字版权管理。数字水印技术是数字信息安全领域一个新的研究方向。

1.2.2 数字媒体产业的发展

近年来,以互联网、无线通信为传播载体,以数字化多媒体内容为核心的数字媒体产业在全球范围内快速崛起,并在潜移默化中改变着人们的信息获取方式和休闲娱乐方式。

在国际上,英国的数字产业从广播电视、计算机软件、设计、电影、出版、音乐、广告到软件游戏,已成为英国的第一产业。在美国,以电影工业和计算机软件席卷全球的内容产业(包括数字媒体内容)每年营收超过 4000 亿美元,占 GDP(Gross Domestic Product)的 4%,数字媒体产业在美国已发展成重要的支柱产业。在日本,数字媒体产业中的媒体艺术、电子游戏、动漫卡通等产值已是钢铁产业的两倍,成为日本目前三大经济支柱产业之一。韩国的数字产业,特别是游戏产业更是创下了令人瞩目的成绩,数字产业已超过汽车产业,成为韩国第一大产业。

中国正进入数字媒体快速增长时期,中国数字媒体的相关产业,包括影视、动漫、游戏、电子出版等已蓄势待发,数字媒体技术及数字媒体产业已成为目前市场投资和开发的热点。"十五"期间,国家 863 计划率先支持了网络游戏引擎、协同式动画制作、三维运动捕捉、人机交互等关键技术研发以及动漫网游公共服务平台的建设,并分别在北京、上海、湖南长沙和四川成都建设了 4 个国家级数字媒体技术产业化基地,对数字媒体产业集聚效应的形成和数字媒体技术的发展起到了重要的示范和引领作用。

1.3 数字媒体技术的应用

以数字媒体技术、网络技术与文化产业相融合而产生的数字媒体产业,正在世界各地快速成长。数字媒体产业的迅猛发展,得益于数字媒体技术不断突破产生的引领和支持。目前,数字媒体技术的应用领域涉及广泛,包括广播、电视、网络、娱乐、教育、出版等。

1.3.1 数字广播电视

1. 数字广播

1) 数字广播的概念及特点

数字广播是指用全程数字技术来处理广播中的信号,将数字化的音频信号、视频信号,以及各种数据信号,在数字状态下进行各种编码、调制、传递、接收等处理,使信号处理全程数字化的技术。

随着科技的发展,广播技术也发生了很大的变化。在音频广播发展进程中,初始阶段采用长波(Long Wave,LW)、中波(Medium Wave,MW)和短波(Short Wave,SW)的调幅(Amplitude Modulation,AM)广播方式,之后是米波段的调频(Frequency Modulation,FM)广播,并在此基础上发展了调频立体声(FM Stereo)广播,这些都是模拟音频广播。到了 20 世纪 90 年代中期,出现了数字音频广播方式,现行的数字多媒体广播就是由此发展而来。目前,数字广播除了传输传统意义上的音频信号之外,还可以传送包括音频、视频、数据、文字、图形等多媒体信号。从世界范围来看,数字广播已经进入了数字多媒体广播的时代,受众通过手机、计算机、便携式接收终端、车载接收终端等多种接收装置,可以收听收看到丰富多彩的音视频节目。

和以往的模拟广播方式相比,数字音频广播具备以下优势。

(1)信号质量优越

与传统模拟音频广播相比,数字音频广播在弱场强地区或移动场所,能发挥强大的纠错能力,抗干扰能力强,接收无噪声干扰,音质纯净,可与 CD(Compact Disk)媲美。

（2）频道负载量大

数字音频广播采用了先进的数字压缩解压方式，可以同时传送几百个电台，每个电台占用的频带非常窄，因此可以更多地增加可利用的频率数量。

（3）传输内容多样化

数字广播除了传送音频节目外，还可以传送包括音频、视频、数据、文字、图形等多种媒体的信息，开展其他数据传送业务。

（4）接收终端多样化

传统音频广播只有收音机接收方式。而数字广播的接收终端可以是多种多样的，只要嵌入一个数字接收芯片，手机、笔记本电脑、PDA（Personal Digital Assistant）、MP3、MP4、车载电台等，都可以接收到数字广播的节目。

（5）输出方式多样化

数字广播采用多媒体的输出方式，可以通过广播网、有线数字电视网、互联网、无线网络、卫星等方式输出。

（6）互动性好

传统广播方式是单向发送接收，听众只能被动接收，无法选择。数字广播克服了这种缺点，通过数字接收终端，可以通过数字节目平台任意点播所需节目，并可以下载、转发，满足观众（听众）个性化需要。

2）数字广播技术的发展及应用

目前，数字广播的应用很多，主要有 DAB（Digital Audio Broadcasting，数字音频广播）、DRM（Digital Radio Mondiale，数字调幅广播）、DSB（Digital Satellite Sound Broadcasting，数字卫星声音广播）、DMB（Digital Multimedia Broadcasting，数字多媒体广播）等。下面分别做简要介绍。

（1）数字音频广播

数字音频广播起源于德国。数字广播技术的基础是 Eureka 147 标准，即数字音频广播系统标准。1988 年 1 月 1 日，欧洲正式实施 Eureka 147 标准。1994 年，Eureka 147 标准被国际电信联盟（International Telecommunications Union，ITU）确认为国际标准。到目前为止，世界上有近 30 个国家和地区开播或试验播出数字音频广播节目。我国在 20 世纪 90 年代初开始了 DAB 的研究和试验。目前在英国、德国、比利时、丹麦等欧洲国家，数字音频广播的覆盖率已经达到相当高的水平，全球有 3.3 亿人在收听数字音频广播。该制式工作在 L 频带（1452～1492MHz）和甚高频频带（174～240MHz）内，采用 COFDM（Coded Orthogonal Frequency Division Multiplexing）多载波调制技术，利用同一载波传送多套节目，可组成单频网（Singal Frequency Network，SFN），音频编码采用 MPEG-1 Layer Ⅱ，每路音频信号的码率可以有多种选择。

由于在 Eureka 147 标准确定之初，美国联邦通信委员会（Federal Communications Commission，FCC）就以缺乏合适的频谱为由，反对在美国采用 Eureka 147 系统。早在 1990 年，美国数字广播集团（USADR）就提出了带内同频 IBOC-DAB 的方案，在地上利用现有的 AM 和 FM 发射机进行覆盖，在天上则用 DSB 卫星广播方式覆盖。直到 2000 年 4 月，随着核心技术问题的解决，美国国家广播制式委员会才决定进行正式的 IBOC-DAB 标准的制定。其原理是在现有 AM、FM 模拟音频广播频带内，插入电平比模拟信号低的压缩的加密数字信号。该信号对模拟解调器来说只是噪声,而数字解调器则可通过自适应数字滤波器提取有用信号。音频编码采用 MPEG AAC(Advanced Audio Coding,高级音频编码)和 EPAC(Enhanced Perceptual Audio Coder,增强知觉音频编码)两种方案,采用 OFDM(Orthogonal Frequency Division Multiplexing)调制。此种制式最大特点是,不改变原有音频广播电台的工作频率和广播业务,采取频率复用,模拟和数字相兼容,从而实现模拟到数字的转变。

针对 Eureka 147、IBOC,日本提出了自己的 ISDB-T(Integrated Service Digital Broadcasting-Terrestrial)制式。其特点是,利用窄带和宽带同时来进行数字电视广播和数字音频广播,视频和音频互相兼容,根据实际需要还可以调整系统带宽,接收机不但可以解调数字音频信号,还可以解调数字电视伴音信号。

(2) 数字调幅广播

2004 年制定的数字调幅广播技术标准,是一种在原中短波频带内,仍占用 9kHz(或 10kHz)带宽,可提供无干扰的接近调频立体声质量的广播技术。

调幅广播始于 20 世纪 20 年代,其工作频段为 150kHz~30MHz。数字调幅广播与模拟调幅广播相比具有很多优势。首先,DRM 系统工作于 30MHz 以下的频段,可以充分利用现有中短波频谱资源,穿透能力和绕射能力很强,覆盖范围大,适合于移动接收和便携式接收。其次,在保持相同覆盖的情况下,数字调幅发射机比模拟调幅发射机的功率低,提高了发射机效率和经济效益。再次,在保持现有带宽 9kHz(或 10kHz)的情况下,利用音频数据压缩技术和数字信号处理技术,提高调幅波段信号传送的可靠性,增强抗干扰能力,消除短波的衰落,显著提高调幅波段信号传送的音质。最后,在所规定的带宽内,可以同时传送一路模拟信号和一路数字信号,便于逐步向全数字广播过渡,也能够提供附加业务和数据传输。

由于数字处理技术应用于调幅广播具有许多优点,越来越多的广播电台、广播网络运营商、广播产品制造商启动了自己的 DRM 实施计划。据统计,现在全世界范围内大约有数千座长波、中波、短波广播发射台,20 亿部调幅收音机,6 亿部短波收音机。目前,全球已有 50 多个广播电台每天、每周或定期播出 DRM 制式的节目,DRM 的使用正在全球快速增长。

(3) 卫星数字音频广播

卫星数字音频广播指用卫星来传送 DAB 数字声音广播。20 世纪末,经国际电信联盟认可的世广卫星集团(World Space)推出的卫星数字音频广播系统已登场亮相。这套系统由亚洲之星、非洲之星和美洲之星三颗地球同步卫星、广播上行站、数字接收机及地面控制运营网组成。它向全球直接播放数字音频广播,覆盖面已经超过 120 个国家。它不仅在音频广播领域独具魅力,而且给多媒体广播带来广播、娱乐及信息传播领域的一场革命。

卫星广播系统与地面广播系统相比,有许多优点。接收赤道同步轨道上的广播卫星转发的信号时,由于仰角高,电波受高山或建筑物阻挡少,所以卫星广播能直接覆盖全部国土,不需要在地面上再建设全国性的微波中继节目传送网,卫星广播的传输环节少,不易受自然灾害的破坏,接收的图像不会出现重影。另外,卫星广播增加了新闻报道的灵活性和及时性,可以利用现场已架设好的移动上行站直接把节目送往卫星。外地节目也可直接送往卫星,或由全国若干个电视中心定时轮流地把节目送上卫星向全国广播。

(4) 数字多媒体广播

数字多媒体广播是从数字声音广播的基础上发展而来的,与 DAB 不同的是,DMB 不再是单纯声音广播,而是一种能同时传送多套声音节目、数据业务和活动图像节目的广播。它充分利用了数字音频广播技术优势,在功能上将传输单一的音频信号扩展为可传输数据文字、图形、电视等多种载体信息的信号。例如,电台在广播节目播出的同时,可以传送与节目相关的主持人或者现场的图片,甚至是图像。也可以在播放某首歌曲的同时,为听众提供歌曲的背景资料,从而为听众提供声音以外的视觉效果。

DMB 采取地面和卫星两种播送方式。一种是 T-DMB(地面数字多媒体广播),建立在 Eureka 147 数字音频广播系统的基础上,经过一定的修改后可以向手机、PDA 和便携电视等手持设备播送空中数字视音频节目;另一种是 S-DMB(卫星数字多媒体广播),其原理是由地面广播中心发射多媒体广播信号,由卫星接收后转发给地面的移动终端接收机,卫星数字多媒体广播使用户能通过手机等装置在移动中收看电视节目。前者投资额较小,适合于区域性应用;后者适用面比较广,甚至可以覆盖整个国家,应用前景广泛。

DMB 的优势在于可以拥有多种受众群体。一方面,可以在地面高速移动的状态下高质量地接收声音、数据信息和视频节目,户外活动者、交通工具(公交、火车,甚至飞机)使用者都将是 DMB 的移动用户群体;另一方面,DMB 信息不但可以移动接收,也可以在室内外的固定场合采用移动式或固定式接收,传统固定用户(电视用户、各种数据信息用户)也将是 DMB 的用户群体。面向众多用户,DMB 可以开展多种服务项目,包括音频服务、移动影视节目服务、交通信息服务、经济信息服务、网络服务市场等。

2. 数字电视

1) 数字电视的概念及特点

数字电视是指将模拟电视信号转变为数字电视信号并进行处理、传输、记录和接收的电视广播方式。数字电视技术主要采用了数字图像压缩编码技术、数字伴音压缩编码技术、信道纠错编码技术、数字多路复用技术、适用于各种传输信道(卫星、电缆、地面辐射)的调制解调技术等。

数字电视的传输手段主要有卫星、地面发射、HFC(Hybrid Fiber-Coaxial)网络、SDH(Synchronous Digital Hierarchy)等,其中 SDH 主要用于数字电视节目的长距离传输。目前我国数字电视主要采用 4 种传输方式,分别是有线数字电视、IP 数字电视、卫星数字电视和地面数字电视(移动数字电视)。

数字电视与模拟电视相比具有很多优势。

(1) 收视效果好。数字化以后的电视信号传输,抗干扰能力强,不易受外界的干扰,避免了串台、串音等现象,噪音也没有积累。另外,由数字摄录一体机拍摄的数字电视信号的复制是无损的,这就更有利于制作出高质量的电视节目,满足人们对高图像清晰度和高音频质量的需求。

(2) 传输效率高。数字电视由于可采用压缩编码技术,能够显著提高频道利用率。传输一路模拟电视节目的频带宽度可传输 4~10 路数字电视节目,这样就可以大大地降低发射及传输的费用与成本。

(3) 实现"多网互通",满足用户多种功能需求。数字电视依赖其先进技术,可提供全新的增值业务,为用户提供了极大的生活便利。数字电视采用的是双向信息传输技术,具备交互能力,人们可以按照自己的需求,获取各种网络服务,包括视频点播、网上购物、远程教学、远程医疗、股票交易、信息查询等增值性商业业务。可以说,它为用户提供了更大的自由度、更多的选择权、更强的交互能力、更宽的发展空间。

2）数字电视的发展及应用

对数字电视的研究起步于日本对高清晰度电视的研究，早在 1972 年日本就提出了 HDTV（High Definition Television）的设计方案。1988 年，日本用高清晰度电视系统成功地对汉城奥运会进行了实况转播，1994 年起用高清晰度电视试播，深受广大用户欢迎。

随后，欧洲基于数字电视市场的考虑，设计了一条从 Mac 到 HD-Mac 逐步过渡到 HDTV 的道路。

美国在此之后也意识到 HDTV 潜在的市场前景，开始致力于 HDTV 的研究，提出了全数字高清晰度电视的方案，并采用先进的科学技术实现普通电视向数字电视的过渡。1990 年美国通用仪器公司开发出世界上第一套全数字高清晰度电视系统，1996 年 12 月，美国联邦通信委员会正式确定采用 ATSC（Advanced Television System Committee，先进电视制式委员会）作为美国数字电视地面广播标准。

目前国际上的数字电视标准主要有美国的 ATSC，欧盟的 DVB（Digital Video Broadcasting，数字视频广播）和日本的 ISDB（由 DIBEG（Digital Broadcasting Experts Group，数字广播专家组）制定）。

美国在发展高清晰度电视时主要考虑如何通过地面广播网进行传播，并提出了以数字高清晰度电视为基础的标准——ATSC。美国 HDTV 地面广播频道的带宽为 6MHz，调制采用 8VSB。预计美国的卫星广播电视会采用 QPSK（Quadrature Phase Shift Keying）调制，有线电视会采用 QAM（Quadrature Amplitude Modulation）或 VSB 调制。

欧洲数字电视标准为 DVB，从 1995 年起，欧洲陆续发布了数字电视地面广播（DVB-T，Digital Video Broadcasting-Terrestrial）、数字电视卫星广播（DVB-S，Digital Video Broadcasting-Satellite）、数字电视有线广播（DVB-C，Digital Video Broadcasting-Cable）的标准。欧洲数字电视首先考虑的是卫星信道，采用 QPSK 调制。欧洲地面广播数字电视采用 COFDM 调制，8M 带宽。欧洲有线数字电视采用 QAM 调制。

日本数字电视首先考虑的是卫星信道，采用 QPSK 调制。并在 1999 年发布了数字电视的标准——ISDB。ISDB 是日本制订的数字广播系统标准，它利用一种已经标准化的复用方案在一个普通的传输信道上发送各种不同种类的信号，同时已经复用的信号也可以通过各种不同的传输信道发送出去。ISDB 具有柔软性、扩展性、共通性等特点，可以灵活地集成和发送多节目的电视。

我国数字电视的发展从 1992 年开始就已在国家正式立项，并由国务院亲自成立了相应的领导小组，负责协调和制定战略发展计划。1998 年 8 月，完成了高清晰度电视系统的联试。1999 年，在新中国成立 50 周年的庆典上，我国成功地试用高清晰度电视技术对庆典活动进行了实况转播。2007 年中国数字电视国家标准正式确定并颁布。

3. 互动电视

1）互动电视的概念及特点

互动电视是一种建立在数字电视播出平台上的，具备观众和播出平台双向交流功能的、新型的电视传播方式。这种传播方式以数字电视为基础，通过卫星数字电视、有线数字电视、地面数字电视的途径，实现具有交互性的传播。电视观众可以通过手中的遥控器与电视机机顶盒的配合，选择由播出机构发送的不同信号，来达到选择节目的目的，或者可以以电话网络、有线网络作为信息的回路,向播出平台传递个人意愿,选择节目内容。

互动电视具有以下特点及优势。

(1)互动性。互动电视最显著的优点是"互动性",互动电视将电视节目播出的主动权由电视台转移到观众,观众成为自己娱乐生活的主人,不但可以选择喜欢的节目,而且可以参与节目的策划、制作等环节。互动电视创造了新的沟通模式,它颠覆了电视观众"受众"与电视传媒"传者"的定位,开阔了电视观众之间,电视观众与互联网用户之间,电视观众与电话用户之间的沟通渠道。

(2)受众面广。从受众角度而言,互动电视服务对象是现有的大多数普通电视观众,并非具有专门知识和技能的网民。其普及的形式是装有机顶盒的电视机,电视机还是其使用手段。但相对于传统电视而言,互动电视由原来的单向传播改为双向传播,观众由被动观看改为主动观看。

(3)从服务内容来看,由于采用数字技术,互动电视有利于实现有线电视网与计算机网的融合,从而可以大大扩展服务内容,提供全新的业务,充分满足个性化需求。互动电视不但可以实现用户自己点播节目、自由选取各种信息,而且可以提供多种数据增值业务。

互动电视的互动包括观众与内容的互动、媒体内容与内容的互动、传者与受者的互动三个方面。受众与内容的互动,是指将收视的控制权真正交给受众,其手段包括视频点播、互动节目指引和节目录播等。

媒体内容与内容的互动,主要体现在多媒体节目及其跨媒体互动上。多媒体内容采用数字电视广播以后,在电视屏幕上不单单能看到视频节目还可看到文本内容(如网站网页),大大丰富了电视的表达方式。

在这两种互动基础上,传者与受者可以实现真正意义上的互动。对于受者而言,可以根据个人的习惯来推动节目的传播,开展的业务有点歌服务、个人喜爱的节目定购等。对播出者而言,由于采用双向互动平台,用户的反映可以在接收机里记录下来,甚至可以让用户参与下一步的节目制作。

2)互动电视的发展及应用

从 20 世纪 90 年代起,电视经历了从模拟电视向数字电视,从单向传播到双向传播的转变。在这一进程中,互动电视这种新的电视形态应运而生,电视也由此实现了从传统媒体到新媒体的转化。

1994 年和 1995 年,英国和美国分别开始了对于互动电视的实验研究。第一次商业互动电视服务开始于 1997 年的法国。欧洲在互动电视市场上一直处于领先地位,大部分的互动技术的研发也都始于欧洲。此后,国外许多运营商先后进入互动电视市场,到 2004 年 9 月,全球推出互动电视业务的运营商已达到五十多家。

美国互动电视从最初电信业者运营,到后期广电业如 ABC(American Broadcasting Company)、NBC(National Broadcasting Company)等电视公司加入运营,互动电视行业早已推行"三网融合",现状已经进入稳步发展阶段。"三网融合"是指"电话网、互联网、电视网"的融合,"三网融合"体现了目前技术发展到一定程度下的行业转变。

日本在互动电视行业发展中也积极推行"三网融合"。日本科技发展迅速,是制定网络电视标准化较早的国家。2000 年初日本就已经着手开发融合"广电网、电信网、互联网"三网的网络平台 NGN(Next Generation Network)。NGN 又称下一代网络,属于一种综合、开放的网络构架,能够提供话音、数据和多媒体等业务。NGN 的开发是为了整合现在的三网,解除行业壁垒,实现行业间各种服务的融合。NGN 既具备传统电话网的可靠性和稳定性,又像 IP 网络一样具有弹性大、经济划算的优点,而且比现在的互联网通信速度更快、通信品质更高、安全性更强。

目前,我国的互动电视推广和发展还处于初级阶段。2001 年 11 月全国第九届运动会举办期间,中央电视台首次进行互动电视播出,2004 年 6 月,中央电视台开播了"央视网络电视",标志 IPTV 真正起步。上海文广新闻传媒集团的 SiTV 平台是全国用户最多、开办频道最多的数字付费频道运营商,也是继中央电视台之后,国内第二个获得中国国家广电总局批准的全国有线数字付费集成运营平台。据有关部门预测,2010 年至 2015 年将会是中国双向互动电视的高速发展期。

1.3.2 数字娱乐

1. 数字游戏

目前,"数字游戏"作为一个专有名词,正在被广泛认可。数字游戏(Digital Game)是指以数字技术为手段设计开发,并以数字化设备为平台实施的各种游戏。根据不同的运行平台,数字游戏包括电视游戏、计算机游戏、网络游戏、手机游戏等。

1)电视游戏

电视游戏是一种使用电视屏幕为显示器,用来娱乐的交互式多媒体。游戏本身通常可以利用连接至游戏机的掌上型装置来操控,这种装置一般被称作"控制器"或"摇杆"。控制器通常会包含数个"按钮"和"方向控制装置",每一个按钮和操纵杆都会被赋予特定的功能,按下或转动这些按钮和操纵杆,操作者可以控制屏幕上的影像。

电视游戏在欧美和日本等地发展较早,比计算机游戏更为普及,游戏种类繁多,价格便宜,并且容易上手。常见的电视游戏有 XBox、XBox 360、NDS、PSP、PS 以及 Wii 等,《魂斗罗》、《马里奥》、《坦克大战》等都是经典的电视游戏。

当今以游戏机为主的电视游戏可谓是"索尼、任天堂、微软"三足鼎立。PS 系列游戏机装备了 CD-ROM 的存储介质,可以通过读取游戏盘使玩家感受更多的游戏,游戏的画面感、真实性、音效等都有很大的提升。随后开发的 PS 2、PS 3 主机在技术上有了长足的发展,PS 3 主机配备了一款具有强大动力的新型芯片和特殊的 DVD 播放器,这种 DVD 基于蓝光技术设计,容量是普通 DVD 的几倍,这使得 PS 3 具备完美的感觉,画面质量可以和电影画面媲美。

任天堂推出的 Wii,颠覆了传统游戏机只能通过键盘控制的传统方式,为游戏机配备了无线遥控器。游戏机可以通过识别控制器来感知玩家的运动,把玩家带入一个仿真的模拟世界,通过道具可以身临其境地体验各种运动。

微软公司在 Xbox 基础上推出了 XBox 360,这款主机具备很强的优势。与 PS 3 相比,XBox 360 同样可以运行高清晰的游戏软件,并且配备了一个可拆卸的硬盘,内嵌了上网设备,可以随时接入微软的多玩家服务器。

2)计算机游戏

计算机游戏,顾名思义,是指在计算机上运行的游戏。早期的计算机游戏画面单调、设计简单,如《双人网球》、《太空大战》等。20 世纪 80 年代,随着 BASIC 编程语言的普及,计算机游戏开始发展,如《创世纪》、《波斯王子》等,都是这个时期的作品。计算机游戏的壮大,要从 20 世纪 90 年代算起,展现游戏的手段越来越多,技术上的局限越来越小,人们可以充分发挥自己的想象,为玩家营造一个更加真实的游戏世界。如《魔兽争霸》、《古墓丽影》、《极品飞车》等,借助强有力的硬件支持,游戏在视觉效果、声音效果、可玩性等方面达到了顶尖水平。

计算机游戏发展到了今天,网络游戏占据了很大的份额,具有相当大的影响力。网络游戏又称为在线游戏,是一种依托于互联网进行的、可以多人同时参与的计算机游戏。通过人与人之间以及玩家和机器之间的互动从而达到交流、娱乐和休闲的目的。

3) 网络游戏

网络游戏的发展经历了几个阶段。

第一阶段是 20 世纪 60 年代至 20 世纪 70 年代,由于当时的计算机硬件和软件尚无统一的技术标准,因此网络游戏的平台、操作系统和语言各不相同。这时的游戏大多为试验品,主要运行在高等院校的大型主机上。

第二阶段是 20 世纪 70 年代至 20 世纪 80 年代,一些专业的游戏开发商开始涉足网络游戏,试探性地进入这一新兴产业,推出了第一批具有普及意义的网络游戏。这个阶段,网络游戏出现了"可持续性"的倾向,玩家所扮演的角色可以成年累月地在同一世界内不断发展,游戏也可以跨系统运行。

第三阶段是 20 世纪末以后,越来越多的专业游戏开发商介入网络游戏,形成了一个规模庞大、分工明确的产业生态环境。这个时期,大型网络游戏浮出水面,如《网络创世纪》、《魔兽世界》等,网络游戏不再依托于单一的服务商和服务平台,在全球范围内用户可以直接接入互联网注册玩游戏。除大型网游之外,随着 Web 技术的发展,一种新兴的"无端网游"开始兴起,这种游戏也叫网页游戏,它不用下载客户端,在任何地方任何时间任何一台能上网的计算机都可以快乐的游戏。

网络游戏从 20 世纪 60 年代末开始出现,经历了四十年前后的发展,至今已发展到相对稳定、成熟的阶段。这其中,计算机技术、网络技术的不断发展和成熟,给网络游戏的发展提供了强大的推动力。网络游戏设计开发的关键技术包括数据库技术、通信技术、加密解密技术、分布式计算技术、人工智能技术、人机交互技术、图形处理技术等。可以说,网络游戏是计算机、网络技术发展的必然产物,并会随着技术的不断成熟而变得更加精美和诱人。

4) 手机游戏

手机游戏是指运行于手机上的游戏软件。随着科技的发展,手机游戏的形式越来越多,功能也越来越强大。早期的手机游戏画面简陋、规则简单,如《俄罗斯方块》、《贪吃蛇》等,现如今的手机游戏可以和掌上游戏机媲美,具有很强的娱乐性和交互性。

目前的手机游戏种类繁多,但总体来说可以分为两大类:单机游戏和网络游戏。手机单机游戏是指手机游戏玩家不连入移动互联网即可在手机上玩的游戏,模式多为人机对战。手机网络游戏是指基于无线互联网,可供多人同时参与的手机游戏类型,目前细分类别主要有 WAP 网络游戏和客户端网络游戏。

随着 3G 技术的普遍应用,不少玩家也开始进入了手机玩网游的时代。手机游戏庞大的潜在用户群、手机的便携性和移动网络等特点,使得手机游戏具有巨大的发展空间和潜力。

2. 数字动画

动画从 1831 年发展至今，已经有近百年的历史。进入 20 世纪 90 年代以来，随着数字技术和计算机网络技术的飞速发展，数字动画的制作方式和表现形式都得到了极大的丰富。从纯粹的计算机生成动画到保留手绘习惯的二维无纸动画制作，从传统动画艺术的三维仿真到计算机虚拟现实系统的构建，都代表着数字动画时代的真正到来。

1) 数字动画技术的发展及应用

数字动画又叫计算机动画，是指采用计算机的图形与图像处理技术，借助于编程或动画制作软件生成一系列的静止图像，然后连续播放静止图像，从而产生物体运动的效果。

数字动画的发展与变革，与计算机图形的发展密不可分。其中的计算机美术是计算机图形学最直接、最活跃、最广泛的应用领域之一。计算机美术的研究主要有两个方面，虚拟绘画工具和非真实绘制(非真实感绘制技术)。通过这些技术，画家可以用数字化输入设备代替传统的纸和笔来创作美术作品。针对三维模型可以通过边缘检测、光照处理等技术将三维模型输出为某种手绘或艺术风格的图像。

目前，计算机图形技术广泛应用于影视特效、电视片头、游戏和动画中。例如，在《侏罗纪公园》中，逆向运动学与计算机图像技术的完美结合，给我们呈现了亿万年前消失的恐龙在森林中奔跑的场景；在《终结者Ⅱ》中，杰出的变形效果与逼真自然的人体运动模拟；在《狮子王》中，角马奔窜惊逃，模仿角马的行为和角马的运动；在《星际旅行Ⅱ：可汗的愤怒》中新行星的诞生以及《吉地的返回》中行星在空间飘浮等壮观的场面，带给观众一场饕餮的视觉盛宴。

各种动画软件的不断出现促进了动画制作形式的改变，丰富了动画的表现形式。如剪纸动画、木偶动画、沙动画、水墨动画等动画形式层出不穷。目前，数字动画的前期制作软件有 Autodesk 3ds Max、Autodesk Maya、Flash、Harmony、Toon Boom Studio 等，建模辅助软件 ZBrush 等，中期制作软件有 Adobe Photoshop、CS 等，后期合成软件有 Premier、AE、Combustion 等，音频制作软件有 Adobe Audition 等，动作流编辑软件有 Endorphin、Motion-Builder 等，建模辅助软件有 Poser，场景效果制作软件有 VUE，以及大量的视频、音频格式转换压缩软件。

数字动画的应用范围很广，它通过华丽炫目的视听效果，给人们带来新的视觉享受的同时，还应用于真人电影的摄制中，成为电影中重要的组成部分，它在影视特技、电视片头、科学教育、游戏、虚拟现实以及军事等各个领域也发挥着越来越重要的作用。在不久的将来，数字动画会在更为广阔的领域中，不断地显示和拓展它的潜能。

2) 数字动画前沿技术

随着个人计算机的普及以及数字技术的发展，数字动画的艺术面貌和观念有了极大的更新，出现了三维数字动画和二维无纸动画这些新的动画制作方式。

无纸动画相对传统动画而言，是指全程采用计算机数字技术制作的动画——动画人员将原有的人物设计、原画、动画、背景设计、色指定、特效等全部转入计算机中来完成。无纸动画制作具有制作方便、操作灵活、准确等特点，不用担心传统动画制作中出现的颜料变质、颜色不一致等问题。在计算机中绘制生成的图像可以进行复制、粘贴、旋转、放大、缩小、变形等。这样大大提高生产效率、缩短制作周期。

三维数字动画技术主要包括三维场景的建立、三维物体和人物的建模、相互之间的运动关系的指定以及绘制等。这其中建模是一项艰难的工程,现在的三维软件可以用粒子系统原理来建模,可以借助于照片打底来建模,可以通过动作捕捉系统来建模,对于高难度的仿真建模还可以用辅助软件 Poser 或 Zbrush 来解决。对于三维软件中物体运动的控制,目前也出现了正向动力学、逆向动力学、基于物理的建模等新的动作控制方式。

纹理合成是计算机图形学、计算机视觉以及图像处理等领域的研究热点,是处理相似图像的一种比较流行的技术。它由给定的小区域样本图像,生成大小不受限制且视觉效果相似而连续的输出图像,可用于中国画水墨效果的模拟。

非真实感绘制的发展,使得从图像中提取线条成为可能。该领域是目前研究的热点。把图像抽象为矢量线条画,需要的是边缘检测技术和细化技术。运用该技术可以抽取几何参数,提取出较为理想的边缘和骨架,建成图像的几何模型,进而可以修改几何模型,制作出想要的动画效果。

计算机仿真技术是利用计算机科学、多媒体技术、通信技术等成果建立被仿真系统的模型,是对现实系统的某一层次抽象属性的模仿。在一个虚拟现实系统中,建模与实时绘制往往是最基本的技术。基于图像的建模和绘制技术(Image-Based Modeling and Rendering,IBMR)采用图像来替代几何建模,采用图像空间变换操作来代替传统的绘制过程,因此应用 IBMR 技术是实现实时图形生成的有效解决办法。在对人体的运动进行仿真时,可以由运动捕捉技术来获得。运动捕捉技术(Motion Capture)是利用传感器以三维的形式记录真实人体的动作,然后由计算机根据所记录的数据驱动屏幕上的虚拟人,效果非常逼真,且能保证仿真的科学性和准确性。

目前常用的三维动画软件有 3D Max 软件和 Maya 软件等。Autodesk 公司推出的 3D Max 是目前国内三维动画制作的主流软件,它完成的物体质感强烈,光线反射、折射、阴影、镜像、色彩效果都非常理想,广泛应用于视觉设计、动画及游戏开发。3D Max 支持大多数现有的 3D 软件,并拥有大量第三方的内置程序。在应用范围方面,广泛应用于广告、影视、工业设计、建筑设计、多媒体制作、辅助教学、片头动画、视频游戏,以及工程可视化等领域。Maya 软件是美国 Autodesk 公司出品的世界顶级的三维动画软件,Maya 集中了最先进的动画及数字效果技术,不仅包括一般三维视觉效果制作功能,还有先进的建模、数字化布料模拟、毛发渲染、运动匹配技术,擅长制作角色动画。

3. 数字电影

1) 数字电影的概念及发展

数字电影是指从拍摄到后期制作、发行和放映等环节的全过程,包括声音和图像都是采取数字方式,实现无胶片放映的电影。

与传统胶片电影相比,数字电影不再以胶片为载体,以拷贝为发行方式,而是以数字文件形式发行。数字电影涵盖了数字音视频的摄录、处理、存储和重放等数字音视频技术,通过硬盘、宽带网络或国际卫星发送到世界各地的影院放映。数字电影与胶片电影相比,在清晰度、稳定性、发行便利性、节省费用、遏止盗版和环保等许多方面都占有突出的优势。

全球第一个放映的数字电影要算 1999 年 6 月乔治·卢卡斯的《星球大战 I ——幽灵的威胁》。而 2002 年 5 月乔治·卢卡斯的《星战前传 II ——克隆人的进攻》在全球上映,更标志着电影从此全面进入数字时代。

我国开发数字电影的起步相当早,1996 年长沙全国电影工作会议首次将数字电影确定为我国电影技术今后发展的突破口。1999 年,国家计委批准了电影总局的"电影数字制作产品示范工程",并投入资金,引进先进设备。2001 年 9 月,在中影集团电影院举办国内数字电影的首场实验,放映引进大片《最终幻想》。2005 年我国拍摄了首部高清晰度数字电影《天怨》。目前,我国的数字电影事业正呈现逐年增长的发展态势。

2) 数字电影关键技术

一个完整的数字电影系统可以划分为 4 个环节。第一个环节是数字母版的制作,是把数字电影后期制作阶段的影像信号制作成数字电影母版。第二个环节是数字节目的传输,采用数字技术对母版信号进行数字压缩、加密和打包,然后通过卫星或网络传送到当地的放映院。第三个环节是节目的接收,在当地的影院或地区数字信号控制中心对数据信号进行接收和存储,获取和发送放映授权以及解密密码等。第四个环节是节目的放映,通过数字方式实现数字信号的放映。

数字电影系统包括数字母版制作、压缩编码、数据加密、打包封装、媒介传输、解码、放映等过程,如图 1-1 所示。在这个过程中涉及的关键技术包括:数字母版制作相关技术、JPEG 2000 图像编码相关技术、MXE/XML 打包封装相关技术、多媒体信息传输相关技术、信息安全相关技术以及数字电影放映相关技术等。

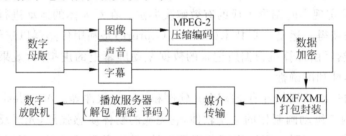

图 1-1 数字电影系统的构成

3) 数字立体电影技术的发展及应用

随着数字电影的发展,数字立体电影技术经历了很长的发展阶段,正不断成熟起来。就放映技术而言,从分色技术到分光(偏振)技术,再到目前通用的隔帧技术(Eclipse)和干扰滤镜技术(Interference Filter),体现了 3D 电影技术的不断发展。隔帧技术是指以双倍的帧速率隔帧放映左右眼的影像,观众佩戴液晶快门眼镜(LED Shutter Glass)来与放映源同步隔帧关闭左眼和右眼的影像。目前在影院里,Xpand 3D 和 IMAX 都是采用这种技术。而干扰滤镜技术虽然也采用偏振光,但是针对左右眼影像的红、绿、蓝三色采用了不同的波长,通过偏振加色彩的方式来过滤。目前国内的大多数 3D 影院都是采用上述两种技术。

除了放映技术,3D 电影的拍摄手法也有了很大进步。早期,3D 电影是由两台摄像机模拟左右两眼视线,分别拍摄出两条影片,然后将这两条影片合到一起同时放映到银幕上。如今,立体摄像机的发明让 3D 电影的拍摄更加方便,它通过两个镜头来模拟人类的双眼,同时拍摄左右两个视角的画面构成立体电影的深度。《阿凡达》中的很多场景就是直接通过立体摄影机拍摄而成的。

近几年流行起来的 4D 数字电影,是 3D 电影和特技影院相结合的产物,依靠三维立体电影和周围环境模拟组成的四维空间带给观众更加逼真的观感。进入 21 世纪后,大直径、多画面的柱面 4D 影院逐渐成为主流。尤其是柱面银幕 4D 影院的出现,各种动感平台,旋转平台,轨道车也根据剧情进入影院,成为当今发展最为迅猛的 4D 影院类型。

1.3.3 数字网络

1. 网络的概念及发展趋势

在计算机领域中,网络就是用物理链路将各个孤立的工作站或主机连在一起,组成数据链路,从而达到资源共享和通信的目的。因特网(Internet,国际计算机互联网)是目前世界上影响最大的国际性计算机网络。因特网是一个网络的网络,它使用 TCP/IP 网络协议把各种不同类型、不同规模、位于不同地理位置的物理网络连接成一个整体。而平时大家所提到的"上网",所访问到的各种网页(Web 页面)和网站,属于万维网的范畴。万维网(World Wide Web,WWW),也可以简称为 Web,是目前 Internet 上最为流行、最受欢迎的一种信息检索和浏览服务。

2011 年 7 月 19 日,中国互联网络信息中心(China Internet Network Information Center,CINIC)在北京发布了《第 28 次中国互联网络发展状况统计报告》,《报告》显示,截至 2011 年 6 月底,中国网民规模达到 4.85 亿,互联网(即因特网)普及率攀升至 36.2%。由此可见,网络已经与人们生活的方方面面密不可分,互联网的发展对人们的生活和行为方式产生着深远的影响。目前,互联网(主要指万维网,即 Web)已经完成了 Web 1.0 到 Web 2.0 的转变,处于 Web 2.0 蜕变到 Web 3.0 的过程之中。

1) Web 1.0

Web 1.0 属于网络发展的初期,是群雄并起的时代。在这个时期,各种类型的网站如雨后春笋般建立起来。一开始,网络就是一种可以双向互动的技术,在 Web 1.0 的时代,也存在论坛等应用,大家可以以此为平台讨论一些主题。但是,总体来说,Web 1.0 是以编辑为主要特征,网站提供给用户的内容是网站编辑进行编辑处理后提供的,用户阅读网站提供的内容,这个过程是网站到用户的单向行为。在这个时期,网站为了生存,获得赢利,需在内容上大下工夫,以获得为数众多的用户和点击率,从而提高广告的收益。这种模式非常像传统的电视媒体,它通过提高收视率来获得更多的广告收入。Web 1.0 时代的代表是门户网站,如新浪、搜狐、网易等。

2) Web 2.0

Web 2.0 是相对 Web 1.0 的新的一类互联网应用的统称。与 Web 1.0 不同,Web 2.0加强了网站与用户之间的互动,用户既是网站内容的浏览者。也是网站内容的制造者。网站内容基于用户提供,网站的诸多功能也由用户参与建设,实现了网站与用户双向的交流和参与。

相比 Web 1.0,Web 2.0 的核心不在于技术上的创新,它更多地体现为互联网应用指导思想的一场革命。这些互联网应用具有以下显著特点。

(1) 用户分享。在 Web 2.0 模式下,可以不受时间和地域的限制分享各种观点。用户可以得到自己需要的信息也可以发布自己的观点。

(2) 信息聚合。信息在网络上不断积累。

(3) 建立以兴趣为聚合点的社群。在不同地域的对某个或者某些问题感兴趣的人们,可以以 Web 2.0 应用为平台聚集在一起。

(4) 开放的平台。平台对于用户来说是开放的,而且用户因为兴趣而保持比较高的忠诚度,他们会积极的参与其中。

在 Web 2.0 时代,比较典型的互联网应用有博客(Blog)、微博、社交网站(SNS)、维基百科(WIKI)、RSS、视频共享网站等。

3) Web 3.0

目前,Web 3.0 的概念还比较抽象,也比较混乱。笔者认为,Web 3.0 应该体现"信息聚合"和"智能"两个概念:一是数据和应用可以全部存储在网络服务端,不再需要在计算机上运行;二是实现信息找人,而不是人找信息,此时,当人们在任何一台计算机或终端上打开浏览器,就能进入属于自己的世界。

现在比较流行的云计算技术,非常契合 Web 3.0 的概念。有人认为,处于概念期的 Web 3.0 要到 2016 年才能获得成熟应用,即使现在有些网站给自己贴上了 Web 3.0 的标签,也是徒有其表。

2. 门户网站

1) 门户网站的概念

提及门户网站,大家很快会联想到腾讯、新浪、网易等网站。从字面上理解,门户(Portal)是正门、入口的意思,也就是进入网络的第一关。

从广义上来讲,门户网站指的是一个 Web 应用框架,它将各种应用系统、数据资源和互联网资源集成到一个信息管理平台之上,并以统一的用户界面提供给用户,并建立企业对客户搜索引擎、企业对内部员工和企业对企业的信息通道,使企业能够释放存储在企业内部和外部的各种信息。

平时大家所提到的门户网站范围并没用这么宽泛,一般而言,是指那些将网络上庞大的各种信息资源加以分类、整理并提供搜索引擎,让不同的使用者能够快速查询信息的网站。它是一种综合性的信息提供网站,提供一个范围广泛的服务,如新闻资讯浏览、搜索、电子邮件、论坛、信息商情以及拍卖、在线购物等,以吸引网民注意力,并为其提供网络冲浪的入口通道。

2) 门户网站的各种形式

由于整合的内容、用户群体、技术体系上的差别,不同的门户网站在形式上也体现出自身的特点。

(1) 搜索引擎式门户网站,这类网站的主要功能是提供强大的搜索引擎和其他各种网络服务,如百度。

(2) 综合性门户网站,以新闻信息、娱乐资讯为主,如新浪、搜狐。当然,随着网络进入 Web 2.0 时代,这些网站也会推出相关应用,如新浪微博。

(3) 地方生活门户网站,此类网站是时下比较流行的,它以提供本地资讯为主,一般包括:本地资讯、同城网购、分类信息、征婚交友、求职招聘等。

(4) 政府机关、高校、企业等的门户网站,此类网站主要用于发布本单位或部门的相关信息,如政务公开等,与用户进行在线交流,同时,企业门户还可以开展电子商务活动。

3. 电子商务

1) 电子商务的概念及特点

电子商务(E-Commerce)这一概念从诞生起,就没有一个统一的定义,不同组织、不同研究人员从各自的角度提出了对电子商务内涵的理解。总体说来,电子商务是一个非常宽泛的概念,是指利用计算机技术、网络技术和远程通信技术,实现整个商务(买卖)过程中的电子化、数字化和网络化,这些技术包括从初级的电报、电话、广播、电视、传真到计算机、计算机网络和 Internet 等。

在这里,我们所讨论的电子商务的范围相对较小,是指在全球各地广泛的商业贸易活动中,在网络环境下,基于 Web 应用方式,买卖双方不谋面地进行各种商贸活动,实现消费者的网上购物、商户之间的网上交易和在线电子支付以及各种商务活动、交易活动、金融活动和相关的综合服务活动的一种新型的商业运营模式。

虽然电子商务是最近十几年才兴起的新鲜事物,但其发展速度非常迅猛,与传统的商务活动相比,电子商务有其明显的特点和优势。

(1)高效率。电子商务采用互联网的传输信道,能够以每秒 30 万千米的速度将信息向前传递。在这种速度下,常规的时间和空间的规律已经被彻底打破,电子商务已经突破了传统物理世界的时间限制和空间限制,使商务交易的效率和商务服务的效率都得到了极大的提高。

(2)方便性。在电子商务环境中,人们不再受地域的限制,客户能以非常简捷的方式完成过去较为繁杂的商务活动。从理论上讲,地球上的消费者可以在任何时间、任何地点轻松地实现商务购买,如通过网上银行能够全天候地存取资金、查询信息等。

(3)节约性。商品的价格是由商品的最终成本决定的。在电子商务环境下,作为商务服务主体的企业,由于采用的电子商务等相关先进技术可以使企业实施低成本战略,也就是说企业可以以较低的价格将商品或者服务销售给消费者。例如,电子商务可以极大地降低原材料、半成品和成品的采购成本、物流成本等。

(4)安全性。在电子商务中,安全性是一个至关重要的核心问题,它要求网络能提供一种端到端的安全解决方案,如加密机制、签名机制、安全管理、存取控制、防火墙、防病毒保护等,这与传统的商务活动有着很大的不同。

(5)协同和整体性。尽管在传统的商务活动中也讲协调、和谐、协同,但在电子商务这种虚拟商务模式中,几乎所有的信息交互都可以在瞬间完成,因此显得尤为明显,不然就会出现各种问题,最终影响商务活动的开展。同时,电子商务能够规范事务处理的工作流程,将人工操作和电子信息处理集成为一个不可分割的整体,这样不仅能提高人力和物力的利用,也可以提高系统运行的严密性。

(6)个性化。由于电子商务是以网络为基础的,因此,在企业和消费者之间可以轻松实现信息的自动化传递,并建立面向消费者的数据库系统,最终实现企业的差异化经营战略。

2)电子商务的应用模式

电子商务的模式是指企业运用互联网开展商务运作的方式,以及如何取得营业收入的模式。因为其特点和优势,电子商务应用范围越来越广,其形式也趋于多元化。对于一般用户来说,企业与消费者之间的电子商务(Business to Customer,B2C)、企业与企业之间的电子商务(Business to Business,B2B)、消费者与消费者之间的电子商务(Consumer to Consumer,C2C)三种模式比较常见,应用范围也最广。除此之外,还有 O2O(Online to Offline,线下商务与互联网之间的电子商务)、B2M(Business to Marketing)、M2C(即 BMC)、M2E(Manufactures to E-Commerce,厂商与电子商务)、B2A(即 B2G)、C2A(即 C2G)、SNS-EC(社交电子商务)、ABC 模式等电子商务模式。

（1）企业与消费者之间的电子商务

这是消费者利用因特网直接参与经济活动的形式，类似于商业电子化的零售商务。B2C 模式是我国最早产生的电子商务模式之一。B2C 企业通过互联网为消费者提供一个新型的购物环境——网上商店，消费者通过网络在网上购物、在网上支付。由于这种模式节省了客户和企业的时间和空间，大大提高了交易效率，特别对于工作忙碌的上班族，这种模式可以为其节省宝贵的时间，例如，淘宝商城、亚马逊、当当网、卓越网等。

（2）企业与企业之间的电子商务

企业与企业之间的电子商务，即企业与企业之间通过互联网进行产品、服务及信息的交换。通俗的说法是指进行电子商务交易的供需双方都是企业（或商家），它们使用互联网技术或各种商务网络平台，完成商务交易的过程。这些过程包括发布供求信息、订货及确认订货、支付过程及票据的签发、确定配送方案并监控配送过程等。

B2B 方式是电子商务应用最多和最受企业重视的形式，企业可以使用 Internet 或其他网络对每笔交易寻找最佳合作伙伴，完成从订购到结算的全部交易行为。其典型代表是阿里巴巴、中国制造、中国供应商、瀛商网等。

（3）消费者与消费者之间的电子商务

C2C 商务平台就是通过为买卖双方提供一个在线交易平台，使卖方可以主动提供商品上网拍卖，而买方可以自行选择商品进行竞价。C2C 最典型的代表就是淘宝、拍拍等网站。

4．网络视频

1）网络视频的概念及技术特点

视频技术最早是为了电视系统而发展，随着计算机技术和网络技术处理能力的提升，网络视频得到逐步应用和推广，并处于爆炸式的发展时期。通俗地说，网络视频服务商提供以流媒体为播放格式的、可以在线直播或点播的声像文件。网络视频是网络媒体的一种新形式。

中国互联网络信息中心发布第 28 次"中国互联网络发展状况统计报告"显示，截止 2011 年 6 月底，中国共有网民 4.85 亿，其中，网络视频在网民中的使用率是 62.1%。而这一数据在 2004 年底分别为：视频会议 0.4%、视频点播 3.9%、视频直播 2.2%。在短短的几年内，网络视频取得飞速发展，是由其技术特征决定的，主要包括以下 4 个方面。

（1）网络带宽

网络视频包含的信息量大，因此数据量也非常大，要使视频能顺利播放，根据视频的质量和格式的不同，需要几十千字节每秒至几十兆字节每秒的带宽。在互联网发展的初期，网民以拨号上网为主，带宽只有几十千字节每秒，在网络上播放视频自然就比较困难。这种情况在电信企业普遍推广宽带上网后得以改观。

（2）流媒体技术

流媒体是指以流的方式在网络中传输音频、视频和多媒体文件的形式。流媒体技术使视频在网络上进行点播和直播成为可能。流式传输方式是将视频和音频等多媒体文件经过特殊的压缩方式分成一个个压缩包，由服务器向用户计算机连续、实时传送。在采用流式传输方式的系统中，用户不必像非流式播放那样等到整个文件全部下载完毕后才能看到其中的内容，而是只需要经过几秒或几十秒的启动延时即可在用户计算机上利用相应的播放器对压缩的视频或音频等流式媒体文件进行播放，边下载边播放，直至播放完毕。

（3）数据压缩技术

一般说来，数据中包含大量的重复信息，通过数据压缩，可以达到挤压数据的目的，使得它占用更少的磁盘存储空间或需要更少的传输带宽。

在视频领域，不同的视频编码方式通过特定的压缩技术，将视频采集成不同的视频格式文件。如果没有压缩技术存在，用户制作的数字视频文件要比现在大几倍到几十倍，在网络上播放这样的视频不仅浪费资源，而且播放的流畅度和质量将大打折扣。目前，比较常用的视频编码方式有 MPEG-2、MPEG-4、H.263 和 H.264 等。

（4）点对点技术

尽管带宽在增加，压缩技术在提升，但目前在网络上播放高清视频还是一件比较奢侈的事情。例如，播放需要 200KB/s 带宽的视频，100M 带宽只能支持 500 人同时在线观看。对于一些视频服务提供商来说，这严重影响它们扩大规模。

点对点技术（Peer-to-Peer，P2P）又称对等互联网络技术，是一种网络新技术，依赖网络中参与者的计算能力和带宽，而不是把依赖都聚集在较少的几台服务器上。P2P 网络的一个重要的目标就是让所有的客户端都能提供资源（即服务提供者），包括带宽、存储空间和计算能力，因此，当有节点加入且对系统请求增多，整个系统的容量也增大，从而在带宽和服务器性能一定的情况下，可以极大地提升整个系统服务用户的数量。

2）网络视频的典型应用

视频是再现当时情景的最好工具，与网络结合后，更可以突破时空的限制。目前，网络视频在各个领域已得到广泛应用。

（1）视频会议

通过网络视频，两个或多个地点的用户之间可以举行视频会议，实时传送对方的声音、图像，使在不同地点参加会议的人感到如同和对方进行"面对面"的交谈，在效果上可以代替现场举行的会议。另外，通过一些附加的应用，在视频会议的同时，还可以实现静止图像、文件、传真等信号的传送，以辅助会议的进行。

我国是一个幅员辽阔的国家，在不同的省份甚至国外设立分公司和办事处的公司很多，利用视频会议进行交流，可以极大地减少差旅开支和提高办公效率。其实，我们中的大部分人对视频会议也很熟悉，实际上，腾讯 QQ 中的视频聊天就是两个人的视频会议。

（2）网络电视

网络电视是利用宽带网络作为基础设施，以电视机、个人计算机及手持设备作为显示终端，利用一系列互联网协议承载和传输经过编码压缩的多媒体数字信号，为用户提供包括电视节目在内的多种交互式数字多媒体服务以及增值业务服务的崭新技术。网络电视的突出特点是交互性和实时性，它的出现给人们带来了一种全新的电视观看方法，它改变了以往被动的电视观看模式，实现了电视以网络为基础按需观看、随看随停的便捷方式。因此，很多用户非常喜欢通过网络来在线观看电视剧和电影。现在，提供网络电视服务的商用平台也非常多，如 PPLive、PPStream、CNTV 等。

（3）远程教育

随着信息技术的发展，远程教育作为一种新型教育方式为所有求学者提供了平等的学习机会，使接受高等教育不再是少数人享有的权利。视频是再现课堂的最好方式。通过网络视频，以实时或非实时的方式，借助计算机、多媒体与远程通信技术相结合的网络把课程传送到校园外,实现突破时空限制远程教育。一直以来,以视频为主的三分屏课件是远程课程的核心内容。另外,目前比较热门的公开课也是网络视频的一个典型应用。

（4）视频监控

近年来,随着计算机、网络以及图像处理、传输技术的飞速发展,视频监控技术也有了长足的发展。视频监控以其直观、准确、及时和信息内容丰富而广泛应用于许多场合。例如,在公安系统,利用实时监控系统对交通安全、公共场所安全、案发地点等进行控制和管理,以便及时接警、出警和进行交通违规处罚;在电信领域,许多的无人值守机房和营业厅在城市的郊区或边远地区,那里的线路和设备经常会丢失,所以就很有必要进行远程的视频监控;在矿山煤场,井下作业因为远离地面,地形复杂,环境恶劣,所以容易发生事故,利用网络视频监控系统,地面监控人员可以直接对井下情况进行实时监控,从而及时发现事故苗头,防患于未然等。

5．网络社区

1）网络社区的概念及特点

社区,从英文单词 Community 翻译而来,起初是一个社会学概念。在《牛津高阶英汉双解词典》和《朗文当代高级英语辞典》中"Community"注解为：①the people living in one place, district or country, considered as a whole。②group of people of the same religion, race, occupation, etc, or with shared interests。"Community"译成中文对应有"社区/共同体",相应的解释为：①在一个地区内共同生活的有组织的人群。②有共同目标和共同利害关系的人组成的社会团体。

随着因特网的发展,社区的概念拥有了新的含义。基于网络,一群拥有特别兴趣、喜好、经验的人,或是学有专精的专业人士,透过论坛、贴吧、公告栏、博客、微博、在线聊天、交友、个人空间、无线增值服务等方式组成一个社区,让参与该社区的会员彼此之间能借此进行沟通、交流、分享信息。由于这种社区不需要固定的聚会时间及实体的聚会地点,而是建构在虚拟的网络环境下,因此一般称为网络社区。

一般说来,网络社区具有以下的一些特点。

（1）超越时空

虚拟的网络社区的交往具有超越时空的特性。通过网络,人们之间的交流不受地域的限制,只要你有一台计算机,一条电话线,就可以和世界上任何地方的人畅所欲言了。

（2）成员之间可以匿名

网络社区人际间互动具有匿名性和彻底的符号性。在虚拟的社区里,网民使用 ID 号标识自己,而 ID 号可以依据个人的爱好随意而定;传统的性别、年龄、相貌等在虚拟社区里可以随意更改。

（3）群体流动频繁

网络社区中的成员的交往一般基于某种兴趣、爱好,人际关系较为松散,社区群体流动频繁。社区的活力主要靠"人气"和点击率,而能否吸引大家,主要是看社区的主题是否适合大众口味。

（4）成员间的关系比较平等

要想成为网络社区的一员,一般的情况下,门槛很低,只要注册成为该社区的用户即可。而且,在相互交流的过程中,成员之间可以畅所欲言,俗称灌水。这个特点其实和人际互动具有匿名性有一定关系。另外,很多网络社区也把自由、平等、民主、自治和共享作为社区建设的基本准则。

2) 常见的网络社区交流平台

现在,互联网已经进入 Web 2.0 时代,更注重用户之间的交互和参与,各种新的互联网应用层出不穷,极大地推动了网络社区向更深更广的层次发展。下面对一些常见的网络社区应用平台做一个简单介绍。

(1) 网络论坛

网络论坛就是大家经常提到的 BBS,翻译为中文就是"电子公告板"。它起源于 20 世纪 80 年代,由于最早是用来传达股市价格等信息,所以才命名为"布告栏"或"看板"。

在早期,主要是计算机爱好者使用论坛进行技术交流。随着个人计算机和因特网的普及,BBS 的用户已经扩展到各行各业。在我国,校园是较早普及论坛的地方之一,如水木社区等校园 BBS 一直还保持着相当大的用户访问量。

在管理上,论坛一般由站长(创始人,超级管理员)创建,并设立各级管理人员对论坛进行管理,包括论坛管理员、超级版主(总版主)、版主(俗称"斑猪"、"斑竹")。超级版主的权限仅次于站长,一般来说超级版主可以管理所有的论坛版块,普通的版主只能管理特定的版块。

(2) 即时通信

即时通信软件可以说是目前我国上网用户使用率最高的软件之一。即时通信(Instant Messenger,IM)是一个终端服务,允许两人或多人使用网路即时的传递文字信息、档案、语音与视频交流。通过它,大家能迅速地在网上找到你的朋友或工作伙伴,可以实时交谈和互传信息。

即时通信软件的历史并不久远,但是它一诞生,就立即受到网民的喜爱,并风靡全球。全世界第一个即时通信软件是 ICQ,取意为"我找你"——"I Seek You"的意思,它由几个以色列青年在 1886 年开发出来。目前,国内最为流行的即时通信软件是腾讯 QQ,它以良好的中文界面和不断增强的功能形成了一定的 QQ 网络文化。微软的 MSN 虽出道较晚,但依托微软的强大背景,实力也不可小视。

随着网络应用的不断发展,现在,即时通信软件除了可以实时交谈和互传信息,还集成了数据交换、语音聊天、网络会议、远程协助、电子邮件等功能,极大地丰富了用户之间的交流手段。

(3) 博客

博客(网络日志,Blog)是一种由个人管理、不定期张贴新的文章的网站。

实际上,博客就是一个网页,通常由简短且经常更新的帖子构成,这些帖子一般是按照年份和日期倒序排列的。而作为博客的内容,它可以是纯粹个人的想法和心得,包括自己对时事新闻、国家大事的个人看法,或者对日常生活的精心料理,也可以是基于某一主题的讨论或是在某一共同领域内的集体创作。但同时,它并不等同于私人性质的"网络日记",它所提供的内容可以用来进行交流和为他人提供帮助,是可以包容整个互联网的,具有极高的共享精神和价值。简言之,博客是以网络作为载体,简易迅速便捷地发布自己的心得,及时有效轻松地与他人进行交流,集丰富多彩的个性化展示于一体的综合性平台。目前,国内优秀的中文博客网有:新浪博客、搜狐博客、中国博客网、腾讯博客、博客中国等。

（4）社交网站

在现实社会中，人与人之间的关系网络异常复杂。这个网络具体如何构成，有各种理论。1867 年，哈佛大学的心理学教授 Stanley Milgram 创立了六度分割理论，他认为，任何一对陌生人之间所间隔的人不会超过 6 个。也就是说，任何人最多通过 6 个人就能够认识任何一个陌生人。按照六度分割理论，每个个体的社交圈都不断放大，最后成为一个大型网络。后来有人根据这种理论，创立了面向社会性网络的互联网服务。这种基于社会网络关系系统思想的网站就是社交网站（Social Network Sites，SNS）。

针对不同的用户，社交网站有着不同的定位。最开始，社交网站一般用于交友，如人人网（原来的校内网）、Faccbook 等；有些网站专门为商务人士交友提供服务，如天极网；也有的为商务人士提供的社交网站同时也兼具求职招聘的功能，如 LinkedIn 等；另外，还有基于各类生活爱好的豆瓣网、基于白领用户娱乐的开心网、基于未婚男女婚介的世纪佳缘等。

（5）微博

大家可以把微博理解为"微型博客"或者"一句话博客"。它是一个基于用户关系的信息分享、传播以及获取平台，用户可以通过 Web、移动终端以及各种客户端组成个人社区，以 140 字左右的文字更新信息，并实现即时分享。作为时下非常流行的社交平台，它是一个朋友之间分享交流信息的工具，它也是一个明星和粉丝之间的交流平台，它更是一个及时获取资讯的平台……

相对于强调版面布置的博客来说，微博的内容组成只是由简单的只言片语组成，从这个角度来说，对用户的技术门槛要求很低，而且在语言的编排组织上，没有博客那么高。最早也是最著名的微博是美国的 Twitter，2008 年 8 月中国最大的门户网站新浪网推出"新浪微博"内测版，成为门户网站中第一家提供微博服务的网站，微博正式进入中文上网主流人群视野。目前，国内比较有名的微博网站还有搜狐微博、腾讯微博等。

1.3.4 数字出版

1. 数字出版的概念及特征

1）数字出版的概念

作为一种新的出版模式，数字出版是建立在计算机技术、通信技术、网络技术等高新技术的基础上，融合并超越了传统出版内容而发展起来的新兴出版产业。到目前为止，关于数字出版还没有一个公认的权威定义。有关数字出版、电子出版、网络出版（互联网出版）的概念，也是众说纷纭。

一种观点认为，"所谓数字出版，是指在整个出版过程中，从编辑、制作到发行，所有信息都以统一的二进制代码的数字化形式存储于光、磁等介质中，信息的处理与传递必须借助计算机或类似设备来进行的一种出版形式"，这种观点认为"电子出版是数字出版的另一种说法，两者在本质上是一样的"。

还有一些观点认为，"数字出版的一个重要特点，就是编辑、复制和传播的内容始终以二进制代码的数字形式存在于光、磁、电等介质之上"，"只要使用二进制技术手段对出版的整个环节进行了操作，都是数字出版"。

2010 年新闻出版总署下发的《关于加快我国数字出版产业发展的若干意见》提及了数字出版的定义，"数字出版是指利用数字技术进行内容生产，并通过网络传播数字内容产品的活动,其主要特征是内容生产数字化、管理过程数字化、产品形态数字化和传播形式网络化。基于传播途径的不同,数字出版又可分为网络出版和手机出版等多种类别,数字出版产品的传播途径主要包括有线互联网、无线通信网和卫星网络等"。这种观点指出了数字出版在生产、管理、产品形态的数字化,并强调了传播形式的网络化。这里也存在一些疑问:网络是数字出版的主要流通渠道,但并不是唯一一流通渠道。

这些不同的观点,从不同角度反映了数字出版的内涵。之所以会出现概念的混淆,跟数字出版的发展过程有很大关系。20 世纪 70 年代以来,基于数字技术的发展变革,先后出现了"电子出版"和"网络出版"等新的出版形态和概念。通俗地讲,电子出版指的是 CD-ROM 形态的电子出版物的生产,网络出版指的是基于互联网的出版活动。步入 21 世纪后,出版传播领域进入数字时代,数字技术的应用使得出版媒介形式越来越丰富和多样化,光盘、消费性数码产品、移动电话甚至信息家电都能够成为出版传播媒介。一度被广泛使用的"电子出版"和"网络出版"等概念已很难涵盖不断出现的新的数字化出版方式,例如"手机出版"、"掌上阅读器"等,已无法将其纳入电子出版或网络出版领域。由此数字出版概念应运而生。

由此可见,由电子出版到网络出版,再到数字出版,这是整个出版发展的历史,也是出版技术的更新史,而每一次变化都更加接近数字出版的实质。数字出版的概念更具有广泛性,它应该囊括电子出版、网络出版,乃至更多新的出版形态,并不是单一的某种出版形态。

数字出版就其本质而言是传统出版的内容和新技术结合的产物,是传统出版业在发展过程中,快速发展的新技术对其产生的冲击,导致原来出版形态发生了变化。因此对于数字出版的理解应该是:所谓数字出版,是传统出版受到新技术的冲击,两者融合而成的一种全新的出版形态,它既传承了传统出版的优点,又结合了新技术的特点,用新技术去深度表现传统出版的内容。内容数字化是数字出版的最基本特征,所有形式的内容均以二进制编码表示。数字出版的过程应该是对数字化作品内容进行编辑加工,并将其向公众传播的过程。

2)数字出版的特征

数字出版是人类文化的数字化传承,它是建立在计算机技术、通信技术、网络技术、流媒体技术、存储技术、显示技术等高新技术基础上,融合并超越了传统出版内容而发展起来的新兴出版产业。数字化出版是在出版的整个过程中,将所有的信息都以统一的二进制代码的数字化形式存储于光盘、磁盘等介质中,信息的处理与接收则借助计算机或终端设备进行。它强调内容的数字化、生产模式和运作流程的数字化、传播载体的数字化和阅读消费、学习形态的数字化。

数字出版具备以下主要特征。

(1)内容生产数字化。数字出版的基本特征之一就是内容数字化,出版产品的生产阶段要采用各种数字化技术手段,使产品在内容和形式上的所有信息都以二进制数字编码的形式记录在相应的存储设备中。

(2)管理过程数字化。数字出版的管理过程也需要数字化,需要使用数字化的信息管理系统,把出版项目中各个方面的信息及时进行整理、规制、存档并动态更新,从而让管理者随时随地协调和控制各个出版项目的进程,确保产品的质量。

(3)传播渠道网络化。数字出版中产品的传播与传统出版有很大不同,需要通过一定的信息网络系统实现传播,这一过程快速、便捷,而且成本低廉。数字出版的传播途径主要包括互联网、无线通信网和卫星网络等形式。

（4）展示形态数字化。经过数字化的产品内容，需要一定的显示设备将数字信息转换为人可以感知的文字、符号、图形、图像、声音等信息，也就是说要求显示设备具备展示数字化信息的能力，如计算机、手机、掌上电脑、电子阅读器等。

2. 数字出版的出版形式

数字出版经历了从电子出版到互联网出版，再到数字出版的发展过程，不同的出版形式具备不同的内涵及特点，也有着不同的应用领域。

1）电子出版的内涵及特点

电子出版是指在整个出版过程中，从编辑、制作到发行，所有信息都以统一的二进制代码的数字化形式存储于磁、光、电等介质中，信息的处理与传递借助计算机或类似的设备来进行的一种出版形式。

新闻出版总署于 2008 年 4 月 15 日起施行的《电子出版物管理规定》第二条对电子出版物给出了这样的定义：电子出版物，是指以数字代码方式将图文声像等信息编辑加工后存储在磁、光、电介质上，通过计算机或者具有类似功能的设备读取使用，用以表达思想、普及知识和积累文化，并可复制发行的大众传播媒体。媒体形态包括软磁盘（FD）、只读光盘（CD-ROM）、交互式光盘（CD-Ⅰ）、照片光盘（Photo-CD）、高密度只读光盘（DVD-ROM）、集成电路卡（IC Card）和新闻出版署认定的其他媒体形态。

与传统出版方式相比，电子出版依托数字技术、多媒体技术，具备很多优势。

（1）存储信息丰富。电子出版物发布的信息都是经过数字化处理的，一个汉字被转化为两个字节，一张 CD-ROM 可以存储 650MB 的内容。这种存储介质大大提高了存储效率，使电子出版物可以存储大量丰富的信息。随着大容量载体的不断出现，将给电子出版增添巨大的空间。

（2）多媒体。传统纸介质出版只能记载文字、图表、图片等静态信息，电子出版可以记载文字、图片、图表、声音、视频、动画等多种信息，以多媒体形式声情并茂地记录、传递、展示信息。

（3）信息检索、使用方式灵活方便。电子出版物可以借助计算机技术对数字内容进行检索、查询，从而方便读者快速找到所需信息。例如，利用分类检索或关键字检索等方式可以快速查找信息。这种灵活的检索方式可以用于大型数据库、图书的全文检索。

（4）交互性。传统出版物和读者之间是一种单向传播，而电子出版物可以实现与读者的双向交流、互动。这种交互性一方面表现在读者可以采用非线性的阅读方式，根据需要跳转到感兴趣的内容；另一方面读者与出版物之间，通过程序进行人机对话，实现操作、反馈等交互行为。这种交互性可使电子出版物用于计算机辅助教学、电子游戏等领域。

另外，电子出版物还具备体积小，易于长久保存，复制成本低廉，传播范围广，版本更新灵活、方便、快速等特点。

电子出版物的分类可按不同的角度划分。按载体分类，电子出版物可分为软磁盘，只读光盘、可刻录光盘、软磁盘（FD）、硬磁盘（HD）、集成电路卡（CF 卡、MD 卡、SM 卡、MMC 卡、RS-MMC 卡、MS 卡、SD 卡、XD 卡、T-Flash 卡、记忆棒等）和各种存储芯片（如掌上型电子词典或游戏机等）。按对读者操作的反应情况可分为单向类和交互类。按包含的信息表现形式可分为文字类、图文类、图片类、声音类、图像类、动画类、图文声像并茂的多媒体类等。按基本用途分为可计算机软件类、信息检索类、阅读类、素材类、教育类、游戏类等。

2) 互联网出版的内涵及特点

互联网出版是一种以互联网为传播途径的出版行为。按照国家新闻出版总署《互联网出版管理暂行规定》第五条规定：互联网出版，是指互联网信息服务提供者将自己创作或他人创作的作品经过选择和编辑加工，登载在互联网上或者通过互联网发送到用户端，供公众浏览、阅读、使用或者下载的在线传播行为。其作品主要包括：①已正式出版的图书、报纸、期刊、音像制品、电子出版物等出版物内容或者在其他媒体上公开发表的作品；②经过编辑加工的文学、艺术和自然科学、社会科学、工程技术等方面的作品。

与传统出版方式相比，互联网出版依托网络技术、数字技术，具备自身的特点。

（1）信息丰富。与传统出版不同，互联网出版不受版面、篇幅、印数的限制，依托网络大量的各种媒体信息资源，可充分扩展内容范围，为用户提供所需内容。

（2）内容数字化、全媒体。互联网出版在作品形态上表现为网络出版物，作品形式数字化是基本特征。随着网络技术的发展，作品在数字化基础上，可采用多种媒体表现形式，丰富内容的展示形式。

（3）传播网络化。网络出版物在传播形态上表现为通过互联网以数字形式进行传送，可直接面对终极用户，以下载形式完成传播过程。传播网络化的特点，是区别于纸介出版物和以 CD-ROM、CD、VCD、DVD 为表现形式的电子和音像出版物的本质特征。

（4）交易电子化。互联网出版，从产品形态、传播方式到支付方式整个交易过程均为电子化，尤其是支付手段，用户只能通过信用卡，通过网上银行实施付款，才能进行下载，并完成交易过程。交易的电子化，使网络出版物的销售，实现了百分之百的电子商务，这是网络出版的显著特征。

（5）出版交互性。互联网出版可以将作品放在网上，在第一时间内收集读者的反馈信息，并可进行沟通交流，及时根据读者意见对作品进行修改，达到更好的互动效果。

3) 手机出版的内涵及传播方式

手机出版就是以手机为媒介的出版行为。关于手机出版，目前尚无公认的定义。国家新闻出版总署手机出版标准制定小组对手机出版给出了初步的定义：手机出版是指服务提供者使用文字、图片、音频、视频等表现形态，将自己或他人创作的作品，经过选择和编辑加工，制作成数字化出版物，并通过无线、有线网络或内嵌在手机媒体上，供用户利用手机或类似的移动终端，进行阅读或下载的传播行为。

与传统出版方式相比，手机出版承载着通信、网络、媒体的特征，有着许多优势和特点。

（1）传播速度快、时效性强：传统出版需要一定的周期才可以将内容传递给用户，而手机出版可以随时为用户传递最新的内容，把信息第一时间传播给用户。

（2）传播范围广：庞大的用户群体使手机出版具备众多的受益者，相比其他出版方式，其传播范围更广。

（3）接收灵活方便：手机作为应用终端，具备体积小便于携带、通过无线网络连接方便快捷的优势，用户可随时随地访问或接收所需信息。手机随身携带的特性，使用户可以随时利用零碎时间进行阅读，从而提升知识获取量。

（4）互动性强：在与用户交互方面，手机出版具备传统媒体无法比拟的优势。传统媒体的传播以单向性为特点，而手机出版传播具有星状网络的特点，具备信息收集、意见反馈等交互功能,可实现迅速、广泛的互动。

(5) 全媒体:手机出版不仅仅包括文字内容,还包括图片、音频、视频、动画、游戏、软件等多种媒体形式,具备全媒体特性,使信息内容的表现更为生动、更具吸引力。

手机出版的内容传播方式主要分为语音、短信、彩信、WAP 等传播方式。通过这些传播方式与出版结合可以传输文字、图片、语音、动画、视频、游戏、软件等内容。这里列举了一些常用的传播方式。

(1) 短信:短信仅限于传输纯文本内容,是目前最流行的手机信息传播方式,具有信息送达率高、传播速度快、使用简单等优势,深受广大手机用户喜爱。其缺点是不支持多媒体、信息承载量少,每条短信仅可以传输有限的字符。

(2) 彩信:彩信可传播文字、图片、音频、动画等,具有信息承载量大、支持多媒体内容传输等优势,与出版内容结合表现更为生动。其缺点是受用户手机设置、网络设置、终端支持等因素的影响,信息送达率相对较低。

(3) IVR(Interactive Voice Response):IVR 是交互语音应答系统,主要用来做语音业务,用户可以通过拨打指定的号码按照提示查询、点播自己需要的内容。例如综合信息查询、音乐点播、账户查询等。

(4) WAP(Wireless Application Protocol):基于 WAP 协议的手机网站,同互联网一样,可以传播文字、图片、动画、音频、视频、游戏、软件等多种内容,用户可以自由选择自己需要的内容。随着 3G 时代的来临和传播内容的不断丰富,移动互联网的发展将会如虎添翼。

(5) 客户端软件:基于移动互联网的,安装在支持 Java 的手机及智能手机上的软件,通过应用程序实现各种强大的功能及用户体验。例如手机阅读软件、移动学习软件、娱乐游戏软件等。随着手机向智能化发展、3G 通信技术的发展,功能强大的客户端软件将成为主流。

3. 数字出版产品的主要形态

随着数字出版产业的迅速发展,数字出版产品的种类繁多、形态各异。数字出版业涌现出了许多新的产品形态,包括电子图书、网络文学、网络期刊、网络数字报纸、手持阅读器、手机报、手机小说、手机彩铃、在线音乐、网络游戏、动漫、流媒体视频等多种载体形式。这里我们概括了一些目前广泛流行的出版产品形态,进行分析。

1) 电子图书

电子图书(eBook)是以数字形式将图书内容存储于磁盘、光盘、硬盘、网络、芯片等存储介质上的出版物。电子图书中存储的信息与印刷型图书类似,但其结构和功能较之要复杂得多。电子图书作为一种新形式的书籍,拥有许多与传统书籍不同的或者是传统书籍不具备的特点。需要通过电子计算机或其他电子阅读设备读取并通过屏幕显示出来,具备图文声像结合的优点,可检索,可复制,有更高的性价比,有更大的信息含量,有更多样的发行渠道等。

电子图书的发展,经历了从封装型向网络型发展的过程。20 世纪 90 年代前,以软磁盘、光盘为载体的电子图书占主流地位。20 世纪末,提起 eBook 大家想到的是外观像书一样的手持式阅读器。这段时间,将百科全书、电子词典、工具书、专业读物、教育读物的纸介质图书做成电子图书,成为主流,这种产品可以充分发挥图文超级链接功能,方便检索、查询。但是时至今日,eBook 的主流已转化为通过互联网免费或者付费传送,读者利用计算机、阅读器、PDA、手机等多种开放式阅读终端阅读的数字出版物。

这里要提到一种移动式阅读的方式——手机电子书。手机电子书是指依托移动通信网络传播，能在手机上阅读的数字化图书。随着 3G 时代的来临，越来越多的手机可以上网，通过在 WAP 网上直接下载的方式，就可以在手机上直接阅读电子书。手机电子书移动式、碎片式的阅读特性，更适合现代快捷的生活节奏，它的市场导向性很强，可以更好地满足读者的个性化需求。电子书作为手机出版物的一种形态，自始至终保持着良好的发展状态及前景，用智能手机阅读电子书成为一种新的潮流。

2）数字报纸

数字报纸是利用多媒体技术和网络传播手段，在纸介质报纸的版式中插入音频、视频和动画的数字化连续出版物，一般通过互联网传送，可在个人计算机、便携式平板电脑、PDA、手机等终端阅览。数字报纸即保持了纸介质报纸的版式，又增加了阅读新闻和信息的方便性、快捷性与互动性，同时有利于收藏和检索。在信息化时代，数字报纸具有很高的社会价值、经济价值、广告价值和互动价值。

数字报纸发展的早期以传统报纸数字化为主，到了 20 世纪 90 年代后期，互联网的迅速发展使报纸的全面数字化提上了议事日程，报纸网络版的形态开始出现。1995 年 1 月《神州学人周刊》通过互联网发行。1995 年 10 月《中国贸易报电子版》走上国际互联网。1997 年 1 月 1 日《人民日报》网络版正式在互联网上出现。之后，各种报纸纷纷在网络上发布。

2004 年 7 月，《中国妇女报》推出国内第一家"手机报"，推动了报业在发布方式和接收终端领域的数字化进程。手机报纸是移动增值业务与传统媒体结合的产物，它利用 WAP、彩信、短信等技术手段将传统媒体或网站的资讯内容发送到用户的手机上，使用户可以定时或即时通过手机阅读到最新的新闻和资讯。相对于传统报纸而言，手机报具有时效性强、速度快、互动性好、表现力丰富、随时随地接收、便携易保存、个性化投放、成本低廉等特点。手机报的面世，不但为传统的报纸带来新的活力，而且对打造健康手机文化具有重要意义，对中国报业适应现代科技发展也产生了积极的影响。

2006 年 8 月，"中国数字报业实验室（Chinese Digital Newspaper Laborary，CDNL）"的成立，将我国报业的数字化进程带入到了一个新的阶段。其主要使命是要探索适应数字报业发展所需要的数字化、网络化的内容显示介质技术、信息传播技术和运营模式，以实现传统纸介质出版逐步向数字网络出版的战略转型。

3）数字期刊

数字期刊是指以数字形式存储在电子媒介上并通过电子媒介发行和阅读使用的连续出版物。数字期刊具有两个基本属性。其一，数字期刊是一种连续出版物；其二，数字期刊以二进制代码的数字化形式存在，信息的处理、存储、传递与使用，需借助计算机和网络来进行。

世界上最早的电子期刊出现于 1976 年，是美国一家科学基金 NSF（National Sanitation Foundation）所主持的"电子信息交换系统"项目中的电子期刊实验。20 世纪 80 年代初，《化学文摘》、《生物学文摘》、《科学文摘》等一批世界著名的印刷型文摘索引期刊纷纷开始出版发行磁带版本。这些被专家们划定为第一代电子期刊。

第二代电子期刊称为单机型（CD-ROM）电子期刊，是一种将信息内容存储在磁盘、光盘等载体上并直接提供给用户借助单机使用的电子期刊。

真正让电子期刊为大众熟知，让学术界热切关注的，还是第三代电子期刊，即网络型电子期刊,也称数字期刊。这种数字期刊抛弃了以传统印刷型期刊为基础的模式,文章的输入、编辑、审稿、排版、检索和阅读都通过网络由计算机来完成。

目前,国际上大多数主要的学术期刊出版商和学术机构都通过数据库方式提供全文数字化期刊的集成服务。如美国科技信息学会 ISI 通过其科学网(Web of Science),提供世界三大引文索引——《科学引文索引》(Science Citation Index,SCI)、《社会科学引文索引》(Social Science Citation Index,SSCI)和《艺术与人文科学引文索引》(A&HCI)的检索。美国电气与电子工程师协会(Institute of Electronical and Electronics Engineers,IEEE),通过网络门户 IEEE Xplore,向读者提供该机构自 1988 年以来出版的期刊会议文献和其他学术出版物,以及所有现行的 IEEE 标准。

国内自 20 世纪 90 年代以来也出现了若干大型网络期刊数据库,如中国期刊网、中国科技期刊数据库和万方数据公司数字化期刊等,都收录几千到上万种的杂志,通过光盘、镜像站点等方式提供给图书馆和学术机构的用户使用,在学术领域被广泛应用。

4) 数字音像制品

数字音像制品作为数字出版物的一种,具有数字出版物的基本特征,以数字化方式将音视频信息存储于光盘、磁介质上,并能在计算机、DVD 播放器、硬盘播放器等设备中读取。

音像制品不断更新变化的历史脉络表明,音像制品的发展是与高新技术密不可分的,与传播手段的创新密不可分。从老式唱片到录音带、录像带,从 CD、VCD 到今天的数字音乐,从随身听到 CD 机,从放像机到 VCD、DVD 机,音像制品随着存储载体和视听播放工具的换代而改变着。

从 20 世纪 80 年代起,音像制品开始利用数字化技术制作存储音乐的激光唱盘、视盘,录音、录像技术向数字化方向发展。如今,磁带、录像带慢慢从人们视线中淡出,歌碟、影碟的销售也大不如从前,而基于网络环境的音像制品日渐增长,例如,可以通过广播电视点播、网络下载、手机彩铃服务等来满足消费的需求。新媒体技术、网络技术等新兴技术的发展将给数字音像制品的发展带来生机。

5) 多媒体电子出版物

多媒体电子出版物,是计算机、视频、通信、多媒体等高技术与现代出版业相结合的产物,它将文字、声音、图形图像、动画、视频等多媒体信息集成在磁、光、电介质上,内容丰富多彩,展现形式五光十色。多媒体电子出版物的传播媒体形态,包括软盘、只读光盘、交互式光盘、图文光盘、照片光盘和集成电路卡等。其中光盘是多媒体电子出版物的主要载体。

1993 年,中国大陆第一张自主版权的多媒体光盘电子出版物《邮票上的中国——历史与文化》正式出版,将 1887 年清朝的"海关大龙"邮票以来中国大陆历届政府发行的 1600 套 1 万余枚邮票全部收入,并以 100 余万文字及大量的历史图片、录音和影视资料进行相关知识的介绍。同时,其多样快捷的编辑检索功能、多媒体融合的艺术表现效果、轻盈小巧的信息存储介质等特点,带给读者以全新的感受。此后多媒体光盘电子出版物相继问世。

目前,多媒体电子出版物在教育、百科、宣传、娱乐等领域应用广泛。许多大型百科全书出版了光盘版,文献类光盘层出不穷,中、小学教学课件成为课堂的宠儿,幼儿识字、算术、智力开发方面的读物也越来越多,多媒体电子出版物网络联机版,通过互联网在线发布。多媒体电子出版物以绚丽的多媒体展示方式,得到人们越来越多的关注。

第2章 数字图像技术与制作

图像是人类获取和交换信息的主要来源。数字图像是指对自然界中存在的原始图像进行数字化处理后得到的图像信息。在这里我们将介绍数字图像的基础知识、图像的获取方法、照片的处理和编辑、图像的处理和编辑等内容。

2.1 数字图像的基础知识

2.1.1 数字图像的基本概念

1. 像素和分辨率

像素是用来计算数字图像的一种单位,图像由许多各种色彩的小方点所组成,这些小方点就是构成图像的最小单位"像素"。

图像分辨率就是指每英寸图像中含有多少个点或像素,分辨率的单位为点每英寸。分辨率的大小直接影响图像品质,分辨率越高,图像越清晰,所产生的文件就越大,处理速度也越慢。因此在制作图像时,不同品质的图像就需设置适当的分辨率。例如,如果制作的图像只需在屏幕上显示,那分辨率就可以设置低一些,一般为72点每英寸。如果制作的图像需要输出印刷,那分辨率就需设的高一些,一般为300点每英寸。

另外,图像的尺寸大小、图像的分辨率和图像文件大小三者之间有着很密切的关系,一个分辨率相同的图像,如果尺寸不同,它的文件大小也不同。尺寸越大所保存的文件也就越大。同样,增加一个图像分辨率,也会使图像文件变大。

矢量图像与分辨率无关,将矢量图像任意放大,或在打印输出时将分辨率设置为任意值,都不会造成图像的失真。因此矢量图像很适合做标志设计和插图设计等。

2. 图像的种类

在计算机中,图像是以数字方式来记录、处理和保存的,所以图像也可以说是数字化图像。计算机中图像的种类大致可以分为两种:矢量式图像和位图式图像。这两种类型的图像各有特色,用途不同。

1) 矢量式图像

矢量式图像也称向量式图像,它是以矢量的数学方程式所定义的直线和曲线来记录图像内容。因此,它的文件所占的容量较小,很容易进行放大、缩小或旋转等操作,并且不会失真,精确度较高,可以制作3D图像;但这种图像有一个缺陷,不易制作色调丰富或色彩变化太多的图像。

制作向量式图像的软件有 FreeHand、Flash、Illustrator、CorelDRAW、AutoCAD 等。

2) 位图式图像

位图式图像是由许多点组成的,这些点称为像素。当许许多多不同颜色的点(即像素)

组合在一起后便构成了一幅完整的图像。位图式图像的保存,需要记录每一个像素的位置和色彩数据,因而可以精确地记录色调丰富的图像,可以逼真地表现自然界的景象。但文件所占容量较大。位图式图像无法制作 3D 图像,当图像缩放、旋转时会产生失真。

制作位图式图像的软件有 Adobe Photoshop、Corel Photopaint、Design Painter 等。

3. 图像的色彩

在自然界中,光是一种以电磁波形式存在的物质。电磁波的波长范围很宽,可见光在整个电磁波谱中只占极窄的一部分,如图 2-1 所示。

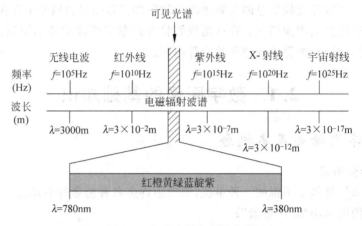

图 2-1 电磁光谱与可见光谱

图像中的色彩是光刺激人的视觉神经产生的,在可见光范围内,不同波长的光会对人眼产生不同的感觉。例如,波长为 780nm 左右的光会产生红色感觉,波长为 550nm 左右的光会产生绿色感觉,波长为 470nm 左右的光会产生蓝色感觉。可见光的光谱是连续分布的,随着波长的减小,各个波长对人眼引起的颜色变化分别为红、橙、黄、绿、青、蓝、紫。

图像的色彩可用亮度、色调和饱和度三个要素来描述。

1)亮度

亮度指色彩光作用于人眼所引起的明亮程度,它与被观察景物的发光强度有关,反映了景物表面相对明暗的特性。光源的辐射能量越大,物体的反射能力越强,亮度就越高。

另外,亮度还和波长有关,能量相同而波长不同的光对视觉引起的亮度感觉也会不同。例如,对相同辐射功率的光,人眼感觉最暗的是红色,其次是蓝色和紫色,最亮的是黄绿色。

2)色调

色调是当人眼看一种或多种波长的光时所产生的色彩的感觉,它反映色彩的种类,是决定色彩的基本特性。红、橙、黄、绿、青、蓝、紫等指的就是色调。不同波长的光其颜色不同,也是指的色调不同。

3)饱和度

饱和度是指彩色的深浅、浓淡程度。对于同一色调的彩色光,饱和度越高,颜色就越深、越浓。饱和度与彩色光中掺入的白光比例有关,掺入的白光越多,饱和度就越小。因此,饱和度也称为色彩的纯度。

饱和度的大小用百分制来衡量,100% 的饱和度表示彩色光中没有白光成分,所有单色光的饱和度都是 100%,饱和度为零表示全是白光,没有任何色调。

4. 图像的颜色模式

颜色模式是指图像在显示或打印输出时定义颜色的不同方式。常见的颜色模式有 RGB、CMYK、HSB、位图模式和灰度模式等。

1) RGB 模式

RGB 模式定义颜色由红(Red)、绿(Green)和蓝(Blue)三种原色组合而成,由这三种原色混合可以产生成千上万种颜色。在 RGB 模式下的图像是三通道图像,每一个像素由 24 位的数据表示,因此每一种原色都可以表现出 256 种不同浓度的色调,三种原色混合起来就可以生成 1670 万种颜色,也称 24 位真彩色。

2) CMYK 模式

CMYK 模式是一种印刷模式,它由分色印刷的 4 种颜色组成,即青色(Cyan)、洋红色(Magenta)、黄色(Yellow)和黑色(Black)。在 CMYK 模式下的图像是 4 通道图像,每一个像素由 32 位的数据表示。

在处理图像时,一般不采用 CMYK 模式,因为这种模式文件大,会占用大量的磁盘空间和内存。通常都是在需要印刷时才转换成这种模式。

3) HSB 模式

HSB 模式是一种基于人的直觉的颜色模式。HSB 模式描述颜色有三个特征:色相(Hue)、饱和度(Saturation)和亮度(Brightness)。

4) 位图模式

位图模式只有黑色和白色两种颜色,它的每一个像素只包含 1 位数据,占用的磁盘空间最少。因此,在该模式下不能制作出色调丰富的图像,只能制作一些黑白两色的图像。

5) 灰度模式

灰度模式也是用黑白两色来进行显示的模式。但灰度模式中的每个像素是由 8 位数据来记录的,因此能够表现出 256 种色调。灰度模式的图像可以直接转换成黑白图像和 RGB 的彩色图像,同样黑白图像和彩色图像也可以直接转换成灰度图像。

5. 颜色深度

颜色深度用来度量图像中有多少颜色信息,简单说就是最多支持多少种颜色,其单位是位(b),所以颜色深度有时也称为位深度。常用的颜色深度是 1b、8b、24b 和 32b。较大的颜色深度(每像素信息的位数更多)意味着数字图像具有较多的可用颜色和较精确的颜色表示。在 1b 图像中只有 2 的 1 次方两种颜色,每个像素的颜色只能是黑或白;一个 8b 的图像包含 2 的 8 次方种颜色,每个像素可能是 256 种颜色中的任意一种;一个 24b 的图像包含 1670 万(2 的 24 次方)种颜色;一个 32b 的图像包含 2 的 32 次方种颜色,但很少这样讲,这是因为 32 位的图像可能是一个具有 Alpha 通道的 24 位图像,也可能是 CMYK 色彩模式的图像,这两种情况下的图像都包含有 4 个 8 位的通道。

2.1.2　数字图像的格式及转换

1. 常见的图像格式

图像格式,可以简单理解为图像存放在存储介质上的表示方式。在计算机中,描述一幅图像需要大量的信息。例如,一幅 1024×768 的图像需要 1024×768 个点来对它进行描述,每一个点的信息量又会随每个点的颜色数量多少而有所不同,65 536 种颜色的点需要 2 个字节来描述。如果将上面的图像不经任何处理存入磁盘中，那么需要 1.5MB 左右的磁盘空间。由此可见，图像文件对磁盘空间的占用非常巨大。

所以，为了减小图像文件对磁盘空间的海量使用，不同的图像格式使用了不同的压缩算法，以减小图像文件对磁盘空间的占用。总的来说，图像格式中有两种截然不同的压缩算法：有损压缩和无损压缩。

1）有损压缩

顾名思义，有损压缩是对图像质量有损害的一种压缩算法，它可以极大地减少图像在内存和磁盘中占用的空间。虽然有损压缩对图像的一些细节进行了舍弃，但在屏幕上观看图像时不会发现它对图像的外观产生太大的不利影响。因为人的眼睛对光线比较敏感，光线对景物的作用比颜色的作用更为重要，这就是有损压缩技术的基本依据。

有损压缩的特点是保持颜色的逐渐变化，删除图像中颜色的突然变化。生物学中的大量实验证明，人类大脑会利用与附近最接近的颜色来填补所丢失的颜色。例如，对于蓝色天空背景上的一朵白云，有损压缩的方法就是删除图像中景物边缘的某些颜色部分。当在屏幕上看这幅图时，大脑会利用在景物上看到的颜色填补所丢失的颜色部分。利用有损压缩技术，某些数据被有意地删除了，而被取消的数据也不再恢复。

无可否认，利用有损压缩技术可以大大地压缩文件的数据，但是会影响图像质量。如果使用了有损压缩的图像仅在屏幕上显示，可能对图像质量影响不太大，至少对于人类眼睛的识别程度来说区别不大。可是，如果要把一幅经过有损压缩技术处理的图像用高分辨率打印机打印出来，那么图像质量就会有明显的受损痕迹。

2）无损压缩

无损压缩的基本原理是相同的颜色信息只需保存一次。压缩图像的软件首先会确定图像中哪些区域是相同的，哪些是不同的。包括重复数据的图像（如蓝天）就可以被压缩，只有蓝天的起始点和终结点需要被记录下来。但是蓝色可能还会有不同的深浅，天空有时也可能被树木、山峰或其他的对象掩盖，这些就需要另外记录。从本质上看，无损压缩的方法可以删除一些重复数据，大大减少要在磁盘上保存的图像尺寸。但是，无损压缩的方法并不能减少图像的内存占用量，这是因为当从磁盘上读取图像时，软件又会把丢失的像素用适当的颜色信息填充进来。如果要减少图像占用内存的容量，就必须使用有损压缩方法。

无损压缩方法的优点是能够比较好地保存图像的质量，但是相对来说这种方法的压缩率比较低。但是，如果需要把图像用高分辨率的打印机打印出来，最好还是使用无损压缩。

现在，图像在计算机中的应用非常普遍，常见的网页、文档等都包含有大量的图片，涉及的图像格式五花八门。下面，将对这些图像格式做一个简单的介绍。

1）BMP 格式

BMP 是英文 Bitmap（位图）的简写，它是 Windows 操作系统中的标准图像文件格式，能够被多种 Windows 应用程序所支持。随着 Windows 操作系统的流行与丰富的 Windows 应用程序的开发，BMP 位图格式理所当然地被广泛应用。这种格式的特点是包含的图像信息较丰富，几乎不进行压缩，但由此导致了它与生俱来的缺点——占用磁盘空间过大。所以，目前 BMP 在单机上比较流行。

2）GIF 格式

GIF 是英文 Graphics Interchange Format（图形交换格式）的缩写。顾名思义，这种格式是用来交换图片的。事实上也是如此,20 世纪 80 年代,美国一家著名的在线信息服务机构 CompuServe 针对当时网络传输带宽的限制,开发出了这种 GIF 图像格式。

GIF 格式的特点是压缩比高,磁盘空间占用较少,所以这种图像格式迅速得到了广泛应用。最初的 GIF 只是简单地用来存储单幅静止图像(称为 GIF 87a),后来随着技术发展,可以同时存储若干幅静止图像进而形成连续的动画,使之成为当时支持 2D 动画为数不多的格式之一(称为 GIF 89a),而在 GIF 89a 图像中可指定透明区域,使图像具有非同一般的显示效果,这更使 GIF 风光十足。目前 Internet 上大量采用的彩色动画文件多为这种格式的文件,也称为 GIF 89a 格式文件。

此外,考虑到网络传输中的实际情况,GIF 图像格式还增加了渐显方式,也就是说,在图像传输过程中,用户可以先看到图像的大致轮廓,然后随着传输过程的继续而逐步看清图像中的细节部分,从而适应了用户的"从朦胧到清楚"的观赏心理。目前 Internet 上大量采用的彩色动画文件多为这种格式的文件。

但 GIF 有个小小的缺点,即不能存储超过 256 色的图像。尽管如此,这种格式仍在网络上得到大量应用,这和 GIF 图像文件短小、下载速度快、可用许多具有同样大小的图像文件组成动画等优势是分不开的。

3) JPEG 格式

JPEG 也是常见的一种图像格式,它由联合照片专家组(Joint Photographic Experts Group)开发并命名。JPEG 文件的扩展名为".jpg"或".jpeg",其压缩技术十分先进,它用有损压缩方式去除冗余的图像和彩色数据,获得极高的压缩率的同时能展现十分丰富生动的图像,换句话说,就是可以用最少的磁盘空间得到较好的图像质量。

同时,JPEG 还是一种很灵活的格式,具有调节图像质量的功能,允许你用不同的压缩比例对这种文件压缩,例如我们最高可以把 1.37MB 的 BMP 位图文件压缩至 20.3KB。当然我们完全可以在图像质量和文件尺寸之间找到平衡点。

由于 JPEG 优异的品质和杰出的表现,它的应用也非常广泛,特别是在网络和光盘读物上,都能找到它的影子。目前各类浏览器均支持 JPEG 这种图像格式,因为 JPEG 格式的文件尺寸较小,下载速度快,使得 Web 网页有可能以较短的下载时间提供大量美观的图像,JPEG 同时也就顺理成章地成为网络上最受欢迎的图像格式。

4) JPEG 2000 格式

JPEG 2000 同样是由 JPEG 组织负责制定的,它有一个正式名称叫做 ISO—15444,与 JPEG 相比,它具备更高压缩率以及更多新功能的新一代静态影像压缩技术。

JPEG 2000 作为 JPEG 的升级版,其压缩率比 JPEG 高 30%左右。与 JPEG 不同的是,JPEG 2000 同时支持有损和无损压缩,而 JPEG 只能支持有损压缩。无损压缩对保存一些重要图片是十分有用的。JPEG 2000 的一个极其重要的特征在于它能实现渐进传输,这一点与 GIF 的"渐显"有异曲同工之妙,即先传输图像的轮廓,然后逐步传输数据,不断提高图像质量,让图像由朦胧到清晰显示,而不必是像现在的 JPEG 一样,由上到下慢慢显示。

此外,JPEG 2000 还支持所谓的"感兴趣区域"特性,你可以任意指定影像上你感兴趣区域的压缩质量,还可以选择指定的部分先解压缩。JPEG 2000 和 JPEG 相比优势明显,且向下兼容,因此取代传统的 JPEG 格式指日可待。

JPEG 2000 可应用于传统的 JPEG 市场,如扫描仪、数码相机等,亦可应用于新兴领域,

33

如网络传输、无线通信等。

5）PNG 格式

PNG(Portable Network Graphics)是一种新兴的网络图像格式。在 1994 年底，由于 Unysis 公司宣布 GIF 拥有专利的压缩方法，要求开发 GIF 软件的作者须缴纳一定费用，由此促使免费的 PNG 图像格式的诞生。PNG 一开始便结合 GIF 及 JPG 两家之长，打算一举取代这两种格式。1996 年 10 月 1 日由 PNG 向国际网络联盟提出并得到推荐认可标准，并且大部分绘图软件和浏览器开始支持 PNG 图像浏览，从此 PNG 图像格式生机焕发。

PNG 是目前保证最不失真的格式，它汲取了 GIF 和 JPG 二者的优点，存储形式丰富，兼有 GIF 和 JPG 的色彩模式；它的另一个特点能把图像文件压缩到极限以利于网络传输，但又能保留所有与图像品质有关的信息，因为 PNG 是采用无损压缩方式来减少文件的大小，这一点与牺牲图像品质以换取高压缩率的 JPG 有所不同；它的第三个特点是显示速度很快，只需下载 1/64 的图像信息就可以显示出低分辨率的预览图像；第四，PNG 同样支持透明图像的制作，透明图像在制作网页图像的时候很有用，大家可以把图像背景设为透明，用网页本身的颜色信息来代替设为透明的色彩，这样可让图像和网页背景很和谐地融合在一起。

PNG 的缺点是不支持动画应用效果，如果在这方面能有所加强，就可以完全替代 GIF 和 JPEG 了。Macromedia 公司的 Fireworks 软件的默认格式就是 PNG。现在，越来越多的软件开始支持这一格式，而且在网络上也越来越流行。

6）PSD 格式

这是著名的 Adobe 公司的图像处理软件 Photoshop 的专用格式 Photoshop Document (PSD)。PSD 其实是 Photoshop 进行平面设计的一张"草稿图"，它里面包含有各种图层、通道、遮罩等多种设计的样稿，以便于下次打开文件时可以修改上一次的设计。在 Photoshop 所支持的各种图像格式中，PSD 的存取速度比其他格式快很多，功能也很强大。由于 Photoshop 被广泛地应用，这种格式非常流行。

7）TIFF 格式

TIFF(Tag Image File Format)是 Mac 中广泛使用的图像格式，它由 Aldus 和微软联合开发，最初是出于跨平台存储扫描图像的需要而设计的。它的特点是图像格式复杂，存储信息多。正因为它存储的图像细微层次的信息非常多，图像的质量也得以提高，故而非常有利于原稿的复制。

TIFF 格式有压缩和非压缩两种形式，其中压缩可采用 LZW(Lempel Ziv Welch)无损压缩方案存储。不过，由于 TIFF 格式结构较为复杂，兼容性较差，因此有时软件可能不能正确识别 TIFF 文件（现在绝大部分软件都已解决了这个问题）。目前在 Mac 和 PC 上移植 TIFF 文件也十分便捷，因而 TIFF 现在也是微机上使用最广泛的图像文件格式之一。

8）SVG 格式

SVG(Scalable Vector Graphics)意思为可缩放的矢量图形。它是基于 XML(Extensible Markup Language)，由 World Wide Web Consortium(W3C)联盟进行开发的。严格来说，应该是一种开放标准的矢量图形语言，可设计激动人心的、高分辨率的 Web 图形页面。用户可以直接用代码来描绘图像，可以用任何文字处理工具打开 SVG 图像，通过改变部分代码来使图像具有交互功能，并可以随时插入到 HTML(Hypertext Markup Language)中通过浏览器来观看。

它提供了目前网络流行格式 GIF 和 JPEG 无法具备的优势：可以任意放大图形显示，并且不会以牺牲图像质量为代价，并在 SVG 图像中保留可编辑和可搜寻的状态；平均来讲，SVG 文件比 JPEG 和 GIF 格式的文件要小很多，因而下载也很快。可以相信，SVG 的开发将会为 Web 提供新的图像标准。

9）TGA 格式

TGA（Tagged Graphics）格式是由美国 Truevision 公司为其显示卡开发的一种图像文件格式，文件后缀为".tga"，已被国际上的图形、图像工业所接受。TGA 的结构比较简单，属于一种图形、图像数据的通用格式，在多媒体领域有很大影响，是计算机生成图像向电视转换的一种首选格式。

TGA 图像格式最大的特点是可以做出不规则形状的图形、图像文件，一般图形、图像文件都为四方形，若需要有圆形、菱形甚至是镂空的图像文件时，就用到了 TGA 格式。TGA 格式支持压缩，使用不失真的压缩算法。

2. 图片的批量转换

图片的批量转换是多媒体制作人员经常碰到的任务。如果没有合适的转换工具，对大批量的图片进行格式转换将非常费时费力。现在，很多的图像工具都提供了图片格式的批量转换功能。

1）使用 SnagIt 批量转换图片

除了进行屏幕捕获外，SnagIt 9 还可以进行图片格式的批量转换，其操作步骤如下。

（1）打开 SnagIt。

（2）在【相关任务】窗口中单击【转换图像】按钮，开始图片批量转换过程，整个过程分为 4 个步骤。

步骤一：选择文件。如图 2-2 所示，批量转换的第一步将打开【选择文件】对话框。该步骤是选择要进行格式转换的图片文件。单击【添加文件】按钮，打开文件【打开】对话框，然后选择需要进行格式转换的图片文件，并单击【打开】按钮。选择完成后，单击【下一步】按钮，进入下一步。

图 2-2　步骤一：选择文件

36

步骤二：转换过滤。如图 2-3 所示，该步骤用于定义转换过程中想要使用的过滤器，它们可以对图片进行一些额外的效果处理（除了格式转换外），如设置图片的分辨率。在本例，不对图片进行任何特殊处理，单击【下一步】按钮，进入下一步。

图 2-3　步骤二：转换过滤

步骤三：输出选项。如图 2-4 所示，该步骤需要进行三项设置：一是选择【输出目录】，即把转换完成的图片文件存放在哪个目录，如果忘记目录，可以单击右边的【浏览文件夹】按钮进行选择；二是设置图片的输出格式，这里选择【JPG-JPEG 图像】选项，另外，如果对输出格式有特殊的要求，可以单击右边的【选项】按钮，对 JPG 格式进行设置；三是定义输出图片的文件名称，可以根据自己的爱好和需要进行定义。设置完成后，单击【下一步】按钮，进入下一步。

图 2-4　步骤三：输出选项

步骤四：完成转换。如图 2-5 所示，其中列出了前三个步骤的各项设置，如果确认无误，单击【确定】按钮，SnagIt 将开始进行图片转换任务。

图 2-5　步骤四：完成转换

2）使用 ACDSee 批量转换图片

ACDSee 主要是一个图片浏览工具，但它也可以实现图片格式的批量转换，其操作步骤如下。

（1）在进行批量转换任务前，最好把需要进行格式转换的图片存放在一个独立的目录下。

（2）打开 ACDSee，如图 2-6 所示，从左边的【文件夹】窗口中，选择存放需要进行格式转换图片的文件夹，在 ACDSee 的内容浏览窗口（中间窗口）将以缩略图的形式显示该文件夹下所有的图片内容。

图 2-6　ACDSee 10 工作界面

（3）使用快捷键 Ctrl＋A，选中全部图片，然后在选中图片的任一张上右击，从弹出的菜单中选择【工具】|【转换文件格式】命令，打开【批量转换文件格式】对话框，如图 2-7 所示，在左边【格式】选项卡中选择 JP2 格式。如果有特殊要求，可以单击【格式设置】按钮，对选中的格式进行设置。单击【下一步】按钮，进入下一步。

图 2-7　【批量转换文件格式】对话框之步骤一

（4）如图 2-8 所示，在【目的地】域下，对完成格式转换图片的输出文件夹进行设置，这里选择【将修改后的图像放入源文件夹】选项；保持【文件选项】域中的默认设置。单击【下一步】按钮，进入下一步。

（5）接受该步骤的默认设置，单击【开始转换】按钮，ACDSee 将开始选中图片的格式转换工作，并显示转换进度。

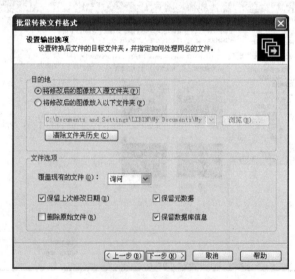

图 2-8　【批量转换文件格式】对话框之步骤二

（6）等待 ACDSee 完成转换任务，单击【完成】按钮，确定任务完成。这时，可以在与源图片相同的目录下找到自己所需要格式的图片文件了。

2.2　图像的获取

图像素材的收集过程是一个耗时的过程，但恰当地使用各种方法和工具软件可以极大地提高工作效率，这里将介绍几种实用的图像获取方法。

2.2.1　通过扫描仪获取图像

用扫描仪获取图像是一种直接、快捷的方式，其过程是将已有的图片经过扫描仪扫描变成数字信号并存储在计算机中。要用扫描仪获取图像，首先要有一台扫描仪，并将其与计算机连接，然后要在计算机中安装相应的驱动程序，最后采用具有扫描输入功能的软件获取图像。不同的扫描仪，如何连接设备以及安装驱动程序的操作各不相同，用户可参考设备使用说明。具有扫描输入功能的软件也很多，这里主要介绍如何利用 Photoshop 软件中的扫描功能完成图像获取。具体操作如下。

（1）在计算机中安装扫描仪驱动程序并确认扫描仪与计算机正常连接后，启动 Photoshop 软件。

（2）如图 2-9 所示，在 Photoshop 菜单栏内选择【文件】|【输入】| Microtek Scan Module（Microtek 扫描组件）命令，启动扫描程序。

图 2-9　启动扫描程序

（3）此时会弹出【Microtek 扫描模块】对话框，如图 2-10 所示。在该对话框中可调整扫描类型、分辨率、亮度、对比度、阴影、突出显示、扫描质量、扫描仪、媒体等参数。

（4）将要扫描的图片放入扫描仪中，单击【预览】按钮，在对话框右侧会显示要扫描的图片，调整亮度、对比度等参数使图像清晰，如图 2-11 所示。

（5）参数调整完成后，单击【扫描】按钮进行正式扫描。扫描结束后，保存扫描的文件。

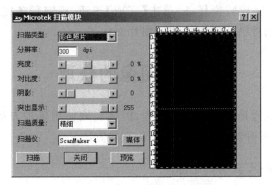

图 2-10 【Microtek 扫描模块】对话框

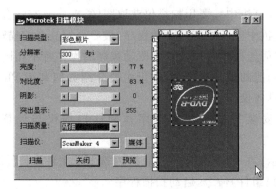

图 2-11 扫描预览

2.2.2 从数码相机中获取图像

用数码相机获取图像是一种非常方便、灵活的方式,用户可以随时随地拍摄需要的画面,然后将其输入计算机。所谓数码相机,是一种能够通过内部把拍摄到的景物转换成数字格式图像的特殊照相机。它使用固定的或者是可拆卸的半导体存储器来保存获取的图像,还可以直接将数字格式的图像输出到计算机上。

1. 从数码相机导入图像

这里简单介绍一下如何将数码相机中的图像传送到计算机中编辑和使用。目前市场上各种数码相机很多,但其工作原理基本相同,大致分为以下几个步骤。

(1)硬件连接。将数码相机的数字输出口与计算机的 USB 口连接,如图 2-12 所示。

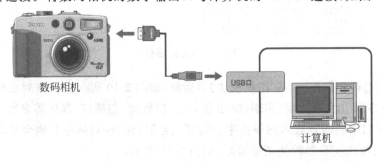

图 2-12 数码相机与计算机的连接图

(2) 将数码相机开关打开,并置于播放状态。在计算机中选择【我的电脑】,会看见数码相机的符号(一般以可移动硬盘方式出现)。双击符号,打开数码相机,就可以看到拍摄的照片。选中需要的照片进行复制,然后将照片粘贴到计算机中指定的位置即可。

2. 使用读卡器

数码相机拍摄的图像是直接存储在存储卡或微型硬盘中。现在,大部分的数码相机与存储卡采用的是分体式的设计,也就是说,大家可以把存储卡从数码相机上独立地取出来。所以,除了通过数码相机与计算机直接相连导出照片外,还可以使用读卡器直接读取数码相机上各式存储卡中的图像。

现在,市面上常见的存储介质有 CF(Compact Flash)卡、SM(Smart Media)卡、SD(Secure Digital Memory Card)卡、记忆棒等。为了满足多种存储卡的实用,建议大家可以购买一个万能读卡器,如图 2-13 所示,它为不同的存储卡提供了不同的插槽。读卡器的使用也是非常的简单,只要从数码相机中把存储卡取出,插入读卡器相应的插槽中,接下来就可以把读卡器当作一个"活动硬盘"来使用了,不需要安装任何的驱动程序,非常的方便。

图 2-13 万能读卡器

2.2.3 从网上和屏幕上抓图

在文字、图片等多媒体素材的制作过程中,对屏幕内容进行获取并加工是一项很重要的工作。通过屏幕不仅可以获取静态的图形、图像、软件操作界面等,也可以从 DVD 影片、3D 游戏等动态画面中获取静态画面,这种将屏幕图像采集为图像文件的过程,称为屏幕抓图。

目前,能实现屏幕抓图的小软件有许多,达好几十种,如 HyperSnap-DX、中华神捕、HyperCam、SnagIt 等,这些屏幕抓图软件的功能和特点各不相同,有的简单易用,有的功能全面,有的支持视频采集,也有的能抓取文本信息而不是图像信息。下面,将以 SnagIt 9 为例来介绍如何获取屏幕和网络上有用的图像信息。

1. 窗口介绍

图 2-14 是 SnagIt 9 的工作界面,除了上面的标题栏和菜单栏外,主要分为 8 个功能区域,如图 2-14 所示。

(1)【方案】窗口中显示了 SnagIt 9 已经定制好的各种捕获方案,并且 SnagIt 9 对这些方案进行了分类,其中,【基础捕获方案】包含了几种最为常见的图像抓取方案,而【其他捕获方案】则能满足一些特殊的要求,如文本抓取、录制屏幕视频等。对于大部分的用户来说,使用 SnagIt 9 定制好的方案就能满足要求。

(2) 该区域是方案工具条,它提供了创建和编辑方案的功能,如果 SnagIt 9 中已有方案无法满足需求,可以使用该工具条进行管理。

(3)【捕获】按钮,单击该按钮后,SnagIt 9 将开始屏幕抓取过程。可以给该按钮设置快捷键,系统默认的快捷键为 Print Screen,如果不习惯,可以选择菜单【工具】|【程序参数设置】命令进行设置。

(4) 选择捕获模式,即捕获何种内容,有 4 种模式可供选择:【图像捕获】、【文本捕获】、

图 2-14　SnagIt 9 的工作界面

【视频捕获】和【Web 捕获】。

(5) 捕获【选项】设置。例如,这些选项包括是否捕获鼠标、设置定时或延时捕获、捕获多个区域等。

(6)【方案设置】可以对当前选中方案的【输入】、【输出】和【效果】选项进行修改,如图 2-14 所示,显示的是【窗口】方案的内容。如果希望保存修改,需要单击方案工具条中的【保持当前的方案设置】按钮。

(7)【相关任务】可以快速启动【转换图像】、【打开单击快捕】、【设置 SnagIt 打印机】、【管理方案】和【管理附件】功能。

(8)【快速启动】可以快速启动【SnagIt 编辑器】和【管理图像】功能。

下面,将通过几个具体的实例来详细介绍 SnagIt 9 的使用。

2. 实例一:捕获屏幕范围

在进行屏幕捕获之前,需要进行一定的预备工作。预备工作主要包括 2 个方面的内容:一是把想要抓取的内容显示在屏幕的最前方;二是确定是否需要抓取 SnagIt 9 窗口中的内容,因为在默认的情况下,当单击【捕获】按钮开始进行屏幕捕获时,SnagIt 9 会自动隐藏,以把屏幕上的内容充分暴露给用户,方便内容的抓取。为了在抓取屏幕内容时保留 SnagIt 9 窗口,需要进行相关设置,步骤如下。

(1) 选择菜单【工具】|【程序参数设置】命令,打开【程序参数设置】对话框,如图 2-15 所示。

(2) 在该对话框中,选中【程序选项】选项卡,如图 2-15 所示,在【常规选项】中,取消选

图 2-15 【程序参数设置】对话框

中【在捕获前隐藏 SnagIT】。

（3）单击【确定】按钮，完成设置。

做好前面的准备工作之后，就可以打开 SnagIt 9，开始屏幕内容的抓取。下面，将以抓取屏幕上的某个按钮图像为例，演示如何捕获某个范围的屏幕内容。

（1）打开 SnagIt，在【方案】窗口中，选中【基础捕获方案】中的【范围】方案，如图 2-16 所示。

图 2-16 SnagIt 工作界面——选中【范围】方案

第2章 数字图像技术与制作

（2）单击右下角的【捕获】按钮，SnagIt 将自动隐藏其工作界面，完全显示屏幕内容。

（3）在本例中，需要抓取的内容是某个网页中的图像按钮，如图 2-17 所示，范围的选取是通过拖动鼠标来完成的。具体的步骤是：先把鼠标移动至希望选取的屏幕范围的左上角，按住鼠标左键，并拖动，拖出的矩形框的范围就是捕获的屏幕内容，当确定了要抓取的内容，释放鼠标左键，即可完成捕获。另外，为了方便内容的选取，SnagIt 提供了一个【放大器】，对鼠标所在位置进行放大，以辅助内容的选取。

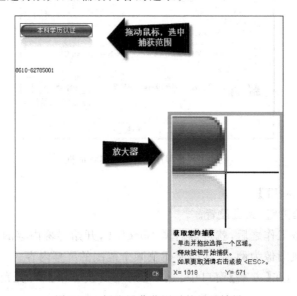

图 2-17　抓取屏幕范围时的界面效果

（4）完成捕获后，SnagIt 将默认打开【SnagIt 编辑器】窗口，从而对所抓取屏幕图像进行进一步处理，如图 2-18 所示。

图 2-18　【SnagIt 编辑器】窗口

3. 实例二：捕获窗口

在 Windows 中，应用程序是以一个个窗口的形式存在的，如 Word，在 Word 窗口中，可以进行文档的编辑工作。在 Windows 中，可以同时打开很多个应用程序，例如，在使用 Word 编辑文档时，同时打开金山词霸，以翻译英文单词。

有时，大家可能会有这样的需求：只抓取某个应用程序窗口的内容，如金山词霸。金山词霸的窗口肯定是整个屏幕的一个部分，通过前面介绍的【捕获屏幕范围】就可以把窗口所在范围抓取下来。但是，在使用的过程中，大家会发现这是非常麻烦的一种方法，因为在截取窗口范围时会花费很多的时间。然而，通过使用 SnagIt 提供的捕获窗口的方法，可以使得某个窗口内容的抓取变得非常的简单，其操作步骤如下。

（1）做好准备工作，即把要捕获的窗口金山词霸显示在屏幕的最前方。

（2）打开 SnagIt，在【方案】窗口中，选中【基础捕获方案】中的【窗口】方案。

（3）单击右下角的【捕获】按钮，SnagIt 将自动隐藏其工作界面，进入捕获过程。

（4）这时，大家会发现，当移动鼠标的时候，会有一个突出显示的矩形框在不同的窗口之间变换，如图 2-19 所示，该矩形框指示了要捕获的窗口内容。当该矩形框中包含的内容与自己想捕获的窗口内容一致时，单击完成捕获。

图 2-19　窗口捕获模式

（5）完成捕获后，SnagIt 将打开【SnagIt 编辑器】窗口，以对所抓取窗口图像进行处理。

在默认设置下，SnagIt 是打开自有的编辑器对捕获的图像进行处理。一般说来，如果只是进行一些简单的图像处理工作，SnagIt 自有编辑器完全能够胜任。但是，有时用户有比较复杂的后期任务，或者更习惯于使用某种图像编辑软件，如 Photoshop，这时，用户希望使用 Photoshop 直接打开捕获的图像，那么可以依照以下步骤进行设置。

（1）打开 SnagIt，确认选中了【方案】窗口中的【窗口】方案，如图 2-20 所示。

（2）这时，在【方案设置】窗口中，将显示【窗口】方案的三个参数设置的当前状态，分别是输入、输出和效果，例如，【效果】设置为【无效果】。

（3）实际上，接下来需要完成的工作是把捕获的图像输出到程序Photoshop。在选择输出的目的地前，要先配置一下输出属性。如图2-20所示，单击【输出】按钮，从打开的下拉菜单中选择【属性】命令，打开【输出属性】对话框。

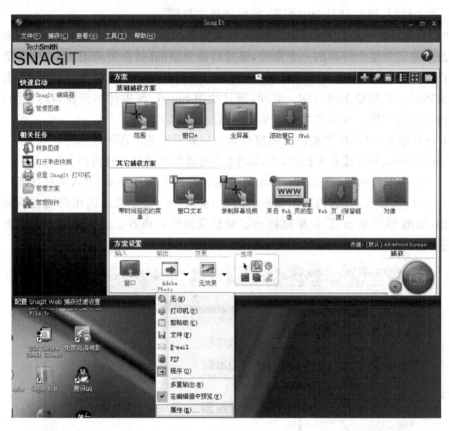

图 2-20 【输出】界面

（4）选中【程序】选项卡，如图2-21所示。一般说来，SnagIt能够识别一些常用的图像编辑软件，如Photoshop、画图等，并显示在【请选择要输出的程序】列表中。

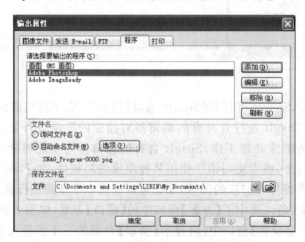

图 2-21 【输出属性】对话框

（5）如果在【请选择要输出的程序】列表中没有显示 Adobe Photoshop，首先要确认 Windows 中是否安装了 Photoshop。在确认已经安装的情况下，单击【添加】按钮，打开【添加程序】对话框，如图 2-22 所示。单击【要运行的可执行文件】右边的【打开文件】按钮，并从【打开文件】对话框中找到 Photoshop 程序安装的文件夹，并选中 Photoshop.exe，打开它，这时，SnagIt 会自动添加【显示名称】为 Adobe Photoshop CS，如果不希望使用该名称显示程序，可以手动更改它。然后单击【确定】按钮，完成程序添加。

图 2-22　【添加程序】对话框

（6）如果 Photoshop 程序已经在【请选择要输出的程序】列表中，如图 2-21 所示，选择列表中的 Adobe Photoshop 选项。然后，在【文件名】域中定义图像文件的命名规则；在【保存文件在】域中，为捕获的图像选择一个输出的文件夹。单击【确定】按钮，完成【输出属性】设置。

（7）【输出属性】配置完成后，再次单击【输出】按钮，从弹出的下拉菜单中选择【程序】选项，这时，会看到【输出】按钮显示的内容是 Adobe Photoshop，如图 2-20 所示。

（8）最后，单击【方案】工具条中的【保存当前的方案设置】按钮，保存刚才对【窗口】方案的修改（在【方案】窗口的右上角，如图 2-20 所示。以后，使用【窗口】方案捕获的图像都将使用 Photoshop 程序进行处理）。

当完成所有的设置后，再次进行屏幕捕获时，SnagIt 开始还是会使用【SnagIt 编辑器】打开捕获图像，但不同的是，SnagIt 编辑器会提示单击【完成方案】按钮，也可以使用快捷键 Ctrl＋Enter，以使用 Photoshop 程序来打开刚刚抓取的图像，如图 2-23 所示。

图 2-23　【SnagIt 编辑器】提示完成方案

4. 实例三：捕获滚动窗口

滚动窗口主要用于捕获带有滚动条窗口中的文档内容，如网页。由于大部分的网页内容都比较长，所以无法在当前的显示窗口全部显示出来。如果采用普通的屏幕或者窗口捕获,那么只能抓取屏幕上已经显示的内容,滚动窗口中隐藏的部分无法捕获。通过 SnagIt 提供的滚动窗口功能可以捕获全部文档内容,其操作步骤如下。

(1)把要捕获的网页窗口显示在屏幕的最前方,并打开 SnagIt,在【方案】窗口中,选中【基础捕获方案】中的【滚动窗口(Web 页)】方案。

(2)单击右下角的【捕获】按钮,SnagIt 将自动隐藏其工作界面,进入捕获过程。

(3)滚动窗口的捕获过程与窗口的捕获过程非常的类似,即当移动鼠标的时候,会有一个突出显示的矩形框在不同的窗口之间变换,该矩形框指示了要捕获的窗口内容,而且完成捕获的方式也一样——单击鼠标左键。不同的是,当滚动窗口的捕获过程选中的是一个带滚动条的窗口时,SnagIt 将自行滚动窗口滚动条,实现对窗口中整个文档内容的捕获,如图 2-24 所示,选中显示网页的滚动窗口后单击,SnagIt 将抓取整个网页文档内容。

图 2-24　捕获滚动窗口

5. 实例四：提取 Web 页中的图像

有时候,大家会觉得某些网页上的图片素材内容非常的好,希望把它们下载下来。但是,当图片数量比较多的时候,需要不断的重复选择【另存为】选项,工作非常的枯燥。为此,SnagIt 提供了从网页中抽取图片的方法,非常方便,其操作步骤如下。

(1)打开 SnagIt,在【方案】窗口中,选中【其他捕获方案】中的【来自 Web 页的图像】方案。

(2)单击右下角的【捕获】按钮,SnagIt 将自动隐藏其工作界面,并打开【输入 SnagIt Web 捕获地址】对话框,如图 2-25 所示。

(3)在【Web 页地址】文本框中输入想要提取图片素材的网页地址,然后单击【确定】按钮。

(4)接下来,SnagIt 将自动完成网页中图片素材的抽取工作,并把它们存入由网站地址命名的文件夹中,然后打开【SnagIt 编辑器】窗口,显示所提取的图片素材,如图 2-26 所示。

图 2-25 【输入 SnagIt Web 捕获地址】对话框

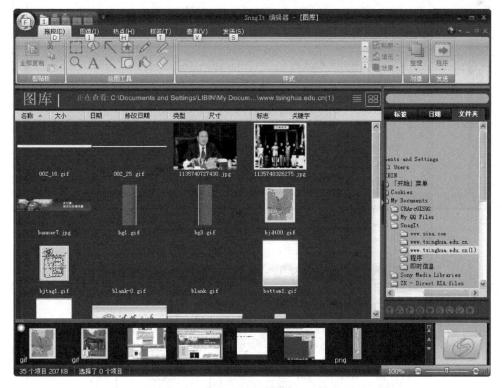

图 2-26 显示网页中提取的图片素材

2.2.4 把文本文件转换成图片

除了进行屏幕捕获，SnagIt 9 还提供了一个打印引擎，把一些常用的文本文件（PDF、Word 等）打印成一页页的图片文档，实现文本文件到图片的转换。下面，将以一个 PDF 文档为例，演示整个转换过程。

（1）先使用 Adobe Acrobat 打开想要转换成图片的 PDF 文档，如图 2-27 所示。

（2）在 Acrobat 中，选择菜单【文件】|【打印】命令，打开【打印】对话框，如图 2-28 所示。

（3）在对话框的【打印机】区域中，选择【名称】下拉列表中的 SnagIt 9 选项，然后单击【确定】按钮，Acrobat 将使用 SnagIt 9 的打印引擎开始进行打印任务。

（4）在文档的转换过程中，不要进行任何操作。转换任务完成后，转换完成的文档图片将输出到【SnagIt 编辑器】，如图 2-29 所示，在编辑器的左下角，显示了转换完成后的图片文档的当前显示页面和总页数。

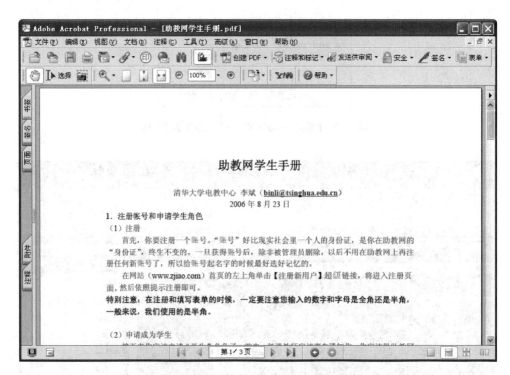

图 2-27　使用 Adobe Acrobat 打开文档

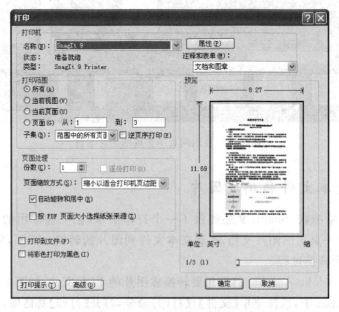

图 2-28　Acrobat 的【打印】对话框

（5）单击 SnagIt 编辑器左上角的【保存】按钮，打开【另存为】对话框，选择合适的文件夹和文件名，并单击【保存】按钮。接下来，SnagIt 会打开【多页面捕获】对话框，如图 2-30 所示，提供了 4 种保存方案供选择，在这里，单击【将每个页面另存为单独的文件】链接，把每个

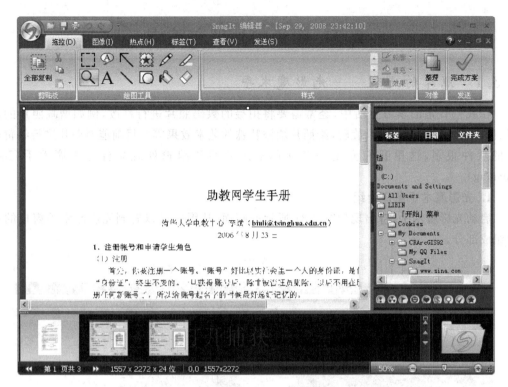

图 2-29　转换完成的文档图片将输出到【SnagIt 编辑器】

页面保存为独立的图片文件。

保存转换完成的图片文档只是处理方式中的一种，另外，还可以把这些图片文档发送到 Photoshop 等图像编辑器中作进一步的处理。

对于 Word 文档等其他文档的转换过程与 PDF 文档的转换过程是一致的，请大家依照前面的步骤自行尝试，这里不再叙述。

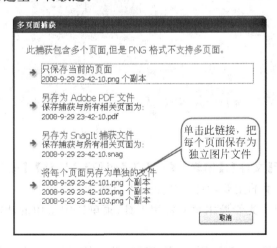

图 2-30　【多页面捕获】对话框

2.3 照片的处理和编辑

2.3.1 照片的处理——光影魔术手

在我们日常的学习生活中,经常需要将拍摄的数码照片进行修改,例如增减照片的亮度、色彩,对照片进行剪切、旋转,给照片增添特殊的艺术效果等。目前能对照片进行编辑处理的软件很多,这里我们介绍一套简单易用的照片编辑处理软件光影魔术手(Neo Imaging)。

1. 光影魔术手窗口介绍

启动光影魔术手,将出现如图 2-31 所示的画面,从图中可以看到光影魔术手窗口的各个组成部分。

图 2-31 光影魔术手主界面

(1) 菜单栏:包括【文件】、【编辑】、【查看】、【图像】、【调整】、【效果】、【工具】、【礼物】和【帮助】菜单,光影魔术手的主要功能在这里都可以找到。

(2) 工具栏:列出了光影魔术手的常用工具,菜单栏中常用的功能会出现在这里,方便使用者选择。

(3) 基本调整:如图 2-32(a)所示,可实现对照片的曝光、噪点、白平衡、连读、色彩等进行调整。例如通过自动曝光、数码补光、数码减光、数字点测光等基本功能,可针对照片的曝光不足或曝光过度进行调整。

（4）数码暗房：如图 2-32(b)所示，可对照片进行胶片效果、人像效果、个性效果、风格化、颜色变化的处理，如反转片、黑白片、人像美容、柔光镜等。

(a)　　　　　　　　　　(b)

图 2-32 【基本调整】和【数码暗房】界面

（5）边框图层：如图 2-33(a)所示，包括边框合成和图层操作，可以方便地给照片添加各种边框，或进行水印、涂鸦、抠图等处理。

（6）便捷工具：如图 2-33(b)所示，可实现缩放裁剪、便捷操作、数码后期、照片排版功能。

(a)　　　　　　　　　　(b)

图 2-33 【边框图层】和【便捷工具】界面

（7）EXIF：如图 2-34 所示，显示了打开照片的信息摘要，包括文件名、文件路径、图像大小、拍摄日期、相机信息、拍摄参数等内容。

2. 光影魔术手基本功能

从上述窗口介绍中可以看出，光影魔术手具备很多功能，但作为一般使用者只需了解一些基本功能，就能完成日常照片的修复工作。下面介绍一些常用的基本功能。

1）裁剪

裁剪是照片处理中最基本的功能，照片拍摄时的取景过大，就需要剪裁掉那些没用的内容。在工具栏中选择【裁剪】命令，会出现如图 2-35 所示的【裁剪】窗口，在这里可以选择【自由裁剪】、【按宽高比例裁剪】、【固定边长裁剪】。图中选择了【按宽高比例裁剪】，在左边的显示窗口选择要裁剪的区域确定即可。图 2-36 显示了裁剪前后的效果。

2）旋转

旋转也是照片处理中常会遇到的操作，照片拍摄水平出现了问题，就需要后期进行旋转处理。在工具栏中选择【旋转】命令，会出现如图 2-37 所示的【旋转】对话框，单击【任意角度】按钮会出现如图 2-38 所示的【自由旋转】窗口，在这里可以通过设置旋转角度来对照片进行旋转，可通过预览来查看效果，反复实验，直到合适的角度。也可以通过在浏览图中直接画出参考线的方法直接达到旋转的角度。

图 2-34　EXIF 界面

图 2-35　【裁剪】窗口

图 2-39 显示了旋转后的效果，因为做了旋转，上下都会出现边界，需要再用裁剪功能进行处理。

(a)   (b)

图 2-36　照片裁剪前后对照

图 2-37　【旋转】对话框

图 2-38　【自由旋转】窗口

(a)   (b)

图 2-39　照片旋转前后对照

3）数码补光

　　当背光拍摄的照片出现黑脸，或者出现照片曝光不足时，可以利用光影魔术手的数码补光功能进行调整。调整后的照片可以有效地提高暗部的亮度，同时亮部的画质也不受影响，明暗之间的过渡自然,暗部反差不受影响。由于采用了特殊的补光算法在高反差的边缘也不会有光晕的现象产生。

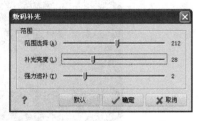

操作很简单,可以在工具栏中选择【补光】命令,进行自动调整。如果要进行细致的调整,可选择【基本调整】中的【数码补光】命令,如图 2-40 所示,在【数码补光】对话框中仔细调整相应参数,以达到预期效果。对于追补效果欠佳的照片,可以调节强力追补参数增强补光效果,图 2-41 显示了调整前后的效果。

图 2-40 【数码补光】对话框

(a)　　　　　　　　　　(b)

图 2-41 数码补光前后对照

4) 数码减光

有些照片拍摄时会有曝光过度的现象,导致照片发白,有些颜色丢失等。对于这类局部曝光过度的照片,推荐使用数码减光功能。与数码补光类似,只有很简单的两个参数,可以在不影响正常曝光内容的情况下,把照片中太亮的部分还原。

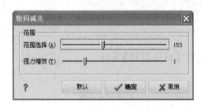

图 2-42 【数码减光】对话框

在【基本调整】中选择【数码减光】命令,如图 2-42 所示调整相应参数,图 2-43 显示了调整前后的效果。

5) 反转片效果

使照片具有反转片效果,是光影魔术手的重要功能之一。经反转片处理后的照片反差更鲜明,色彩更亮丽。这种效果通过一定的算法实现,照片的暗部细节得到最大程度的保留,高光部分无溢出,红色还原十分准确,色彩过渡自然艳丽。

(a)　　　　　　　　　　(b)

图 2-43 数码减光前后对照

光影魔术手的反转片效果提供了多种模式供使用者选择，在工具栏中选择【反转片】命令，可出现下拉菜单，包括【素淡人像】、【淡雅色彩】、【真实色彩】、【艳丽色彩】、【浓郁色彩】等选项。图 2-44 中显示了经过浓郁色彩处理的风景照片的对照，暗部增补算法不仅增强了暗部，同时令高光部分的表现更出色，对比度适中，没有雾感引入，整体色彩更加浓郁。

(a)   (b)

图 2-44 反转片效果前后对照

如果想更个性化地调整反转片的效果，可以在【数码暗房】中选择【反转片效果】命令，会出现如图 2-45 所示对话框，在这里可根据自身需要仔细调整反差、高光、暗部、饱和度参数的数值，以达到最佳效果，如图 2-46 所示。

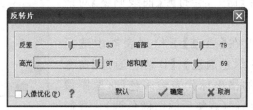

图 2-45 【反转片】对话框

(a)   (b)

图 2-46 反转片效果前后对照

6）色阶和曲线

使用【基本调整】中的【色阶】命令也可以调整图像的明暗对比度，而且更精确。在【基本调整】中选择【色阶】命令，会打开【色阶调整】对话框，如图 2-47 所示。

在该对话框中，可以在【通道】下拉列表框中选择RGB、【R 红色通道】、【G 绿色通道】、【B 蓝色通道】命令分别进行调整。中间图形部分显示的是该照片的图谱，在图形部分下方有三个小三角，分别代表暗部、中间色调和亮部

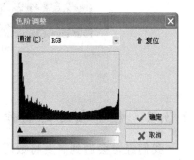

图 2-47 【色阶调整】对话框

58

的值。分别拖动三个小三角,就可以改变图像暗部、中间色调和亮部的明暗度。越往左侧相应区域越亮,越往右侧相应区域越暗。图 2-48 中原图像中间色调曝光不足,通过将中间色调的小三角向左移动,就可增加中间色调的亮度。图 2-48 显示了图像色调变化前后的对照效果。

(a)　　　　　　　　　(b)

图 2-48　色阶调整效果前后对照

曲线是使用非常广泛的色调控制方式,它的功能和色阶功能的原理是相同的,只不过它可以进行更多,更精密的调整,可以针对不同色彩、亮暗的部分进行调整。在【基本调整】中选择【曲线】命令,会打开【曲线调整】对话框,如图 2-49 所示。

在该对话框中,可以在【通道】下拉列表框中选择 RGB、【R 红色通道】、【G 绿色通道】、【B 蓝色通道】命令分别进行调整。表格中的横坐标代表输入色调(原图像色调),纵坐标代表输出色调(调整后的图像色调)。我们可以在曲线上单击产生一个或多个节点,按住鼠标左键拖动即可改变曲线形状。当曲线向上弯曲时,相应区域

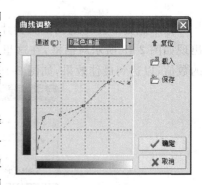

图 2-49　【曲线调整】对话框

内的图像色调就越亮,向下弯曲时,相应区域内的图像就越暗。图 2-50 显示了图像色调变化后的效果。

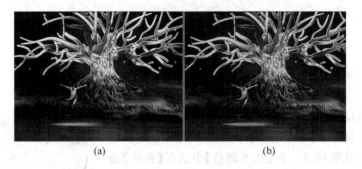

(a)　　　　　　　　　(b)

图 2-50　曲线调整前后对照

2.3.2　电子相册的制作

我们经常会遇到需要将数码相机拍摄的照片连接成动态影像的情况,例如,旅游归来,将拍摄的照片制成电子相册;在工作中,将需要演示的场景拍照制作成演示幻灯片等。要

完成这些任务,就需要电子相册制作软件的帮助。

目前,各类电子相册制作软件很多,例如,Photofamily,MTV 电子相册,数码故事,会声会影,魅力四射,3D-Album-CS 等。这些软件各具特色,功能各异,这里介绍两款有代表性的、实用的电子相册制作软件 Photofamily 3.0 和数码故事 2008。

1. 利用 Photofamily 3.0 制作虚拟相册

Photofamily 3.0 是一款简便、易操作的电子相册制作软件,非常适合初学者和家庭使用。利用该软件制作的电子相册可以以虚拟相册的形式呈现,仿佛是在翻阅一本真实的相册。

1) Photofamily 3.0 窗口介绍

启动 Photofamily 3.0,将出现如图 2-51 所示的画面,从图中可以看出 Photofamily 3.0 窗口的各个组成部分。

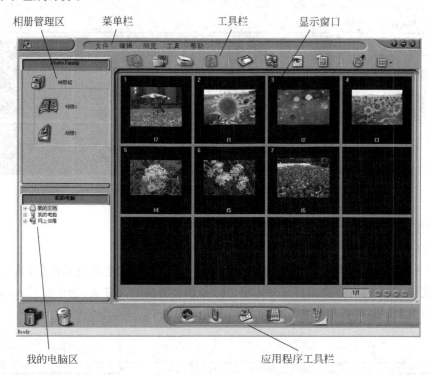

图 2-51　Photofamily 3.0 主界面

(1) 菜单栏:包括【文件】、【编辑】、【浏览】、【工具】和【帮助】菜单,Photofamily 3.0 的主要功能在这里都可以找到。

(2) 相册管理区:采用相册柜/相册双层管理方式,可实现相册的分类管理。

(3) 我的电脑区:在此区域可实现文件的查找。

(4) 显示窗口:可按列表、缩略图、详细资料、图标等不同形式显示图像文件的信息。

(5) 工具栏:列出了制作电子相册的常用工具,依次为新相册、获取、扫描、保存、打印、编辑、浏览、属性、查找。

(6) 应用程序工具栏:可将制作完成的相册,发送到网络、掌上电脑、邮件、传真等媒体上。

2）Photofamily 3.0 电子相册制作的基本流程

采用 Photofamily 3.0 制作电子相册其基本流程包括：创建相册柜和相册、导入图像、浏览图片、添加相册音乐、图片编辑、相册属性设置、打包相册等环节。下面具体介绍操作步骤。

（1）创建相册柜和相册

在【文件】菜单中单击【新相册柜】命令（或按快捷键 Ctrl＋H），在相册管理区里就会出现一个相册柜图标。单击相册柜名，然后输入自定义的相册名称。

单击【新相册】按钮，在相册柜柜中添加一个新相册。再单击【新相册】按钮，可以产生多个相册。

如图 2-52 所示，Photofamily 3.0 采用了独特的相册柜/相册双层管理，可以将同一类型的图片储存在同一个相册里，再将储存了同一类型图片的多个相册放在同一个相册柜里。

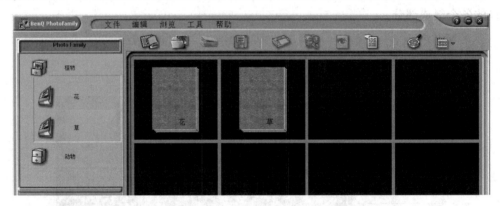

图 2-52　创建相册柜和相册界面

在相册管理区单击"花"相册，打开一个新相册。

（2）导入图像

如图 2-53 所示，单击工具栏上的【获取】按钮，或在【文件】菜单里选择【导入图像】命令（或按快捷键 Ctrl＋I），会弹出打开对话框。选择图片所在的文件夹，选中想导入的图片，然后单击【打开】按钮，即可将这些图片导入到选定的相册中。

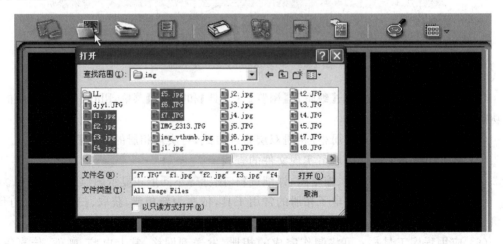

图 2-53　利用【获取】按钮导入图片界面

也可以在我的电脑区中找到想要导入的图片的文件夹,这时显示窗口中会显示出图片信息,选中所需的图片,利用鼠标拖放把它们拖到目标相册中,Photofamily 3.0 会自动导入这些图片,如图 2-54 所示。

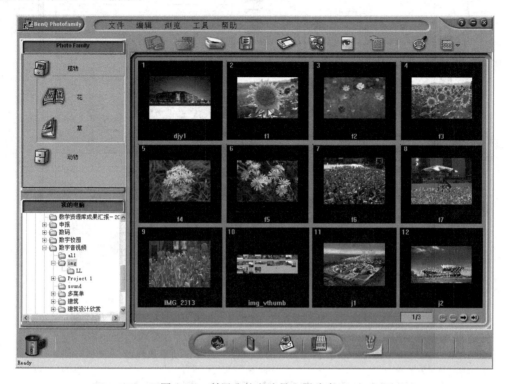

图 2-54　利用我的电脑导入图片窗口

　　Photofamily 3.0 还提供了扫描功能,可以将你需要的图片通过扫描引入相册中。

（3）浏览图片

　　单击【工具栏】中的【浏览】按钮或双击想浏览的相册,即可在虚拟相册模式下浏览图片,如图 2-55 所示。单击相册图片便可以实现翻页。

　　如果不想反复单击相册图片,可以在浏览窗口的工具栏上,设置每幅画面自动播放的时间,单击【自动播放】按钮,让虚拟相册自动翻页,如图 2-56 所示。

　　如果选择全屏播放模式,需要在浏览窗口的工具栏中单击【图像浏览】按钮,如图 2-57 所示。此时浏览图片变换为全屏浏览模式,如图 2-58 所示,在图片上右击,选择【贴合窗口】命令,使图像大小与窗口大小一致。单击工具栏上的【自动播放】按钮,就可以在全屏的状态下浏览图片,并可以看到转场效果。相关的设置,在文件菜单的【放映幻灯片设置】中可以设定。

（4）添加相册音乐

　　在浏览窗口的工具栏中单击【属性】按钮,打开相册属性的常规选项页,如图 2-59 所示。在该页面中勾选【音乐】复选框,单击音乐文件夹按钮,打开【音乐设置】对话框,如图 2-60 所示,单击【添加】按钮,为相册选择合适的音乐。在该对话框中单击【播放】按钮,可以播放选中的音乐文件。单击【停止播放】按钮,暂停播放音乐文件。最后单击【确定】按钮,完成设置。

图 2-55　浏览图片界面

图 2-56　在浏览窗口的工具栏上选择自动播放界面

图 2-57　在浏览窗口的工具栏上选择图像浏览界面

图 2-58　全屏浏览模式选择贴合窗口

图 2-59　【相册属性】常规选项　　　　　　图 2-60　【音乐设置】对话框

这里要注意,音乐的长短要与画面播放的长短一致,这样播放起来效果才会完美。大家可以利用前面讲过的音频编辑软件,对音乐进行编辑。

（5）图片编辑

在 Photofamily 3.0 主界面中,通过图片编辑界面,可以对每张图片进行编辑,包括以下几项。

- 旋转图片、调节图片的明亮度。
- 给图片添加特效。
- 给图片制作变形效果。
- 用图片制作卡片、日历效果……

具体操作如下:

在 Photofamily 3.0 主界面中,选中一幅图片,然后单击工具栏上的【图片编辑】按钮,Photofamily 3.0 会从图片管理切换到图片编辑界面,如图 2-61 所示。

图 2-61　图片编辑界面

图片编辑界面的中央是预览窗口,在这里可以预览添加在图片上的各种效果。预览窗口上方是任务栏,在这里可以对图片进行调节、特效、变形、趣味合成的编辑操作。

在【调节】选项中,如图 2-62 所示,可实现对图片旋转、改变大小和亮度、色彩平衡、饱和度的调整。

图 2-62 【调节】选项

在【特效】选项中,如图 2-63 所示,可实现对图片进行焦距、马赛克和浮雕的特效处理。

图 2-63 【特效】选项

在【变形】选项中,如图 2-64 所示,可实现对图片多种变形操作,如倾斜、球形、挤压、旋涡、波纹。

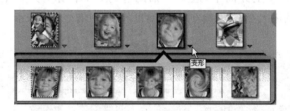

图 2-64 【变形】选项

在【趣味合成】选项中,如图 2-65 所示,可制作毛边、相框、卡片、日历、信纸等效果。

图 2-65 【趣味合成】选项

实例:设置相框效果

在预览窗口任务栏中,在【趣味合成】选项中选择【相框效果】,此时在界面左侧的操作面板上,显示出了相对应的功能按钮和模板。选择一个喜欢的相框模板后,单击【应用】按钮,此时,在浏览窗口就可以看见图片添加了相框的效果,如图 2-66 所示。

图 2-66 给图片添加相框效果

如果此时感觉相框不理想,可以重新选择。确定后,在预览窗口的下面,单击图片编辑工具栏中的【保存】按钮 📁,在打开的【保存】对话框中,单击【确定】按钮,这样原始导入的图片就被带有相框的图片替代了。类似地,也可以对导入的图片根据需要进行编辑、修改。

(6) 相册属性的设置

通过相册属性的设置,可以对相册的封面、封底、页面背景,相框样式,页面风格,文本风格等做进一步的细化设置,使相册整体更加协调、统一。

在 Photofamily 3.0 主界面的【任务栏】中单击【属性】按钮,打开【相册属性】对话框。在【常规】选项中,如图 2-67 所示,列出了对相册名称、相片数目、相册的空间容量、相册创建日期等信息的说明。在【注释】框中可以添加关于该相册的附加注释。如果想为该相册添加背景音乐,则勾选【音乐】复选框,然后单击输入框右侧的文件夹按钮,搜索需要的音乐文件。另外,还可以选择图片的排序方式:按文件名,按文件大小或按文件创建日期排序。

在【封面】选项中,如图 2-68 所示,可以对封面图像、封面相框、相册名称、封面背景、封底背景进行设置。单击相应的图标,可以对选中的内容进行设置。例如,单击【封面图像】图标,可以选择不同的图像作为封面,如图 2-69 所示。

在【页】选项中,如图 2-70 所示,包括了图像排列、页面背景、设置索引、设置名称索引等功能。在【图像排列】下拉列表框中,可以选择在虚拟相册的每一页里显示的图片数。在右侧的预览窗口里可以预览页面格局。在【页面背景】下拉列表框中,可以选择在虚拟相册内页的底纹图案,并在右侧的预览窗口里预览页面外观。勾选【设置索引】复选框,在浏览虚拟相册时,就会看到每幅图片的左上角都列出了该幅图片在相册中的序列号。勾选【设置名称索引】复选框,在浏览虚拟相册时,会看到图片下方列出了该图片的文件名。

图 2-67 【相册属性】——【常规】选项设置界面

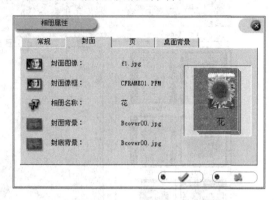
图 2-68 【相册属性】——【封面】选项设置界面

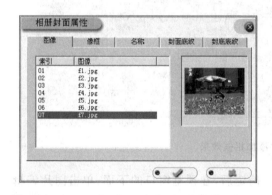
图 2-69 【相册封面属性】设置界面

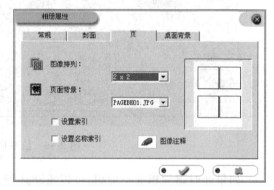
图 2-70 【相册属性】——【页】选项设置界面

需要说明一点,Photofamily 3.0 没有提供在图片上直接添加字幕的功能,利用【相册属性】设置——【页】选项中的【设置名称索引】复选框,能实现给图片添加注释文字。

在【桌面背景】选项中,如图 2-71 所示,包括颜色、图像选项。勾选【颜色】单选框,可设置桌面背景为单色。单击颜色下方的色块,会打开一个调色板,可以在调色板里选择你喜欢的桌面背景颜色。勾选【图像】单选框,在右侧的预览窗口中会列出多种图案供你选择,单击选中一个图案即可。如果你对列出的图案不满意,可以单击 ⊞ 按钮,添加一幅真彩图为桌面背景;要删除你不喜欢的图案,则单击 ⊟ 按钮删除选定图像。【相册属性】设置完毕后,注意单击【确定】按钮,以保存相应的设置。

（7）打包相册

当制作好了一个精美的相册后,如果想与你的朋友们一起分享,就需要打包成一个通用格式的文件。Photofamily 3.0 提供了这种功能,可以把你的相册打包成一个独立的、带 exe 后缀的可执行文件或 avi 视频文件。

在 Photofamily 3.0 主界面【工具】菜单中选择【打包相册】命令,会打开【打包相册】对话框,如图 2-72 所示。在【选项】域中,可选择打包时,是否保存背景音乐数据和保存图片音乐数据(这些音乐文件通常体积较大,将它们一起打包会增加打包后相册的体积。如果想要体积较小的打包相册,请不要在相册包里加入音乐)。勾选【自动大小】复选框,系统会自动压缩图片,以减小整个压缩包的大小。

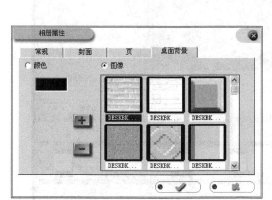 

图 2-71　【相册属性】——【桌面背景】选项设置界面　　　　图 2-72　【打包相册】对话框

在【模式】区域中,可以选择打包后的相册运行模式:打包成虚拟相册,或打包成幻灯片(全屏浏览)。如果希望将相册内容保密,可以为打包后的相册加上密码。勾选【密码保护】复选框,然后在下方的【密码】文本框和【确认密码】文本框中输入相同的字符串即可。最后,在【打包文件】区域里,选择打包后相册的保存路径,设置打包相册的文件名和文件格式。当完成以上所有的设置后,单击【确定】按钮开始打包。

2. 利用数码故事 2008 制作电子相册

数码故事 2008 是一款专门为数码相机用户量身定制的易于使用、高品质的电子相册制作软件。利用该软件可以将你精选的数码照片配上喜爱的音乐、字幕和转换特效,制作成动态的影片,可以在计算机或电视上播放,或刻录成 VCD/DVD 光盘。不难想象伴随着音乐欣赏自己的相片将是多么美妙的感觉。

1) 数码故事 2008 窗口介绍

启动数码故事 2008,将出现如图 2-73 所示的画面,从图中可以看出数码故事 2008 窗口的各个组成部分。

(1) 菜单栏:包括幻灯片、菜单、预览、刻录 4 大功能,分别单击这些按钮,可以进行幻灯片制作、菜单制作、预览播放效果和刻录光盘操作。

(2) 幻灯片界面:选择【幻灯片】标签,可进入幻灯片制作界面。界面的左侧是相册文件管理区,记录了相册文件的结构,可以选择以树状图或缩略图方式显示;界面右侧的上半部分是显示窗口,用于显示幻灯片的播放效果;界面右侧的下半部分是故事板/时间线,用来编辑幻灯片。

选择【菜单】标签,进入菜单制作界面,在这里可以给你制作的 VCD 或 DVD 相册添加一个菜单,如图 2-74 所示。

图 2-73 数码故事 2008 主界面

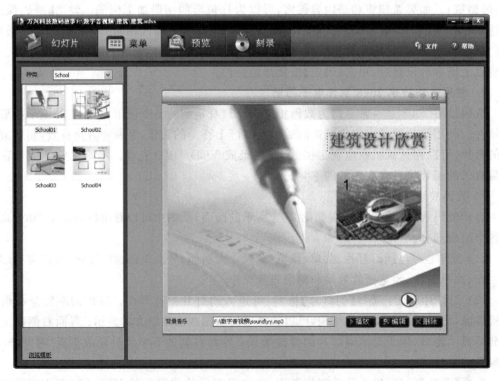

图 2-74 数码故事 2008 菜单制作界面

选择【预览】标签，进入预览界面，在这里可以预览编辑的效果，包括菜单和幻灯片，如图 2-75 所示。

图 2-75　数码故事 2008 预览界面

选择【刻录】标签，进入刻录状态，在这里可以选择输出的文件格式，将制作好的相册刻录到光盘上，如图 2-76 所示。

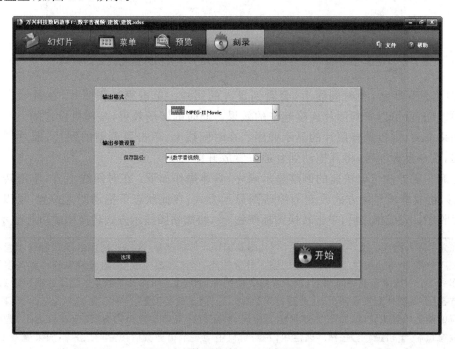

图 2-76　数码故事 2008 刻录界面

2) 数码故事 2008 电子相册制作的基本流程

采用数码故事 2008 制作电子相册其基本流程包括：创建/保存新项目、导入图像或视频文件、选择镜头效果、设置转场效果、添加字幕、添加背景音乐和解说、制作菜单、预览和刻录光盘等环节。下面具体介绍操作步骤。

(1) 创建/保存新项目

在主界面中，选择【幻灯片】标签，在界面右上侧选择【文件】|【新增】命令，创建一个新项目，如图 2-77 所示。在界面左侧文件管理区，可以改变文件名称。具体操作如下：选中要修改的文件右击，选择重命名，输入新文件名。

在界面右上侧选择【文件】|【另存为】命令，选择文件名称及路径，单击【确定】按钮保存。这样我们就创建了一个新项目并将其保存。

(2) 导入图片或视频文件

如图 2-78 所示，创建新项目后，在显示窗口单击【加入图片/视频】按钮，会出现【打开】对话框，选择合适的路径，选定要加入的文件，单击【打开】按钮，这些文件就被导入到时间线上。同样操作，也可以导入视频文件。

建议：将对话框中的文件以缩略图方式显示，这样便于选择图片文件。

图 2-77　创建/保存新项目界面　　图 2-78　导入图片或视频文件界面

如图 2-79 所示，在时间线上，会看到导入的照片。单击第一张图片，在显示窗口单击【播放】按钮，就可以看到照片连接起来的效果。此时的转场效果，是随机设定的。

如果需要，可以调整照片的显示顺序。在时间线上，单击要调整的照片，照片周围会出现黄框，按住鼠标左键，将其拖动到合适位置放开即可。

还有一种方法可以快速的调整显示顺序，具体操作如下：在时间线上方，单击转换图标按钮，将故事板显示方式改变为缩略图显示方式，在此状态下拖动图片位置，可以很方便地改变顺序。完成排序后，单击转换图标按钮，将缩略图显示方式转换回故事板显示方式。

注意：导入图片的尺寸最好事先用图形、图像编辑软件处理好，这样在制作电子相册时才能直接调用。数码故事 2008 也提供了一些简单的图片剪裁功能，但比起那些图形、图像编辑软件就差多了。具体操作如下：在故事板或时间线上，双击要修改的图片，打开【编辑图片】对话框，在【编辑图片】选项卡右侧选择【剪裁图片】，接着在出现【剪裁比例】域中，选择【比例类型】为 4：3，此时左侧显示窗口中会显示相应的蓝色的剪裁窗口，如图 2-80 所示。此时，利用鼠标可移动窗口位置、改变窗口大小，选择合适的剪裁窗口后，单击【确定】按钮。确定后，左侧窗口中会显示出剪裁后图片的效果。如果剪裁不合适，在对话框右上角单击【还原】按钮，重新设定窗口；如果剪裁合适，单击【保存】按钮，然后退出。

图 2-79　导入图片或视频文件界面

图 2-80　【编辑图片】对话框

（3）选择镜头效果

数码故事 2008 提供了对每个镜头的运动效果进行设置的功能，可以使静态的图片具有动感，如果能将图片的构图与镜头的运动效果有机地结合起来，可以创作出独特的艺术效果。在幻灯片界面中，单击显示窗口右侧左拉菜单，会出现【选择镜头效果】界面，如图 2-81 所示。

在这个界面中，可以设定每张图片的镜头运动效果，在【选择镜头效果】栏中选择一种效果，单击【应用】按钮，就可将这种效果应用于该图片。如果需要，单击【应用所有】按钮，也可应用到所有图片。

在界面下部，有一个【时长】选框，可以设置每张图片显示的时长。设定时长后，需要选择应用的方式，单击【应用】按钮，该时长设定只应用于该图片，单击【应用所有】按钮，该时长设定应用于导入的所有图片。

设置完成后，在时间线上单击第一张图片，在显示窗口单击【播放】按钮，就可以看到图片的运动效果。

（4）设置转场效果

前面提到，图 2-79 中的转场效果是计算机随机设定的，也可以根据需要进行修改。在时间线上，两张图片之间，显示的就是这两张图片之间的转场效果图标。单击这个图标，会出现【转场效果】对话框，如图 2-82 所示。

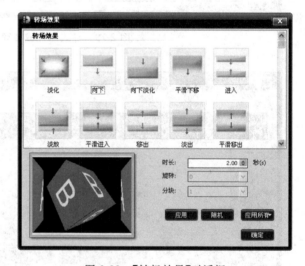

图 2-81　【选择镜头效果】界面　　　　　图 2-82　【转场效果】对话框

在【转场效果】栏中，可选择转场效果。单击某种效果，此时左下角的图框中会显示转场效果。在这个对话框中，还可以设定转场时长，转场效果的旋转方向和分块效果。同样需要选择相关的设定是应用于当前图片，或随机应用，还是应用于所有图片。

（5）添加字幕

添加字幕功能是数码故事 2008 提供的很有特色的功能。在界面右下方选择时间线状态，可以看到视频轨迹（Video Track）上方，有两条 T 轨道，这就是用来添加字幕的轨道，如图 2-83 所示。

首先要在视频轨迹上选中要添加字幕的图片，然后双击一个 T 轨迹或在时间线左上方单击 T 按钮，会出现【字幕编辑】对话框，如图 2-84 所示，在这里可以进行字幕编辑。

图 2-83　时间线上的轨道

图 2-84　【字幕编辑】对话框

可以在右上方第一个文本框内输入文字内容，这里输入"体育场"。在【字体】框中，可以设定字体、字号、选择字的颜色，这里选择设置字体为加重、斜体、带下划线。在【效果】区域的【动作】下拉列表框中可分别设置字幕【进入】、【强调】和【退出】三种状态下的属性，【属性】下拉列表框中包括【类型】、【时长】和【方向】选项。

此时，在左边的显示框中，会显示字幕的效果，在字幕处按住鼠标左键拖动，可改变字幕的位置。单击【播放】按钮，可以看到字幕的播放效果。单击【确定】按钮，退出字幕编辑。

此时，在时间线的 T 轨上可以看到相应的图标，前后两个"T"，分别代表进入和退出状态，中间代表强调状态，如图 2-85 所示。

在这里，还可以分别对字幕进入、强调和退出状态的时长进行调整，具体操作如下：将鼠标移至要调整的位置,会出现双向箭头,按住鼠标左键并拖动,就可以改变时长。同理,也可以调整字幕时长,使其覆盖多个图片。如图 2-86 所示,"体育场"这个字幕,就覆盖了两个图片。依次可以给其他图片添加字幕。

图 2-85　添加字幕后的 T 轨

图 2-86　在时间线 T 轨上修改字幕长度

(6) 添加背景音乐和解说

给编辑完的图片加上音乐和解说,也是非常必要的。在时间线上,可以看到有两条音乐轨道和一个话筒轨道,分别用来添加背景音乐和解说,如图 2-86 所示。

双击一个音乐轨道,会出现【打开】对话框,在对话框中选择一个合适的音频文件,单击【打开】按钮。此时,如图 2-87 所示,在音轨上会显示出该音频文件,但此时音乐长于画面,需要进行进一步编辑。

图 2-87　在音乐轨上添加音乐文件

在该轨道上右击,选择【编辑音乐】命令,会出现【音乐编辑】对话框,在这里可以重复播放该段音乐,然后选择合适的段落作为背景音乐,如图 2-88 所示。具体操作如下:播放音乐至段落开始处时,单击【暂停】按钮,将鼠标移至左侧剪刀标记处,按住鼠标左键,拖动该标记至段落开始处;同理,可选择段落结束处,将右侧剪刀标记移过来。这里还要注意将【渐入】、【渐出】复选框选中,这样音乐的进入和退出就能有渐变的效果。音乐编辑确认后,单击【确定】按钮退出。

图 2-88 "音乐编辑"对话框

为了让音乐长度与图片长度一致,可以在时间线的音轨上进行一些调整。将鼠标移至音乐结尾处,会出现双向箭头,按住鼠标左键并向左拖动,使音乐长度与图片长度一致,如图 2-89 所示。

图 2-89 在时间线上调整音乐长度

如果需要,还可以给图片添加解说,具体操作如下:双击时间线上的话筒轨道,会出现【录音】对话框,如图 2-90 所示。在该对话框中,设定标题名称,指定音频文件存储文件夹,然后单击【录制】按钮,就可以进行录音。录音完毕,单击【确定】按钮退出。此时时间线话筒轨上会显示该文件。

图 2-90 录制解说

(7) 菜单制作

有过 VCD 或 DVD 光盘制作经验的都会知道,制作 VCD 或 DVD 还需要设置菜单,以便有多个段落时,可以选择浏览,而不需要从头看到尾,数码故事也具有这样的功能。下面来学习如何制作菜单。

在主界面上选择【菜单】标签,会出现菜单制作界面,如图 2-91 所示。在这个界面的左侧,显示了系统预设的菜单模板,单击【种类】下拉列表框,可以看到这些模板。从中选择一个自己喜欢的模板双击,这时右侧显示窗中,会显示其效果。

双击文字,可以给菜单添加需要的文字;单击文字,会出现【属性】对话框,在这里可以

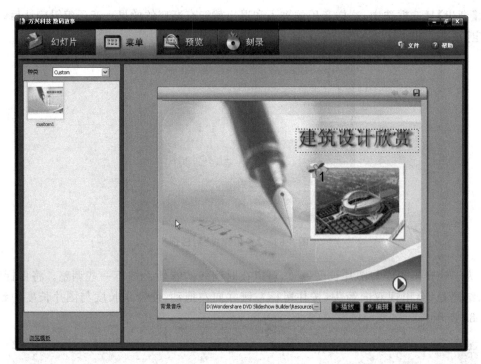

图 2-91　制作菜单界面

设置字体、字号、字色等参数。单击相框，可以调整相框的位置及大小；双击相框，可以选择不同种类的相框。单击【播放】按钮，可调整按钮的位置和尺寸；双击【播放】按钮，可以选择不同种类的按钮样式。在显示窗口底部，还可以选择不同的背景音乐，并可对该音乐进行播放、编辑、删除等操作。制作完成后，单击显示窗口右上角的【保存】按钮确定。

（8）预览

菜单制作完成后，可以单击【预览】按钮来完整预览你制作的幻灯片项目。如图 2-92 所示，这里显示的是菜单页。如果你有多页菜单，你可以用【上一页】按钮和【下一页】按钮来切换页面，也可以直接单击数字键播放制作的幻灯片。

(a)　　　　　　　　　　　　　　　　(b)

图 2-92　【预览】选项卡和相册

（9）刻录光盘

最后,需要把你制作的相册刻录成光盘。单击【刻录】按钮,会出现如图 2-93 所示的对话框。在这个对话框中,可选择输出格式,这里提供了 DVD、HDVD、VCD、MPEG-1、MPEG-2、AVI、MPEG-4 等多种格式。对应不同的输出格式,还需要完成相应参数的设置。

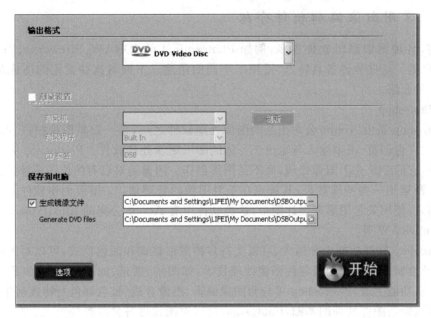

图 2-93　刻录参数设置界面

这里在【输出格式】下拉列表框中选择 VCD 格式,然后单击左下角【选项】按钮,在出现的【输出选项】对话框中,可以设置电视制式、视频比例、播放模式、编码选项和视频质量等参数,如图 2-94 所示。

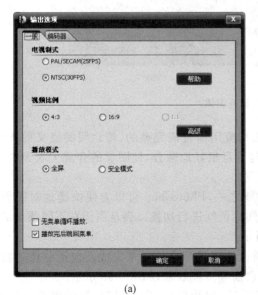
(a)

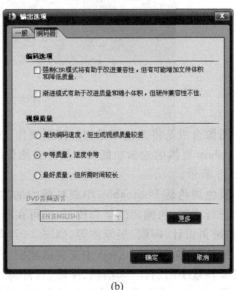
(b)

图 2-94　【输出选项】对话框

设置完成后,单击【开始】按钮,就可以进行刻录过程,这个过程需要时间较长。

2.4 图像的处理和编辑

2.4.1 常用图像编辑软件介绍

目前,各种图像编辑软件很多,例如 Photoshop、CorelDRAW、Fireworks、Illustrator、AutoCAD 等。这些软件各具特点、适用于不同的用途。下面对这些常用的图像编辑软件作些简单的介绍。

1. Photoshop

Photoshop 是由 Adobe 公司出品的图像处理软件之一,是一款集图像扫描、编辑修改、图像制作、广告创意、图像输入与输出于一体的图形图像处理软件。Photoshop 是一款位图处理软件,它的专长在于图像处理,而不是图形创作。图像是对已有的位图图像进行编辑加工处理以及运用一些特殊效果,其重点在于对图像的处理加工;图形创作软件是按照自己的构思创意,使用矢量图形来设计图形,这类软件中有 Adobe 公司的 Illustrator 和 Corel 公司的 CorelDRAW 等。

Photoshop 软件功能十分强大,可以支持多种图形格式和颜色模式,可以对图像进行修正、调整及绘制。综合使用其各种图像处理技术,如图层、通道、滤镜等,可以制作出各种特技效果。从功能上看,Photoshop 可分为图像编辑、图像合成、校色调色及特效制作部分。

图像编辑是图像处理的基础,Photoshop 可以对图像做各种变换如放大、缩小、旋转、倾斜、镜像、透视等。还可进行复制、去除斑点、修补、修饰图像的残损等操作,如图 2-95 所示。

(a)   (b)

图 2-95　修补图像

图像合成是将几幅图像通过图层操作、工具应用而合成完整的、传达明确意义的图像。Photoshop 提供的绘图功能可以使外来图像与创意很好地融合,使图像的合成天衣无缝,如图 2-96 所示。

校色调色是 Photoshop 中颇具威力的功能之一,Photoshop 可以方便快捷地对图像的颜色进行明暗、色偏的调整和校正,也可在不同颜色间进行切换以满足图像在不同领域的应用,如网页设计、印刷、多媒体等,如图 2-97 所示。

特效制作在 Photoshop 中主要由滤镜、通道及工具综合应用来完成。包括图像的特效创意和特效字的制作,如油画、浮雕、石膏画、素描等多种效果,如图 2-98 所示。

Photoshop 的应用领域非常广泛,如平面设计、照片修复、广告摄影、视觉创意、界面设计、网页制作等。图 2-99 中显示了利用 Photoshop 制作的各种图形图像。

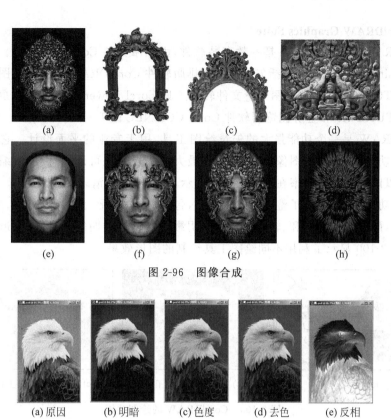

(a)   (b)   (c)   (d)

(e)   (f)   (g)   (h)

图 2-96   图像合成

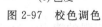

(a) 原因   (b) 明暗   (c) 色度   (d) 去色   (e) 反相

图 2-97   校色调色

(a) 油画效果   (b) 特效文字   (c) 风格化处理

图 2-98   特效制作

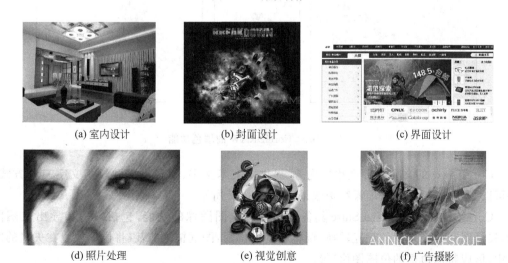

(a) 室内设计   (b) 封面设计   (c) 界面设计

(d) 照片处理   (e) 视觉创意   (f) 广告摄影

图 2-99   Photoshop 的应用领域

2. CorelDRAW Graphics Suite

CorelDRAW Graphics Suite 是一款套装软件,由加拿大的 Corel 公司开发。CorelDRAW Graphics Suite X5 套装软件包括矢量绘图和排版软件 CorelDRAW X5、专业图形编辑软件 Corel PHOTO-PAINT X5、位图矢量文件转换工具 Corel PowerTRACE X5、屏幕捕捉工具 Corel CAPTURE X5 和全屏浏览器软件 Corel CONNECT 等。

CorelDRAW 是一个功能强大的矢量绘图工具,用于专业的平面设计。它具备了强大的矢量绘图功能,与位图式图像处理不同,其最大的优点就是可以任意放大、缩小或旋转而不失真,可以以最高的分辨率在输出设备上显示,保证了图像清晰的效果。

在绘图功能上,它提供了整套的绘图工具,包括圆形、矩形、多边形、方格、螺旋线、多种手绘工具等,配合交互式调和、轮廓图、变形、阴影、立体化、透明等工具,使图形绘制更加灵活方便。图 2-100 显示了利用不同绘图工具绘制的图形效果。

(a) 手绘工具　　　　　　(b) 交互式轮廓图工具　　　　(c) 交互式轮变形工具

图 2-100　CorelDRAW 的绘图功能

在版面设计方面,该软件也具备很强的能力。为了设计需要,它提供了一整套的图形精确定位和变形控制功能,这给商标、标志等需要准确尺寸的设计带来极大的便利。

绘制图形关键的步骤之一是填充颜色,CorelDRAW 提供了各种模式的调色方案以及渐变、位图、底纹、交互式工具等填充方式,使图形的填充更加灵活多变,如图 2-101 所示。而 CorelDRAW 的颜色匹配管理方案让显示、打印和印刷达到颜色的一致。

(a) 渐变色填充　　　　　　(b) 图案填充　　　　　　(c) 交互式填充

图 2-101　CorelDRAW 的填色功能

CorelDraw 的文字处理也相当优秀,提供了美术文字、路径文字和段落文字三种方式,并可以方便地进行编辑,增添特殊效果,如图 2-102 所示。

CorelDRAW Graphics Suite 具备自由处理位图图像的功能,包括导入和导出位图图像,矢量图和位图之间的相互转换,调整和变换位图,图框精确剪裁(将位图放置在矢量的图框中,形成特殊边框的位图图像)等。

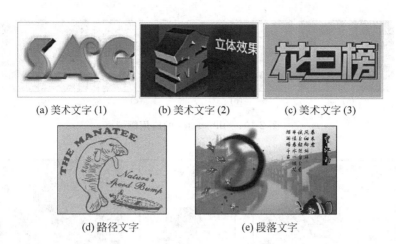

(a) 美术文字 (1)　　　(b) 美术文字 (2)　　　(c) 美术文字 (3)

(d) 路径文字　　　　　　(e) 段落文字

图 2-102　CorelDRAW 的文字功能

CorelDRAW Graphics Suite 一直保持着在矢量图形绘制及设计方面的领先地位,在平面设计和计算机绘画方面具有特色,被广泛应用于包装设计、书籍装帧、商标设计、广告设计、标志设计、模型绘制、插图绘制、排版及分色输出等诸多领域。图 2-103 中显示了利用 CorelDRAW 制作的各种图形图像。

(a) 包装设计　　　　　　(b) 书籍装帧　　　　　　(c) 商标设计

(d) 广告设计　　　(e) 标志设计　　　(f) 模型绘制　　　(g) 插图绘制

图 2-103　CorelDRAW 的应用领域

3. Illustrator

Illustrator 是 Adobe 系统公司推出的基于矢量的图形制作软件,其强大的矢量图形处理功能、简便的操作方法以及与 Photoshop 紧密的连接,使其广泛应用于广告、印刷、出版和网络等方面。图 2-104 中显示了利用该软件设计制作的图像效果。

Illustrator 具有强大的绘图功能。基本绘图工具包括钢笔工具、铅笔工具、平滑工具、贝塞尔曲线等,基本图形的绘制包括直线、曲线、螺旋线、矩形网格、极坐标、多边形、星形等,实时描摹可以自动将位图转换成完美的矢量图。图 2-105 中显示了利用该软件制作线稿的效果。

Illustrator 具备实时上色功能,可对图形的边缘或表面分别上色,可以帮助设计者轻松地应对图稿中众多颜色的协调问题,利于创建不同风格的作品,如图 2-106 所示。

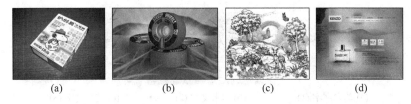

图 2-104　Illustrator 的应用领域

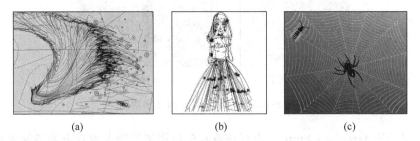

图 2-105　Illustrator 的矢量绘图

图 2-106　Illustrator 的实时上色

2.4.2　图像处理软件——Photoshop

Photoshop 图像处理软件是一款功能十分强大的软件,这里仅对其基本功能进行介绍,包括图形绘制、选取画面、色彩调整、使用滤镜、文字处理、图层、通道、蒙版等功能。

1. 图形绘制

Photoshop 的工具箱中提供了许多绘图工具,如图 2-107 所示。有用于绘制图形的工具,例如喷枪、画笔、铅笔、矩形、圆角矩形、椭圆形、多边形、直线、自定义形状工具。还有用于擦除图形的橡皮擦、背景橡皮擦、魔术橡皮擦工具。处理图形的工具,例如历史记录画笔、艺术历史记录画笔、橡皮图章、图案图章、模糊、锐化、涂沫、加深和海绵工具等;另外,还有用于选取颜色的吸管、颜色取样器工具,用于填充颜色的油漆桶、直线渐变工具等,这些工具在绘制图形过程中都是不可缺少的。

在 Photoshop 中绘制图形一般需要以下几个步骤。

(1) 选取绘图工具的颜色。

(2) 设置画笔及绘图工具参数。

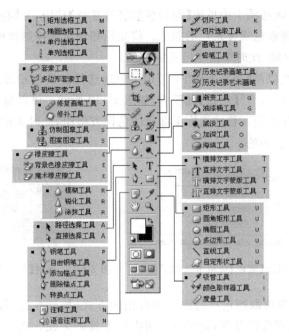

图 2-107 Photoshop 的绘图工具

（3）绘制图形。

1）选取绘图工具的颜色

在 Photoshop 中有很多种选取颜色的方法。

（1）通过对工具箱中【前景色】或【背景色】的设置来完成。如图 2-108 所示，前景色表示当前绘图工具所使用的颜色，背景色表示图形的底色。单击【前景色】或【背景色】按钮时，会打开【拾色器】对话框。左侧的彩色区域是用来选取颜色的，在这个区域移动鼠标，可以选取不同的颜色。彩色区右边的竖长条区可用来调整彩色区的颜色，拖动小三角滑块，可改变彩色区的颜色分布。

图 2-108　通过绘图工具箱选取颜色

（2）通过设置【颜色】选项卡来完成，在菜单栏中选择【窗口】|【颜色】命令，打开【颜色】选项卡，如图 2-109 所示。此时颜色模式为 RGB 方式，要想采用其他颜色模式，可单击左上

角三角按钮选择。在该选项卡中单击【前景色】或【背景色】按钮,分别拖动 R、G、B 色条下的小三角滑块,可确定前景色或背景色的颜色。将光标移动至该控制面板底部的颜色条内时,光标变为"🖊"吸管形状,此时单击也可选定颜色。

（3）Photoshop 提供的【色板】选项卡可用于快速选择前景色和背景色。在菜单栏中选择【窗口】|【色板】命令,打开【色板】选项卡,如图 2-110 所示。该面板中的颜色都是预先设置好的,直接可以选取使用。移动光标至面板的色样方格中,此时光标变成"🖊"吸管形状,单击即可选定当前指定颜色。

前景色
背景色

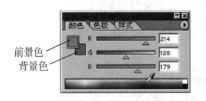

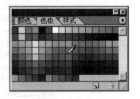

图 2-109　通过【颜色】选项卡选取颜色　　　图 2-110　通过【色板】选项卡选取颜色

（4）使用吸管工具选取颜色也是绘图中常用的方式,如果在绘图过程中需要选取图像上已有的某一种颜色作为前景色,就可以利用吸管工具来完成。在工具箱内选中吸管工具后将光标移到图像上,在所需颜色处单击,这样就完成了前景色取色工作。

2）设置画笔及绘图工具参数

在 Photoshop 中,对于大部分绘图工具在使用前都应先选择合适的画笔。如图 2-111 所示,单击工具栏中【画笔】栏内的向下箭头,在弹出的下拉列表框中显示了可选择的画笔,单击要选择的画笔即可将其选中。拖动【主直径】调节杆下的滑块或直接在其后的文本框内输入数值,可以改变画笔的直径。

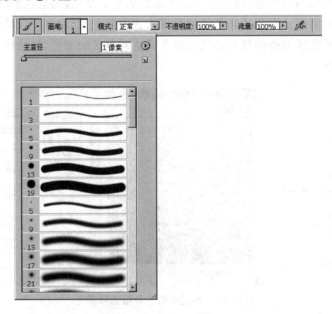

图 2-111　设置画笔界面

Photoshop 中的每一种绘图工具都有相应的工具参数。当选择使用的工具不同时，在绘图工具栏内显示的参数设置也不同。但是这些工具参数也具有一些共同的属性，例如色彩混合模式、不透明度、流量等。

图 2-112　设置色彩混合模式界面

模式：色彩混合模式是绘图工具中经常需要设置的参数，通过对该参数的设置可以实现一些意想不到的效果。如图 2-112 所示，单击列表框右边的小三角按钮，在弹出的下拉列表框中提供了 24 种色彩混合模式（有些绘图工具只提供了其中部分色彩混合模式）。

不透明度：在很多绘图工具的工具参数设置中，都有一个【不透明度】列表框，利用该列表框可以设置画笔的透明程度。单击列表框右边的小三角按钮，在弹出的滑块上可调整不透明程度，如图 2-113 所示。

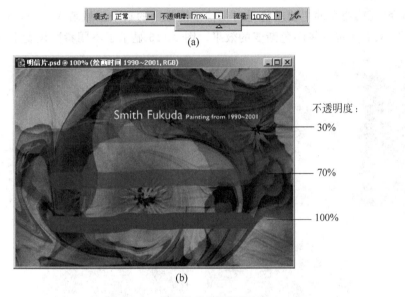

图 2-113　设置【不透明度】界面

图 2-114　设置【流量】界面

流量：利用【流量】列表框可以设置画笔颜色的深浅程度。数值越大，画笔颜色越深。单击列表框右边的小三角按钮，在弹出的滑块上可调整流量，如图 2-114 所示。有关绘图工具中更详细的工具参数设置将在各工具的介绍中讲解。

3）绘制图形

Photoshop 中提供了许多绘图工具，使用这些工具不仅可以绘制图形，而且可以对图像进行多种特殊效果处理。这里只介绍几个基本工具和一些绘制图形的基本功能。

（1）画笔和铅笔工具

【画笔】和【铅笔工具】命令的主要功能是通过线条的绘制实现各种图案，如图 2-115 所示。

图 2-115　使用【画笔】和【铅笔工具】绘制图形

（2）渐变工具

【渐变工具】命令的主要功能是对图像或图像中的某个区域填入一种具有多种颜色过渡的混合色，从而实现图像颜色渐变的效果。图 2-116 显示了不同参数设置下的效果。

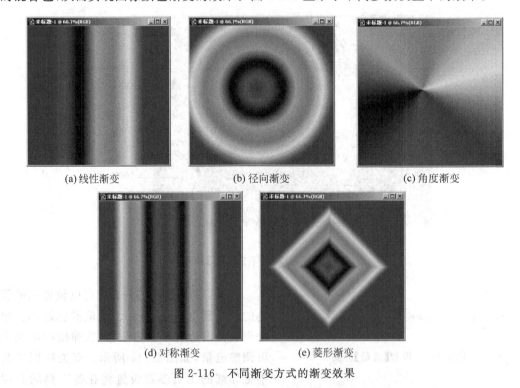

(a) 线性渐变　　　　(b) 径向渐变　　　　(c) 角度渐变

(d) 对称渐变　　　　(e) 菱形渐变

图 2-116　不同渐变方式的渐变效果

（3）油漆桶工具

【油漆桶工具】命令的主要功能是对所选颜色区添入前景色或图案，以实现着色功能。具体操作如下：在绘图工具箱中选择【油漆桶工具】命令，将光标移至图像窗口，此时光标变成 油漆桶形状，单击需要着色的位置，该区域即被着色为前景色或某种图案，如图 2-117 所示。

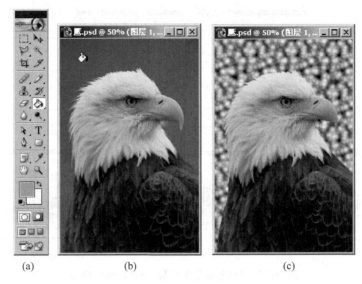

(a)　　　　　　　(b)　　　　　　　　　(c)

图 2-117　图案填充

（4）利用路径绘制图形

在 Photoshop 中,路径是指由一系列点连接
起来的线段或曲线。利用这些路径可以绘制出
复杂的图形,尤其是有弧度的曲线。【钢笔工具】
和【自由钢笔工具】命令用于创建路径,【路径选
择工具】、【直接选择工具】、【添加锚点工具】、【删
除锚点工具】和【转换点工具】命令用于编辑路
径,如图 2-118 所示。

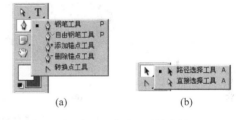

(a)　　　　　　　(b)

图 2-118　绘图工具箱中的
路径工具

【钢笔工具】命令是创建路径的基本工具,使
用该工具可创建直线路径和曲线路径,如
图 2-119 所示。

【自由钢笔工具】命令也能创建路径,但与【钢笔工具】命令不同,该工具不是通过建立锚
点来建立路径,而是通过直接绘制曲线来建立路径,可以非常自由地在图像中绘制各种曲
线,如图 2-120 所示。

【路径选择工具】命令可以对绘制的路径进行选择、移动、组合、对齐、修改锚点等操作,
如图 2-121 所示。

【直接选择工具】命令可以通过调整路径中的锚点和线段来改变路径的形状,如
图 2-122 所示。

【添加锚点工具】、【删除锚点工具】命令的功能是在路径中添加锚点、删除锚点,以调整
路径的形状,如图 2-123 所示。

（5）利用形状工具绘制图形

形状工具可以说是特殊的路径绘制工具,利用形状工具,例如【矩形工具】、【圆角矩形工
具】、【椭圆工具】、【多边形工具】、【直线工具】命令,可以绘制出简单的几何图形,也可以自定
义形状并存储起来以备使用,如图 2-124～图 2-126 所示。

图 2-119　利用【钢笔工具】命令创建曲线路径

图 2-120　利用【自由钢笔工具】命令创建曲线路径

图 2-121　【路径选择工具】命令中路径组合的效果

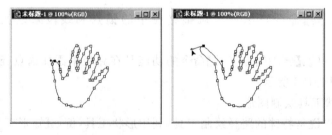

图 2-122　利用【直接选择工具】命令调整锚点

(a) 添加新锚点　　　　　　　　(b) 调整新锚点的位置及方向线

图 2-123　利用【添加锚点工具】命令调整锚点

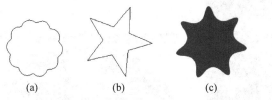

(a)　　　　　　(b)　　　　　　(c)　　　　　　(d)

图 2-124　利用【多边形工具】命令绘制的图形

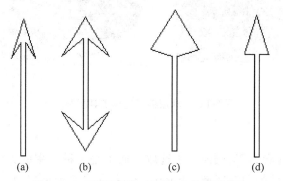

(a)　　　　　　(b)　　　　　　(c)　　　　　　(d)

图 2-125　利用【直线工具】命令绘制的箭头

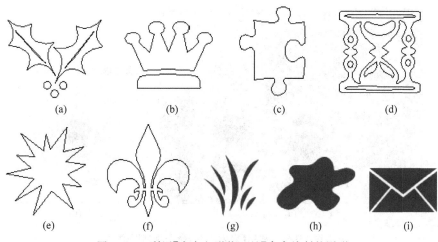

(a)　　　　　　(b)　　　　　　(c)　　　　　　(d)

(e)　　　　(f)　　　　(g)　　　　(h)　　　　(i)

图 2-126　利用【自定义形状工具】命令绘制的图形

2. 选取画面

在图像处理过程中，经常会遇到从某一图像中选取部分画面进行再加工的问题，Photoshop 提供了【选框工具】、【套索工具】、【魔棒工具】命令，可满足不同形状的画面选取。

1）选框工具

使用工具箱中的【选框工具】命令来选取画面是最基本的方法，利用【选框工具】命令可以选取规则形状的图像。Photoshop 提供了 4 种规则形状的选框工具：矩形、椭圆、单行和单列。图 2-127 显示了利用椭圆选框工具复制图像的效果。

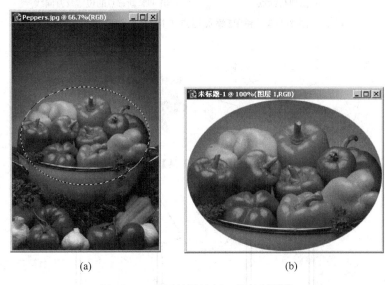

图 2-127　利用椭圆选框工具复制图像

2）套索工具

使用工具箱中的【套索工具】命令来选取画面也是一种常用的方法，利用【套索工具】命令可以选取不规则形状的曲线区域。Photoshop 提供了 3 种类型的套索工具：套索工具、多边形套索工具和磁性套索工具。图 2-128 显示了利用【套索工具】命令复制图像的效果。

图 2-128　利用【套索工具】命令复制图像

3）魔棒工具

使用工具箱中的【魔棒工具】命令来选取画面也是一种常用的方法，利用【魔棒工具】命令可以选取颜色相同或相近的区域作为选取范围。这种方法对于色彩不是很丰富，或者仅包括几种颜色的图像来说，非常便捷。图 2-129 显示了利用【魔棒工具】命令改变背景颜色的效果。

(a)　　　　　　　　　　　　　　(b)

图 2-129　利用【魔棒工具】命令改变背景颜色

3. 色彩调整

要想获得高质量的图像，色彩的搭配很重要。Photoshop 提供了一系列调整图像色调和色彩的功能，可以有效地控制图像的质量。

1）图像色调控制

对图像的色调进行控制主要是调整图像的明暗和对比度。在 Photoshop 中使用【亮度/对比度】、【自动对比度】、【色阶】、【自动色阶】和【曲线】等命令来实现。

（1）【亮度/对比度】

【亮度/对比度】命令主要用来调节图像的亮度和对比度。在菜单栏中选择【图像】|【调整】|【亮度/对比度】命令，出现如图 2-130 所示对话框，在该对话框中可以快捷地进行亮度/对比度的调整。

（2）【色阶】

【色阶】命令也可以调整图像的明暗对比度，而且比使用【亮度/对比度】命令更精确。在菜单栏中选择【图像】|【调整】|【色阶】命令，弹出【色阶】对话框，如图 2-131 所示。

在【通道】下拉列表框中可以选择要调整色阶的颜色通道，可以是 RGB 或 CMYK 方式，可以对两种方式的单一通道分别进行调整。

在【输入色阶】后面有三个文本框，左侧文本框表示图像的暗部色调的值，范围为 0～255。中间文本框表示图像的中间色调的值，范围为 0.10～9.99。右侧文本框表示图像亮部色调的值，范围为 2～255。【输入色阶】下方曲线区域下面的三个小三角，分别对应于【输入色阶】三个文本框的值,代表暗部、中间色调和亮部的值。分别拖动三个小三角或在【输入色阶】文本框内输入数值,就可以改变图像暗部、中间色调和亮部的明暗度。

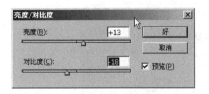

图 2-130 【亮度/对比度】对话框

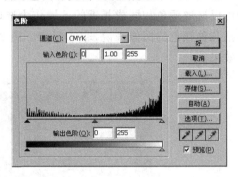

图 2-131 【色阶】对话框

【输出色阶】选项功能是限定图像输出的明暗度,也就是说【输入色阶】的调整范围是由【输出色阶】限定的。当【输出色阶】限定某一范围时,【输入色阶】只能在这个范围之内进行调整。【输出色阶】左侧文本框用于调整暗部色调,范围为0~255;右侧文本框用于调整亮部色调,范围为0~255。在【输出色阶】的下方有一滑块,滑块上的两个小三角与【输出色阶】的两个文本框一一对应,拖动滑块就可以调整图像的色调。

(3)【曲线】

【曲线】命令是使用非常广泛的色调控制方式,它的功能和【色阶】功能的原理是相同的,只不过它可以进行更多,更精密的设置。在菜单栏内选择【图像】|【调整】|【曲线】命令,打开【曲线】对话框,如图 2-132 所示。

在【曲线】对话框中,可以调整图像的色调和制作其他效果。在【曲线】对话框中调整色调亮度,是通过调整曲线表格来实现的。表格中的横坐标代表输入色调(原图像色调),纵坐标代表输出色调(调整后的图像色调),变化范围为 0~255。

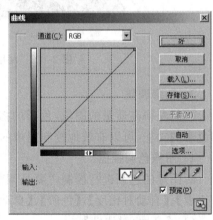

图 2-132 【曲线】对话框

用户可以使用曲线工具 来调整曲线形状。

如图 2-133 所示,选中【曲线】工具后,移动光标到表格中,此时光标变成“十”字形光标,单击就可以产生一个节点,该节点的值将显示在对话框左下角的【输入】和【输出】文本框中。移动鼠标到节点,光标变为带箭头“十”字形状,按住鼠标左键并拖动即可改变曲线形状。当曲线向左上角弯曲时,图像色调越亮;向右下角弯曲,图像越暗。图 2-134 显示了图像色调变化前后的效果。

2)图像色彩控制

对图像的色彩进行控制主要是调整图像的色相和饱和度。在 Photoshop 中使用【色彩平衡】、【色相/饱和度】、【替换颜色】、【通道混合】、【变化颜色】等命令来实现。

(1)色彩平衡

【色彩平衡】命令可以改变图像中各种颜色混合,调节图像的色彩平衡。在菜单栏内选

择【图像】|【调整】|【色彩平衡】命令,会打开【色彩平衡】对话框,如图 2-135 所示。

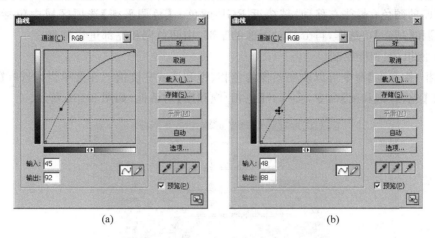

(a)   (b)

图 2-133   用【曲线】工具调整曲线形状

(a)   (b)

图 2-134   图像色调变化前后的效果

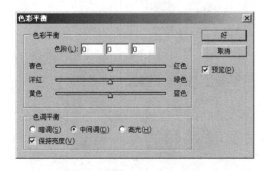

图 2-135   【色彩平衡】对话框

第2章   数字图像技术与制作

移动滑块或在文本框内输入数值，就可以改变图像的色彩。滑块越往左移动，色彩越接近 CMYK 的颜色；越往右移动，越接近 RGB 颜色。【色调平衡】选项区域中包括【暗调】、【中间调】和【高光】单选框，可分别对图像的暗部、中间色调和亮部进行调整。

（2）色相/饱和度控制

【色相/饱和度】命令可以改变图像的色相、饱和度或亮度值。在菜单栏内选择【图像】|【调整】|【色相/饱和度】命令，会打开【色相/饱和度】对话框，如图 2-136 所示。

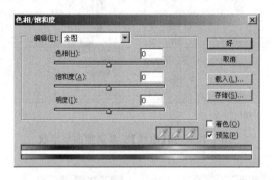

图 2-136　【色相/饱和度】对话框

在该对话框中，选择【编辑】下拉列表框中的选项，可以实现对全图、红色、黄色等不同情况下的像素起作用。拖动【色相】、【饱和度】、【明度】选项的滑块或在文本框内输入数值，可以分别改变图像的色相、饱和度和亮度。

（3）变化颜色

【变化】命令可以让用户很直观地调整色彩平衡、对比度和饱和度。使用此命令时，可以对整个图像进行，也可以只对选取范围和层中的内容进行调整。在菜单栏内选择【图像】|【调整】|【变化】命令，会打开【变化】对话框，如图 2-137 所示。

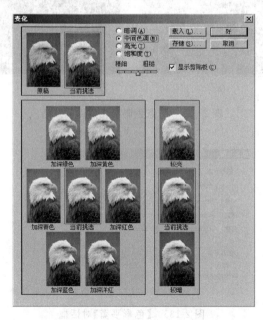

图 2-137　【变化】对话框

在该对话框中显示了多种情况下待处理图像的缩略图,使得用户可以一边调整一边观察比较图像的变化。对话框中左下方的 7 个缩略图,用于显示调整后的图像效果。单击其中任一缩略图,均可增加与该缩略图相对应的颜色;右下方的三个缩略图用于调节图像的明暗度,单击可改变亮度。

在该对话框右上角有 4 个单选按钮,选中时分别表示可对暗色调、中间色调、亮色调和饱和度进行调整。

4. 使用滤镜

滤镜主要用来处理图像产生各种艺术效果。Photoshop 中提供了近百种滤镜效果,可以针对整个图像范围、选取范围、当前层或通道分别进行操作。滤镜的操作很简单,只需在菜单栏内选择【滤镜】命令,再在子菜单中选择相应的滤镜命令,然后进行简单的调整就可以了。

Photoshop 中滤镜的种类很多,包括像素化、扭曲、杂色、模糊化、渲染、画笔描边、素描、纹理、艺术效果、风格化等多种效果,这里只介绍几种滤镜的使用操作,供大家参考。

1)【水波】滤镜

【水波】滤镜是扭曲滤镜的一种,可以使图像产生波纹效果,好像水中的波纹。如图 2-138 所示,在【水波】对话框中,通过【数量】设置波纹的幅度,通过【起伏】设置波纹的数量,通过【样式】下拉列表框选择【围绕中心】、【从中心向外】或【水池波纹】命令,设置波纹的方向。

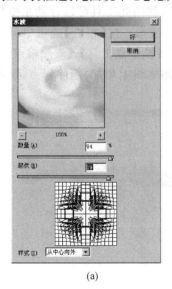
(a)

(b)

图 2-138 【水波】设置及效果

2)【玻璃】滤镜

【玻璃】滤镜可以使图像看似透过玻璃观看的效果。如图 2-139 所示,在【玻璃】对话框中,通过【扭曲度】设置图像的变形程度,通过【平滑度】设置图像边缘的平滑度,通过【纹理】下拉列表框选择【结霜】、【块状】、【画布】、【小镜头】、【载入纹理】等纹理效果,还可通过【缩放】、【反相】功能调整纹理效果。

3)【3D 变换】滤镜

【3D 变换】滤镜可以使图像产生三维效果。如图 2-140 所示,在【3D 变换】对话框中,首先选择【立方体工具】、【球面工具】或【圆柱工具】命令在图像上建立一个三维物体,确定选取

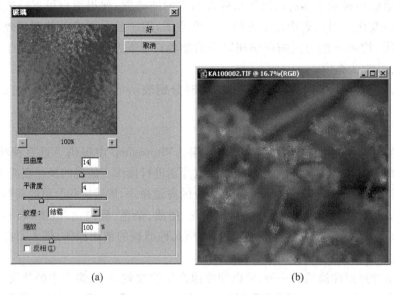

(a)   (b)

图 2-139 【玻璃】设置及效果

范围；然后选择【全景相机工具】拍摄选取范围内的图像，利用此工具可以移动拍摄后图像
的位置；利用【轨迹球工具】可以对拍摄后图像进行旋转变形；在【相机】选项中可以选择
【视角】或【移动】来改变相机的位置。【增加锚点工具】、【转换锚点工具】、【删除锚点工具】只
有在选择【圆柱工具】时有效，用此类工具可在圆柱体右侧框线上增加、删除锚点，经拖动可
以改变圆柱体形状。

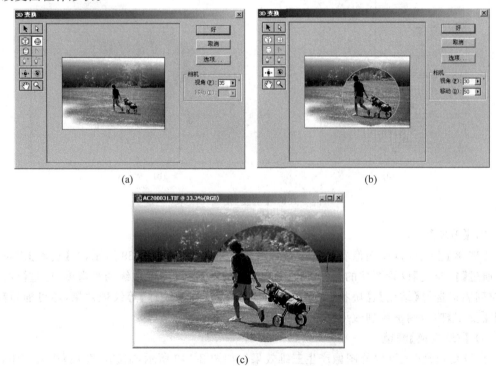

(a)   (b)

(c)

图 2-140 【3D 变换】设置及效果

4)【光照效果】滤镜

　　【光照效果】滤镜的作用是使图像产生光照效果。如图 2-141 所示,在【光照效果】对话框中,在【样式】下拉列表框中提供了 17 种灯光效果;在【光照类型】下拉列表框中提供了【平行光】、【全光源】、【点光】三种类型,当【开】复选框选中时,还可以调整光线的【强度】和【聚焦】(只对【点光】类型);在【属性】区域中可以调整光泽、材料、曝光度、环境等参数;【纹理通道】用来在图像中加入纹理,产生浮雕效果。

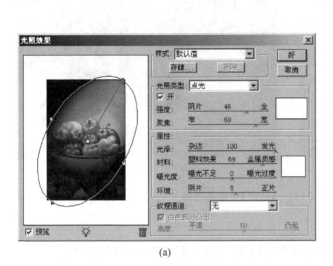
(a)

(b)

图 2-141　【光照效果】设置及效果

5)【马赛克拼贴】滤镜

　　【马赛克拼贴】滤镜可以使图像产生类似马赛克拼图的效果。如图 2-142 所示,在【马赛克拼贴】对话框中,通过【拼贴大小】可以调整拼贴格的大小,通过【缝隙宽度】可以调整拼贴格缝隙的宽度,通过【加亮缝隙】可以调整拼贴缝隙的亮度。

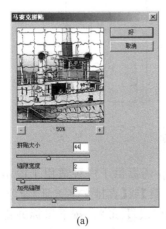
(a)

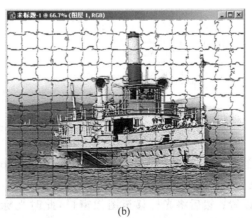
(b)

图 2-142　【马赛克拼贴】设置及效果

第2章　数字图像技术与制作

6）【凸出】滤镜

【凸出】滤镜可以使图像产生块状凸出的效果。如图 2-143 所示,在【凸出】对话框中,通过【类型】选项可以选择【块】状或【金字塔】状的凸出方式,通过【大小】可以调整单元块的大小；通过【深度】可以调整单元块的深度,选项【随机】和【基于色阶】决定单元块深度选取的方式。

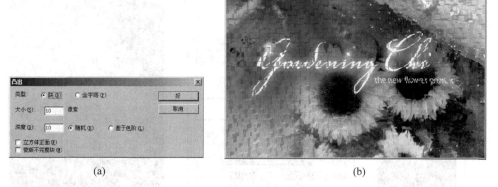

(a)　　　　　　　　　　　　　　(b)

图 2-143　【凸出】设置及效果

5. 文字处理

在 Photoshop 中对文字的处理包括文字输入、文字编辑、文字特效三部分。

1）文字输入

要想在图像窗口输入文字,只需在绘图工具箱中选中【横排文字工具】或【直排文字工具】命令,并完成相应的参数设置；然后将光标移至图像窗口,此时光标变成 I 形状,单击文字的起始位置,通过键盘输入文字即可。图 2-144 显示了输入文字的过程。

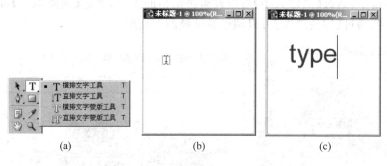

(a)　　　　　　(b)　　　　　　(c)

图 2-144　输入文字

上述输入文字的方法是最基本的方法,Photoshop 还提供了一种适用于段落文本的输入方法,操作简单。在绘图工具箱中选中【横排文字工具】或【直排文字工具】命令,并完成相应的参数设置；然后将光标移至图像窗口,此时光标变成 I 形状,按下鼠标并拖曳出一个矩形框,再在矩形框内输入文字即可,图 2-145 显示了输入段落文本的过程。

2）文字编辑

在 Photoshop 中,文本可以作为单独的图层进行处理,因此当输入的文字有误或需要进

图 2-145　输入段落文本

一步修改时,可以很方便地进行编辑。例如可以改变文本的格式,改变段落的格式,对文字进行缩放、旋转、变形等操作。

例如,要对文字进行缩放、旋转和变形等操作,可以选择菜单栏内的【编辑】|【变换】命令,在弹出的隐藏菜单中选择相应命令,即可完成缩放、旋转、斜切、旋转 180 度、旋转 90 度(顺时针)、旋转 90 度(逆时针)、水平翻转、垂直翻转等功能,如图 2-146 所示。

Photoshop 中还提供了对文字进行变形的功能。单击工具栏内的 图标,会弹出【变形文字】对话框,如图 2-146 所示。

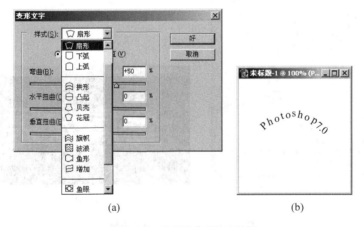

(a)　　　　　　　　　　　　　　　　(b)

图 2-146　【变形文字】对话框

在该对话框中,可以选择文字变形的【样式】,选择变形的方向为水平或垂直,调整变形的【弯曲】、【水平扭曲】、【垂直扭曲】程度。调整的同时,可以看到调整的效果。

3) 文字特效

在 Photoshop 中要实现文字特效,主要是通过使用各种滤镜来实现的。各种滤镜效果的组合使用,可以达到不同的艺术字效果。下面我们通过实例介绍一种特效字的制作方法。

实例:金属字的制作

金属字的制作主要是通过【浮雕效果】滤镜和图像的模式转换等功能来实现。具体操作如下。

(1) 在图像窗口,新建一个 400×200 像素的白色背景图像。选择前景色为黑色,利用绘图工具箱中的【油漆桶工具】将背景色填为黑色。选择前景色为黄色,利用绘图工具箱中的【横排文字工具】,在该图像中输入"金属效果",并调整位置使其居中。在菜单栏中选择

【图像】|【模式】|【Lab 颜色】命令,将字图层的模式变换为【Lab 颜色】模式并选择【不拼合】图层。这样处理后,字图层与背景图层是分开的,后续的操作都将是对字图层操作,不会改变背景,如图 2-147 所示。

图 2-147 创建"金属效果"文字

（2）在菜单栏中选择【滤镜】|【风格化】|【浮雕效果】命令,在打开的【浮雕效果】对话框中设置参数并确认,如图 2-148 所示。

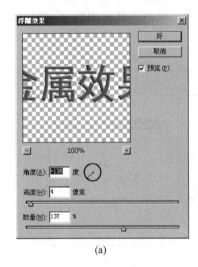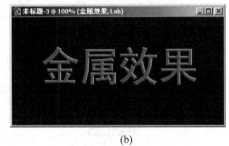

(a)　　　　　　　　　　　(b)

图 2-148 【浮雕效果】对话框

（3）在菜单栏中选择【图像】|【调整】|【曲线】命令,在打开的【曲线】对话框中设置、调整参数,使金属字效果更为明显,如图 2-149 所示。注意,最后在菜单栏中选择【图像】|【模式】|【RGB 颜色】命令,将字图层的模式变换为【RGB 颜色】。

6. 图层、通道、蒙版

1）图层

在 Photoshop 中,每幅图像可以由若干图层组成,每个图层相当于一张透明纸,包含各自的内容,整幅图像就是由若干这样的透明纸叠加而成。利用图层技术可以很方便地修改不同图层的内容,各图层之间也可以有多种叠加方式,从而形成特殊的图像效果,图 2-150 显示了不同图层及合成后的效果。

有关图层的操作,大部分是通过【图层】选项卡来实现的,如图 2-151 所示。在这里可以实现图层的创建、删除、显示和隐藏等简单操作,还可实现图层的复制、链接、合并等功能。

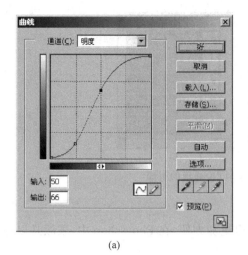

(a)

(b)

图 2-149 【曲线】对话框

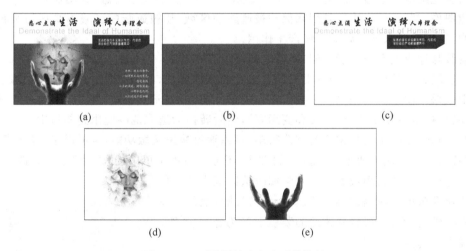

(a)   (b)   (c)

(d)   (e)

图 2-150   不同图层及合成后的效果

2）通道

通道的主要功能是保存图像的颜色数据。例如一个 RGB 模式的图像,其每一个像素的
颜色数据是由 R(红色)、G(绿色)、B(蓝色)这三个通道记录
的,而这三个色彩通道组合后合成了一个 RGB 主通道,当改
变红、绿、蓝通道中任意通道的数据,都会影响 RGB 主通道的
颜色。在 CMYK 模式的图像中,颜色数据分别由青、洋红、
黄、黑 4 个单独的通道组合成一个 CMYK 的主通道,这主要
用于四色印刷中,当改变任意一通道的颜色数据时,合成的
CMYK 主通道的颜色也发生变化,如图 2-152 所示。

通道的基本操作,如创建、复制、删除、分离和合并等,可
以通过【通道】选项卡中的隐藏菜单来实现,具体操作这里不
再介绍。

图 2-151   【图层】选项卡

第2章　数字图像技术与制作 ◀◀◀

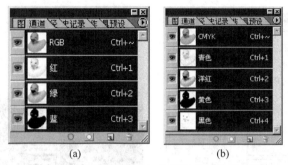

图 2-152　RGB 通道和 CMYK 通道的组成

3）蒙版

蒙版的使用使修改图像和创建复杂选区变得更加方便,在 Photoshop 中,蒙版是以通道的形式存在的。

蒙版就像是一幅可调整透明度的灰色图像,在这幅图像上可以绘制各种形状的透明窗口。当灰色图像的不透明度为 100％时,灰色图像部分就被完全遮蔽,透明窗口部分可以显示其他图像。蒙版的作用就是用来保护被遮蔽的区域,让被遮蔽的区域不受任何编辑操作的影响,编辑只对未被遮蔽的区域产生作用。

蒙版与选取范围的功能类似,两者之间可以互相转换,但本质上是有区别的。选取范围是一个透明无色的虚框,在图像中只能看出它的虚框形状,但不能看出经过羽化边缘后的选取范围效果。而蒙版则是以一个实实在在的形状出现在【通道】选项卡中,可以对它进行修改和编辑(如执行滤镜功能、旋转和变形等),然后转换为选取范围应用到图像中。

在 Photoshop 中创建蒙版的方法很多,可以通过快速蒙版功能,也可以单击【通道】选项卡中的【将选区存储为通道】按钮 的方法,还可以通过菜单中的【选择】|【存储选区】命令等。这里介绍一个利用快速蒙版方法修改选区范围的实例。

快速蒙版可以快速地将一个选区变成蒙版,然后对这个蒙版进行编辑、修改,再将修改后的蒙版变换为选区范围应用到图像中。具体操作如下。

（1）首先用【磁性套索工具】粗略地选取"鹰"的边缘。由于图像边缘不是很清晰,因此选取的边缘并不理想,如图 2-153 所示。

（2）在绘图工具箱中,选择【快速蒙版】工具 。此时,在【通道】选项卡中将显示快速蒙版通道,图像窗口中的选区范围消失,图像呈现蒙版状态,如图 2-154 所示。

（3）在快速蒙版状态下,利用绘图工具或橡皮擦工具对蒙版边缘进行修改。对未显示"鹰"图像的部分用橡皮擦擦除,对显示出底色的部分用绘图工具画上蒙版颜色,如图 2-155 所示。

（4）修改完成后,在绘图工具箱中选择标准模式 。此时,【通道】选项卡中的快速蒙版通道消失,图像也恢复成原始状态,选取范围显示为修改后的状态,如图 2-156 所示。

图 2-153　利用【磁性套索工具】选取画面

(a)

(b)

图 2-154　选择【快速蒙版】工具

(a)

(b)

图 2-155　在快速蒙版状态下修正图像

(a)

(b)

图 2-156　选择【标准模式】

第3章 数字音频技术与制作

数字音频已经有比较悠久的历史,大概与计算机的历史差不多。早期,数字音频主要用来创造各种变形的声音,为艺术家的作品添加色彩。当计算机变得便宜,数字音频技术也变得越来越普及,CD 和 MP3 已经取代磁带设备,成为人们听音乐的首选。本章将主要对数字音频技术以及相关录制和编辑操作做一个简单介绍。

3.1 数 字 录 音

3.1.1 数字录音和模拟录音

1. 模拟录音

音箱中喇叭的发声原理非常简单,就是通过电磁感应现象,将变化的电流转为盆膜的振动,从而产生空气的振动,接着人耳就会听到声音了,如图 3-1 所示。因此,只要振动的频率在人耳能够接收的范围之内,并且有足够强大的电流输入喇叭,人耳在足够近的声场距离内就可以得到声压,也就是听到声音。当然,计算机上常用的多媒体有源音箱除了有喇叭外,还有电流放大和功率放大的器件,这些器件的作用就是将输入的声音电流的功率放大至喇叭可以发出声音的范围。

实际上,声音是一种波,世界上的声音千变万化,是因为不同声音的波形是不一样的,如图 3-2 所示,显示说"Hello"这个词时产生的波形。依据电声原理,要记录声音,就是要记录能引发声音的模拟波,然后喇叭可以根据模拟波来回放声音。托马斯·爱迪生于 1877 年制作出第一台录放装置,用一台很简单的机械装置以机械方式存储模拟波。爱迪生制作的原始电唱机用振动膜直接控制针,再由针将模拟信号刻写到锡箔圆筒上。在对着爱迪生发明的装置说话时转动圆筒,针即在锡筒上"录"下所说的话。要回放声音,针必须经过录音期间所刻写的凹槽,回

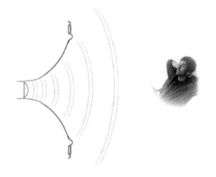

图 3-1 振动的喇叭

放时,当初刻入锡箔内的振动记录使针振动,并使振动膜振动发声。后来,爱迪生对该系统进行了改进,制造出使用针和振动膜的纯机械式留声机,如图 3-3 所示。留声机主要改进的是使用带有螺旋凹槽的平面唱片,这使大规模生产唱片变得易行。现代留声机的工作方式与之相同,但由针读取的信号是通过电子方式放大,而不是直接通过振动机械和振动膜。

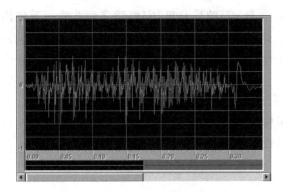

图 3-2 说"Hello"时产生的声音波行

图 3-3 留声机

留声机是用物理的方式来记录声音的模拟波,磁带的出现,使人们可以利用磁信号来记录声音。如图 3-4 所示,录音时,声音使话筒中产生随声音而变化的感应电流——音频电流,电流经过放大电路放大后,进入录音磁头的线圈中,由于通过线圈的是音频电流,因而在磁头的缝隙处产生随音频电流变化的磁场,磁带紧贴着磁头缝隙移动,磁带上的磁粉层被磁化,故磁带上就记录下了声音的磁信号;放音时,磁带紧贴着放音磁头的缝隙通过,磁带上变化的磁场使磁头线圈中产生感应电流,感应电流的变化与磁信号相同,即磁头线圈中产生的是记录的音频电流,这个电流经放大后,送到扬声器,扬声器就把音频电流还原成声音。

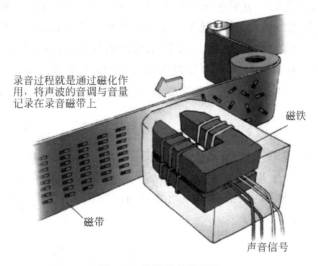

录音过程就是通过磁化作用,将声波的音调与音量记录在录音磁带上

磁铁

磁带

声音信号

图 3-4 磁带录音的原理

2. 数字录音

所谓数字音频,是指对原声模拟信号进行一系列数字化处理,即在数字状态下进行记录;回放时,经信号处理设备再恢复成有一定保真度的模拟信号。把模拟音频转成数字音频,在数字世界里就称作采样,其过程所用到的主要硬件设备便是模拟/数字转换器(Analog to Digital Converter,ADC)。采样的过程实际上是将通常的模拟音频的电信号转换成许多称作"比特(b)"的二进制码 0 和 1,这些 0 和 1 便构成了数字音频文件。数字音频又是如何播放出来的呢? 首先,将这些由大量数字描述而成的音乐送到一个叫做数字/模拟

转换器(Digital to Analog Converter,即 DAC)的线路里,它将数字回放成一系列相应的电压值,即声音的电流模拟信号。然后,这些模拟信号可继续发送至放大器和扬声器,电流经过放大再转变成声音。例如,下面是一个典型的声波(此处假定水平坐标轴上的每个时间刻度为千分之一秒),如图 3-5 所示。

使用模拟/数字转换器对声波进行采样时,可对两个变量进行控制。

(1)采样频率——控制每秒的采样次数。

(2)采样精度——控制采样的梯级数(量化等级)。

在图 3-6 中,假定采样率为每秒 1000 次、采样精度为 10。

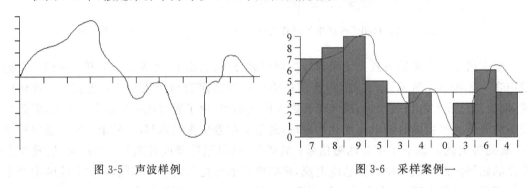

图 3-5　声波样例　　　　　　　图 3-6　采样案例一

如图 3-6 所示,绿色的长方形表示采样样本。ADC 每隔千分之一秒查看一次波形,并选取 0 到 9 之间最接近的数字,这些数字是原始波的数字表示(显示在图表底部)。当 DAC 通过这些数字再现原始波时,将得到图 3-7 所示的棱角分明的蓝色虚线。可以看到,蓝线虚线丧失了相当一部分在原来声波线中发现的细节,这意味着再现声波的保真度不是很高。在声波采样过程中出现的这种误差就是采样误差。如果希望减少采样误差,需要增加采样频率和精度。

如图 3-8 所示,采样频率和精度均提高了三倍(每秒采样 4000 次、40 个梯级)。可以看到,随着采样频率和精度的增加,保真度(原始波与 DAC 输出之间的相似性)也将提高。对于 CD 的音质,保真是一个重要的目标,因此在采样频率为每秒采样 44 100 次,梯级数为 65 536的水平下,DAC 输出的模拟波与原始波形的匹配程度很高,使得大多数人的耳朵感觉声音几乎是"完美"的。

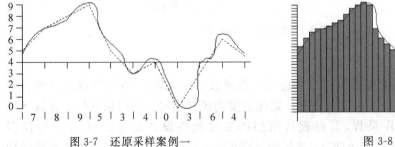

图 3-7　还原采样案例一　　　　　　　图 3-8　采样案例二

3. 两者比较

总体上,数字录音要优于模拟录音,这也非常明显地反映在音频设备的发展趋势上。具体而言,两者之间的技术优劣体现在以下几个方面。

- 数字录音录制好的声音是以数字来存储的,而数字的传输错误率是相当低甚至是可以避免的,所以录制好的声音可以多次复制而效果不减(这在制作过程中十分重要)。而模拟信号则每传输一次就失真一次,如模拟电流传输过程中的失真、唱片的物理磨损和磁带的磁性减弱等。
- 模拟录音的本底噪声很大,这些噪声叠加在声音信号上可使音质劣化。要想满足严谨的录音要求则需要购买复杂而又昂贵的设备,操作也十分烦琐。
- 数字音频的后期处理非常方便,通过使用一些优秀的数字音频软件,很多声音的编辑和音效处理工作可以在弹指一挥间完成。
- 数字音频是以文件的形式存储的,现在,随着大容量存储设备的出现,录制和存储音频的单位价格越来越低;而且,随着计算机及其网络的发展,对音频文件的管理和传输也越来越简单方便。

3.1.2　常见的数字录音设备

数字录音设备依据其存储介质来进行分类,可以把它分为磁带式数字录音设备、磁光盘类数字录音设备、硬盘类数字录音设备、录音笔和声卡。

1. 磁带式数字录音设备

磁带式里又有普通盒式磁带数字录音机(Digital Compact Cassette,DCC)、固定磁头数字录音机(Digital Audio Stationary Head,DASH)和旋转磁头数字录音机 RDAT 等。

DCC 是一种在普通卡带上发展出来的,可兼容模拟卡带的数字记录格式。从技术指标上看,DCC 已经达到 CD 的音质,而且还可以记录一些相关的文本信息。

DASH 格式的数字录音机,是一种固定磁头的数字磁带录音机,而根据磁带宽度和带速的不同,其中又有若干种格式。由于磁带在工作时裸露在外,上带、卸带很容易使磁带沾上尘埃、带上指纹或被划伤,增加误码率。

旋转磁头的数字录音机,有两轨 DAT 和多轨 DAT,是 20 世纪 70 年代在录像机基础上,采用 PCM 编码发展而来的。在一些电台、电视台以及一些家庭录音棚中,8 轨的 DAT 的使用率还是挺高的。

以磁带为载体的数字录音机,从音质上讲,不会有太多问题,但是毕竟没有脱离磁带、磁头这些易磨损的不太可靠的媒体,如果数字音频磁带受损后,因丢码而产生的噪声,不像模拟方式下的高频损失声音发闷,往往是难以忍受的噪声。另外,作为广播节目的制作部门,经常要做一些烦琐、复杂的剪辑工作,比如剪去一个字、前后调顺序等,这种磁带方式的数字录音设备就无能为力了。

2. 磁光盘类数字录音设备

磁光盘(Magnetic Optical disk,MO)原本是计算机上的外围存储设备,20 世纪 90 年代初,已被开发成一种数字音频记录载体,国内外都曾有 MO 录音机问世。从性能上看,MO 没有使用数据压缩技术,但可以进行一些非线性编辑工作,放音时可以像使用 CD 一样,比较适合电台、电视台的日常工作。不过,MO 刚刚出现时,由于其价格一直未能降到普及水平,从而影响了这一类型产品的推广。

另外,与 MO 非常相像的就是 MD(Mini Disk),只是 MD 采用了数据压缩技术,可以节省相当一部分存储空间。经过主观音质评价,6∶1 以下的数据压缩,人耳基本上是听不出音质上的变化的。MD 使用了数据缓冲技术,防震性能很好,使用也很方便。再者,MD 比较便宜,所以 MD 的普及率要高很多。

除了磁光盘类型的数字录音机,还有一些使用计算机三英寸的磁盘录音机,不过记录时间才几十秒,这种磁盘录音机很快就被淘汰了。光盘类还有 CDR(可写 CD),同时还出现了可反复擦写的 CDR,多用于节目交换、资料保存等,但在节目制作过程中,用途不多。

3. 硬盘类数字录音设备

硬盘录音机,虽然出现相对较晚,但发展得很快。一般使用较多的是 8 轨、16 轨硬盘机。硬盘机读取时间快,除了具备与 MO、MD 相似的剪、移、合并、删除和消除等编辑功能外,还增加了复制、撤销等功能,用起来非常灵活。

例如有些硬盘机除有 8 个真实轨外,每一轨里还可以有许多条虚拟轨。假如有位歌手在录唱,一遍已经比较满意了,但还想唱得更好,在磁带方式下要么洗掉刚才那一轨,要么再多占一轨。如果原来的被洗掉了,而补唱的可能还不如原来的,后悔可来不及了。而硬盘机提供了虚拟轨,只要硬盘空间允许,就可以在同一真实轨里录好几个虚拟轨,然后可以比较哪一遍最好。

硬盘机的另一个好处是准确、方便的同步功能。用过 8 轨 DAT 的人往往会发现,有时用久了,同步会差出几帧甚至更多,特别是做电视广告的,同步要求很严格。另外,用磁带录音机与 MIDI 音序器同步时,先要录一轨同步码,既费时又占轨。而一般的硬盘录音机都具有比较完善的同步功能,既可以与视频设备同步也可与 MIDI 设备同步,还可以与其他的硬盘机同步,其同步码有 SMPTE 码、MIDI 的 MTC 码等多种类型。

硬盘机一般也都提供了简单的调音台、跳线盘等功能,有的还可以加装显示卡,把各轨信号的波形与相应的操作在计算机显示器上显示出来,很像一部数字音频工作站。

4. 录音笔

数码录音笔是数字录音器的一种,造型如笔,如图 3-9 所示,携带方便,同时拥有多种功能,如 MP3 播放等。与传统录音机相比,数码录音笔是通过数字存储(闪存)的方式来记录音频的。相比前面介绍的磁带式、磁光盘类和硬盘类录音设备,录音笔因小巧,携带方便的优点,更加贴近大家的日常生活,成为人们的日常数码消费品。

图 3-9　录音笔

数码录音笔通过对模拟信号的采样、编码将模拟信号通过数字/模拟转换器转换为数字信号,并进行一定的压缩后进行存储。而数字信号即使经过多次复制,声音信息也不会受到损失,保持原样不变。录音时间的长短是数码录音笔非常重要的技术指标。根据不同产品之间闪存容量、压缩算法的不同,录音时间的长短也有很大的差异。目前由于闪存越来越便宜,压缩算法不断改进,录音时间的长短不再成为问题。

另外,从音质效果上,通常数码录音笔要比传统的录音机好一些。录音笔通常标明有 HP(HP,也可表示为 HQ(High Qoility),即高质量录音)、SP(Standard Play)、LP(Long Play)等录音模式,HP 的音质是最好的、SP 表示短时间模式,这种方式压缩率不高,音质比较好,但录音时间短。而 LP 表示长时间模式,压缩率高,音质会有一定的降低。不同产品之间肯定有一定的差异,所以在购买数码录音笔时最好现场录一段音,然后仔细听一下音质是否有噪声。

5. 声卡

声卡(Sound Card)也叫音频卡,是多媒体技术中最基本的组成部分,是实现声波/数字信号相互转换的一种硬件。

从严格意义上说,声卡算不上一套完整录音设备,它只有与计算机结合才能实现录音功能。现在的个人计算机一般都具有多媒体功能,声卡是多媒体计算机中用来处理声音的接口卡。它有三个基本功能;一是音乐合成发音功能,二是混音器(Mixer)功能和数字声音效果处理器(DSP)功能,三是模拟声音信号的输入和输出功能。

声卡可以把来自话筒、收录机、激光唱机等设备的语音、音乐等声音变成数字信号交给计算机处理,并以文件形式存盘,还可以把数字信号还原成为真实的声音,输出到耳机、扬声器、扩音机、录音机等声响设备,或通过音乐设备数字接口使乐器发出美妙的声音。声卡工作应有相应的软件支持,包括驱动程序、混频程序和各种音乐播放、录制和编辑程序等。

声卡发展至今,主要分为板卡式、集成式和外置式三种接口类型,以适用不同用户的需求。

1) 板卡式

板卡式声卡产品是现今市场上的中坚力量,产品涵盖低、中、高各档次,售价从几十元至上千元不等。早期的板卡式产品多为 ISA(Industrial Standard Architecture)接口,由于此接口总线带宽较低、功能单一、占用系统资源过多,目前已被淘汰。目前,PCI (Peripheral Component Interconnect)则取代了 ISA 接口成为主流,它拥有更好的性能及兼容性,支持即插即用,安装使用都很方便。

图 3-10　专业录音声卡

比较专业的数字录音棚用到的声卡一般都是板卡式的,它们属于专业的录音声卡,如图 3-10 所示。

2) 集成式

顾名思义,集成声卡是集成在主板上的,具有不占用 PCI 接口、成本低廉、兼容性好等优势,能够满足普通用户的绝大多数音频需求,因此受到市场青睐。而且集成声卡的技术也在不断进步,PCI 声卡具有的多声道、低 CPU 占有率等优势也相继出现在集成声卡上。

3) 外置式

外置式声卡是创新公司独家推出的一个新兴事物,它通过 USB 接口与计算机连接,具有使用方便、便于移动等优势。但这类产品主要应用于特殊环境,如连接笔记本实现更好的音质等。

三种类型的声卡产品各有优缺点。集成式产品价格低廉,技术日趋成熟,占据了较大的市场份额,目前已成为个人多媒体计算机的主流;PCI 声卡将继续成为中高端声卡领域的中坚力量,毕竟独立板卡在设计布线等方面具有优势,更适于音质的发挥;而外置式声卡的优势与成本对于家用计算机来说并不明显,仍是一个填补空缺的边缘产品。

3.1.3　话筒的特性与适用场合

话筒(Microphone,音译为"麦克风"),也叫做传声器,是声电转换的换能器,是在录音中拾取声音信号,并将声音信号转换成电信号的基本设备。话筒在录音过程中的位置非常重要,因为无论你的声卡、计算机或录音机有多高级,如果话筒不好,传进来的声音质量非常差,那么录音的效果无论怎样也不会好。

话筒的分类很多,按用途分类,可以分为录音(广播)及演出用话筒、通信用话筒和专业测量用话筒等;按照换能方式来划分,话筒可以分为电动式(包括动圈式和带式)、电容式(包括驻极体式)、电磁式、压电式等。另外,还有其他一些划分方式,比如按照振膜受力、指向、有线无线等来划分。

大家经常用来录音的话筒一般是动圈式和电容式两种。动圈话筒是最常见的话筒,卡拉 OK 练歌房里摆的都是它。动圈话筒的价格比较便宜,作为初学者,同时预算吃紧的话,可以先购买一支性能不错的动圈话筒来练习。如果资金比较充裕,建议还是使用一个电容话筒来录音,一般说来,个人工作室里几乎都是使用电容话筒来录音。电容话筒的特点是灵敏度高,频响范围宽,音质好,是专业录音中最常用的话筒。

在使用话筒录音的过程中,一定要注意话筒的拾音指向。指向性用来描述话筒对于来自不同角度声音的拾音灵敏度,根据指向性不同,话筒可以分为全指向、双指向、单指向、超指向等类型。

1. 全指向

全指向式话筒对于来自不同角度的声音,其接收灵敏度是基本相同的,如图 3-11 所示,也就是说,话筒可以拾取来自四面八方的声音。这类型的话筒常见于需要收录整个环境声音的录音工程,或是声源在移动时,希望能保持良好拾音的情况。演讲者在演说时配带的领夹式麦克风属此类型。全向式的缺点在于容易被四周环境的噪声影响,其优点在于价格方面比较便宜。

2. 双指向

双指向也被称作 8 字形指向,如图 3-12 所示,因为这种指向类型的话筒对来自话筒正前方和正后方的音频信号具有同样高的灵敏度,但对来自话筒侧面的信号不太敏感,这样,其拾音范围呈现在图纸上,就很像是一个 8 字,而话筒的位置就正好处于这个 8 字的切分点上,故而得名。此类型话筒的实际应用场合不多。

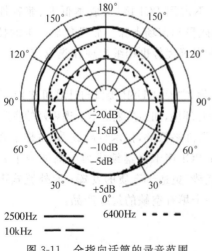

图 3-11　全指向话筒的录音范围

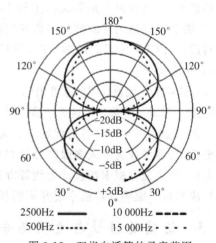

图 3-12　双指向话筒的录音范围

3. 单指向

单指向也被称作心形指向,如图 3-13 所示,因它的拾音范围很像是一颗心而得名。此类话筒对正前方声音的拾音灵敏度非常高,而到了话筒的侧面(90°处),其灵敏度也不错,只是比正前方要低 6dB,但对于来自话筒后方的声音,它则具有非常好的屏蔽作用。而正是由于对话筒后方声音的屏蔽作用,心形(单)指向话筒在多重录音环境中,尤其是需要剔除大量室内环境噪声的情况下,非常有用。除此之外,这种话筒还可以用于现场演出,因为其屏蔽功能能够切断演出过程中产生的回音和环境噪声。在实际中,心形指向话筒也是各类话筒中使用率比较高的一种。

需要注意的是,像所有的非全指向形话筒一样,心形指向话筒会表现出非常明显的临近效应。临近效应,是指声源靠话筒比较近的时候,出现的一种低频提升现象。任何话筒都会出现这种现象,但不同的话筒,体现出的这个特点也不一样。

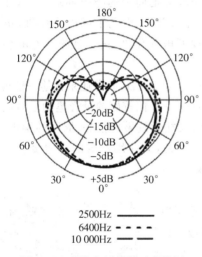

图 3-13　单指向话筒的录音范围

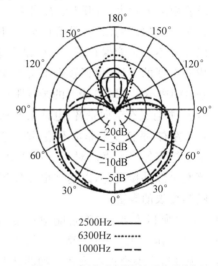

图 3-14　超指向话筒的录音范围

4. 超指向

超指向也称作超心心指向,它的拾音范围像个蘑菇,如图 3-14 所示,超指向话筒也只能拾取来自正面的声音,但拾取的声音范围很小,只拾取来自正对着话筒方向的声音。

总的说来,大部分话筒的拾音范围,即指向性,是固定的,但也有一些话筒,有一些标志和开关,可以用来设置话筒的指向,大家可以根据自身的录音场合和情况来选择合适的指向。

3.2　数字音频的录制

3.2.1　使用录音笔录音

录音笔体积小巧,携带方便,是录制访谈、讲座和会议非常好的工具,在日常生活和工作中应用非常广泛。

1. 专业录音笔与 MP3 随身听录音的区别

目前,许多 MP3 随身听具有录音的功能,那它与录音笔的录音功能有什么区别呢?

MP3 随身听所使用的处理芯片中，某些芯片自带有多种功能，录音功能即是其中的一种辅助功能，凡是具有这种辅助功能的 MP3 随身听在目前都可以称之为"能录音的 MP3"。录音功能对 MP3 随身听来说，是它的一个辅助功能。一般说来，普通的 MP3 随身听只有一个内置的 MIC，因此，录音效果并不理想，要想胜任外接录音、电话录音、静音功能、内置扬声器、声音感应录音等较为专业的要求，对"能录音的 MP3"来说就有些勉为其难。

具体而言，可以从以下几个方面来区别专业录音笔和 MP3 随身听的录音功能。

- 开始录音的方式不同。MP3 的录音一般是要采用菜单式进入方式，一般需要好几个步骤才可以进入录音模式；而专业录音笔则一般都是一键录音。
- 有无 VOR(声控录音)。普通的 MP3 录音一般需要手动开关录音功能，步骤很烦琐；而录音笔则只要开启 VOR 功能，就可以实现有声音就录，无声音不录，缩短了录音时间，同时也节省了录音笔的内存。
- 录音效果差距大。MP3 录音出来的效果，一般会把周围的噪声都录下来，并且只能录单一方向内的录音，录音的效果不好，并且当 MP3 没电了或出现死机，正在录音的文件不一定能保存下来；而录音笔则只要断电或死机，正在录的文件就会自动生成一个新的文件，保证录音不会丢失。
- 录音距离不同。MP3 录音的录音距离一般在 4～5m 左右，而专业录音笔一般能在 10m以上，并且具有定向录音、电话录音功能。有时，一些比较好的录音笔的录音距离能在 15m 左右，录音效果非常不错，即便在百人的大礼堂效果也很好，周围的噪声很小。
- 录音笔有外接麦克。对于普通 MP3 随身听来说，只能用本身的内置麦克；而录音笔则可以外接麦克，以达到更加理想的效果。

2. 嘈杂会议的录音

录音笔之所以专业，在于它能适应复杂的录音环境。在本节，将以爱国者 UR-P632 型录音笔为例，讲解如何使用录音笔来进行大型会议的录音。如图 3-15 所示，是该型录音笔的实物图片。

为了使录音达到比较好的效果，在进行会议录音前，一般需要进行相关的准备和参数设置工作，其准备过程如下。

图 3-15　爱国者 UR-P632 型
录音笔

(1) 选择录音品质。

对于录音来说，录音品质当然是越高越好，但是，录音笔的存储容量是有限的，录音品质越高，单位录音时间所占用的存储空间就越大，因此录音时间也就越短。

要设置录音品质，短按【菜单】键进入录音菜单目录，用【方向】键的上下键选择【录音品质】选项，按【播放】键进入所选择的选项。可以看到，该录音笔提供 4 种品质的录音：【超高品质录音】、【高品质录音】、【普通品质录音】和【标准品质录音】，前三种品质录音的采样率是相同的，都是 24kHz，但是压缩率不同，品质越高，压缩率越小。如果存储空间足够，建议选择较高一级的录音品质。

(2) 调整麦克的灵敏度和录音电平。

通过调节麦克灵敏度和录音电平(LV)可以用来适应不同的录音场景，例如，当把灵敏度调至 9，LV 调为 0 时，录音笔可以轻松记录 15m 以上的远距离录音，即使是微弱的声音也能录下来；如果将灵敏度调至 3，LV 调为 3，就比较适合近距离会谈采访使用，可以屏蔽一些远处的噪声，例如关门声等。

要调整灵敏度和录音电平，需要录音笔处于录音状态或者预录音状态。一般说来，建议在开始录音前设置完成这两个参数后再开始录音。在录音播放停止状态下，长按【返回】键将进入预录音状态，如图 3-16 所示，在此状态下，插上耳机可以实时监听到录音效果，可以看到当前录音品质下的录音剩余时间，但并没有开始录音。此时，按【方向】键的左右两键可调整麦克的灵敏度，一般说来，灵敏度越高，能收集到的声音细节越丰富，但是相应的环境噪声不可避免地增加，因为大型会议，讲话人与录音笔的距离远，因此需要调高灵敏度；按【方向】键的上下两键调整录音时的电平值，电平值越高，录出来的声音越大，但相应的环境噪声会增加，录用者可以根据监听效果来实时调整。

播放键（中间）菜单键　录音键　音量键　AGC 键　返回键
方向键（四周）

图 3-16　爱国者 UR-P632 型录音笔的功能键

（3）打开 AGC 自动增益功能。

AGC(Auto Gain Control)为自动增益控制，它的作用是当信号源较强时，使其增益自动降低；当信号较弱时，又使其增益自动增高，从而保证了强弱信号的均匀性。使用该项技术，可以使录音笔在录音过程中，将过大的声音缩小，过小的声音放大，以获得如广播电台般平衡的听觉感受，从而在一定程度上解决真实的录音文件里大分贝的暴音或者声音过小无法听到的难题。另外，AGC 功能还可以有效防止录音设备在晃动中的暴音现象和声音断续等问题。

在会议里，有些人声音洪亮，有些人则轻声细语，因此需要打开 AGC 功能，以平衡录音效果。要开启此功能，在录音状态下或者预录音状态下，按 AGC 键切换此功能，如图 3-16 所示，需要注意的是，开启此功能会导致噪声轻微增加。

所有这些设置完成后，就可以录音了。使用录音笔开始录音的操作非常简单，在录音播放停止状态下，或者在预录音模式下，只要向上轻轻推动【录音】键即可开始录音，如图 3-16 所示。

3. 电话录音

录音笔还可以对电话实施录音，不过需要借助电话录音套件，如图 3-17 所示，该套件有两个电话线接口，一个接入电话线路，一个则与电话机相连；而另外一端的音频线将接入录音笔的 MIC 输入。完成电话录音线路连接的录音笔如图 3-18 所示。

图 3-17　录音笔的电话录音套件

图 3-18　录音笔完成了电话录音的线路连接

第3章　数字音频技术与制作

在完成线路连接后,按【录音】键即可开始录音。

3.2.2　在计算机录音工作室中录音

在数字音频技术出现后,相当长的一段时间里,大家主要使用数字的硬盘录音机来进行录音,如图 3-19 所示,甚至直到现在都有人仍然在使用。

随着计算机运算能力逐渐强大,以及专业音频处理软件的发展,目前已经彻底淘汰了传统的数字多轨录音机,人们几乎都在使用计算机及其音频处理软件来录音。现在,声卡已经成为个人多媒体计算机的基本配置,因此,如果对录音的音质没有比较苛刻而专业的要求,任何一台普通的多媒体计算机就可以成为一台数字录音设备。如图 3-20 所示,显示了普通声卡的基本接口,可以看到,如果希望转录磁带或者 CD 上的音频,可以通过磁带或 CD 播放器接入声卡的 Line In(线路输入)接口;如果希望通过话筒录音,可以直接把话筒插入声卡的 MIC In(麦克输入)接口。然后,使用计算机中的录音软件进行录制即可。

图 3-19　数字的硬盘录音机

总体说来,普通声卡的录音效果比较差,而且功能有限,要想实现高质量录音,需要购买专业的录音声卡。

1. 专业声卡漫谈

撇开方方面面的技术参数和芯片功能不谈,专业声卡与普通声卡最大的不同在于它们之间的接口不同。接口,也就是大家平常所说的"几进(信号输入)几出(信号输出)"。需要注意的是,这里的"几进几出"指的是真正的物理上的端口,而不是内部的虚拟端口。一般说来,一个声道被称作一个端口。如果说某个声卡是两出,那就是左声道一个输出,右声道一个输出,实际上,可能是两个插孔,左右各一,也可能是一个立体声插孔。一个立体声插孔也叫两出,如图 3-20 所示的 Speak Out 输出接口。一般来说,所有的声卡起码都具备两进两出。声卡的输入输出接口当然是越多越好,多个输入接口的声卡,意味着可以同时录制多个音轨,这对于需要录制乐队音乐的人来说是必需的;如果最多只用两个话筒,那两个输入接口就足够了。

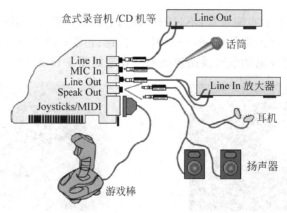

图 3-20　普通声卡的各种接口

对于拥有多个输入输出的声卡来说，卡上无法放下那么多的接口，一般使用"辫子"来提供输入输出端口，如图3-10所示，如果还不够，则只能使用外置接口盒了，如图3-21所示。

声卡的接口有两种类型，一种是平衡式接口，另一种是非平衡式接口。平衡式接口的抗干扰能力强，噪声低，明显要比非平衡式的接口要更好。不过，在连接线不超过10m的情况下，两者并没有太明显的区别，所以很多专业声卡也使用非平衡接口。

那究竟什么是"平衡"，什么是"非平衡"呢？将信号调制成为对称的信号用双线发送，叫做平衡发送；如采用单线，那就是非平衡发送。同样地，接收端用对称接收称为平衡接收，接收端采用非对称接收就是非平衡接收。所以，一根非平衡音频线里只需要两根线芯。而一根平衡音频线则是三芯的。

一般，非平衡接口使用两芯RCA(Radio Corporation of American)接头，也就是大家俗称的"莲花头"，如图3-22所示。

图3-21　专业声卡的外置接口盒

图3-22　RCA莲花头

而平衡接口则使用大三芯和XLR卡农(Cannon)接头，它们都是三芯的，如图3-23和图3-24所示。高档的声卡一般都使用XLR端口。

图3-23　XLR卡农接头的母头

图3-24　XLR卡农接头的公头

另外，很多专业声卡还具备一种专业的接口：ADAT光纤接口，如图3-25所示。ADAT是美国Alesis公司最早开发的ADAT数字多轨录音机接口规格，它可以用一条光纤同时传送8路数字音频信号。专业声卡上的ADAT光纤接口可以用来连接数字录音机以及独立的AD/DA设备。

除了装在机箱里的PCI声卡之外，专业声卡中还有一类外置声卡。外置声卡目前分为USB 2.0接口的和1394接口的两种，1394口的声卡比USB的更加稳定，传输速度也更好，很受音乐人的欢迎。如图3-26所示，其实这样的"声卡"已经根本不能称之为"卡"了。外置声卡最大的优点就是可移动性好，接线方便。因此很受笔记本用户的欢迎，很多人都在使用

1394 声卡来移动录音作业,如现场录音之类的工作,使用一款外置声卡,是最好的选择。

图 3-25　ADAT 光纤接口

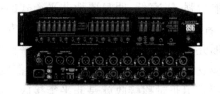

图 3-26　1394 接口外置声卡

2. 组建计算机录音工作室

实际上,最为简单的计算机录音工作室的核心就是一台装有声卡的多媒体计算机,然后加上拾取声音的话筒,以及用于监听和回放录音效果的耳机和音箱,如图 3-27 所示。当然,为提高录音质量,而且资金允许,建议采用专业声卡和专业监听音箱。

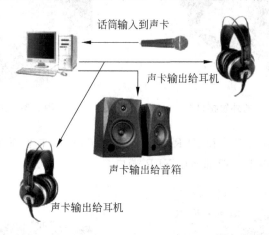

话筒输入到声卡

声卡输出给耳机

声卡输出给音箱

声卡输出给耳机

图 3-27　简易计算机录音工作室

上面的工作室只能录制话筒一路音源,如果拥有多路音源呢? 例如,MIDI 键盘、硬盘数字录音机等音源。一般来说,此时就需要一个调音台了。当然,如果声卡支持多个输入通道,如图 3-10 所示,那么可以不使用调音台。调音台其实就是把多路音频信号合为一路或几路的机器,它不仅可以调节各路信号的各种参数(如音调等),还可以将其中的任意几路汇合到一起再输出。目前,调音台仍然是工作室里常用的设备,因为它直观、方便,如图 3-28所示,是使用了调音台的多路音源计算机录音工作室。

从图 3-28 可看出,调音台直接和声卡相连,它实际上成了声卡的一个扩充。调音台一般具有编组功能,通过编组功能,调音台可以控制输出到声卡的声音,也就是说,想让哪一轨去声卡,就让哪轨发出去;不让哪一轨进声卡,就不让它发出去。

多路音源的工作室对于计算机音乐的制作和简单的录音已经基本能满足要求,算得上业余发烧友级的水平。但是要实现专业录音,还是要搭建专业的录音棚。除了前面使用的一些设备外,录音棚往往都要有专门的话筒放大器,耳机分配器等,还要有专门的录音室,录音室对隔音、吸音有专门的要求。

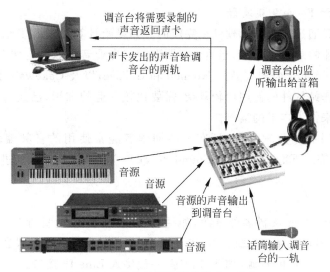

图 3-28　多路音源计算机录音工作室

　　如图 3-29 所示,是一个专业录音棚的基本设备结构。其中,话筒放大器负责把话筒信号放大并且进行一些必要的处理,然后变成线路输出信号再输出给调音台;耳机分配器把调音台输出的监听信号分配给多个耳机,供多人录音时同时监听;另外,专业的混音师都必须至少拥有远场、中场、近场三对监听音箱,以保证声音的准确,只有这样,才能保证音乐在任何音响系统上的播放尽量相同。

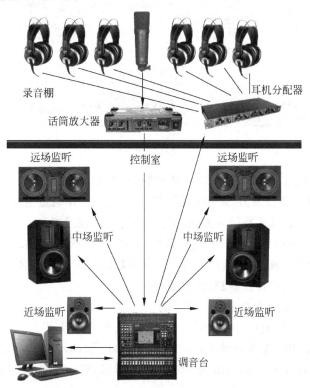

图 3-29　专业录音棚及其设备基本结构

3．使用 Sound Forge 9.0 录音

计算机录音是通过音频编辑软件来完成的。如果给计算机安装了专业录音声卡，把它配置成了一个专业的录音工作站，当然也需要有相应专业音频软件与之配套，目前，世界上比较流行的有 Steinberg 公司出品的 Nuendo 和 Cubase，以及 Cakewalk 公司出品的 Sonar 等。因为专业工作站软件的使用比较复杂，需要比较专业的知识，已经超出了本书的范围，因此不使用它们来作为本书的案例。

除了上面提到的专业软件外，还有一些初学者经常使用的音频编辑软件，如 Sound Forge、Cool Edit 等。下面，本书将以 Sound Forge 9.0 为例来讲解如何进行计算机录音，具体操作过程如下。

1）接入音源

一般来说，声卡支持录制多种音源，如话筒、调音台、CD 随身听等。这里需要注意的是，声卡有两个信号输入接口：Line In 和 MIC In，如图 3-20 所示，如果音源是话筒，其应该接入 MIC In 接口；其他的音源，如调音台等，一般接入 Line In 接口。

2）设置录音输入和音量水平

该项操作使 Sound Forge 能正确找到想要录制的音源，并调节输入的音量到合适水平。

首先，双击 Windows 窗口右下角系统托盘中的【音量】图标 ，打开【音量控制】对话框，如图 3-30 所示。

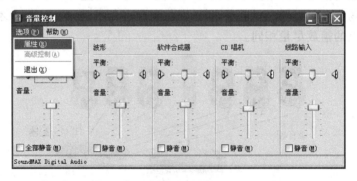

图 3-30 【音量控制】对话框

接着，在【音量控制】对话框中，选择菜单【选项】|【属性】命令，打开【属性】对话框，如图 3-31 所示，选中【调节音量】区域中的【录音】单选按钮，并确定选中了【显示下列音量控制】区域中的【麦克风】和【线路输入】复选框，然后单击【确定】按钮。

此时，Windows 将打开【录音控制】对话框，如图 3-32 所示，如果录制的音源是麦克风，则需要选中【麦克风】区域中的【选择】复选框，并将【音量】滑条拖至合适位置。

设置完成后，关闭【录音控制】对话框即可。

3）启动 Sound Forge 9.0 及其录音功能

首先，启动 Sound Forge 9.0，如图 3-33 所示，是其工作界面。

在 Sound Forge 中，选择菜单 Special|Transport|Record 命令，或者单击工具栏上的 Record 按钮 ，将打开 Record 对话框，如图 3-34 所示，Sound Forge 的录音功能将通过此对话框中来完成。

图 3-31 【属性】对话框

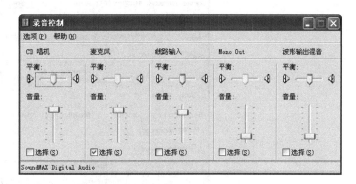

图 3-32 【录音控制】对话框

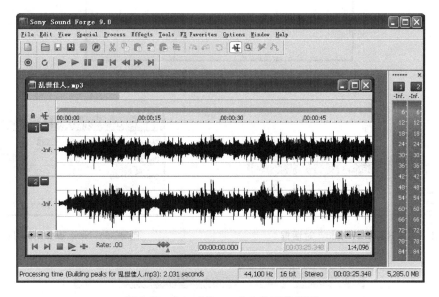

图 3-33 Sound Forge 9.0 的工作界面

4）新建和选择录音"目标"音频文件窗口

在 Record 对话框的标题栏中，可以看到在 Record 后面显示有【乱世佳人．mp3】，这表示接下来录制的声音将写入音频文件【乱世佳人．mp3】，如图 3-33 所示，该音频文件被 Sound Forge 打开，并显示在【乱世佳人．mp3】音频文件窗口中。

如果不希望录入【乱世佳人．mp3】音频文件窗口，可以单击 Record 对话框中的 Window 按钮，打开 Record Window 对话框，如图 3-35 所示，在 Record destination window 下拉列表框中选择目标窗口。

如果希望录制的声音放入一个新的音频文件中，可以单击 New 按钮，打开 New Window（实际上是新建一个新的声音文件）对话框，如图 3-36 所示，然后定义数字音频的 Sample rate（采样频率）、Bit-depth（采样精度）和 Channels（音轨数量，即声道数量），并单击

OK 按钮，一个新的音频文件窗口将被创建，如图 3-37 所示，它有 4 个声道（音轨）。

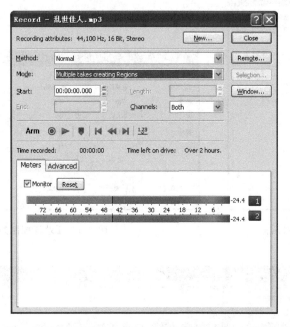

图 3-34　Record 对话框

图 3-35　Record Window 对话框

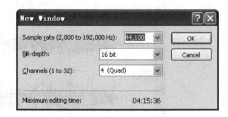

图 3-36　New Window 对话框

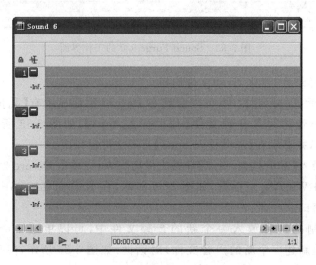

图 3-37　新建的音频文件窗口

5）录音前的设置

在进行录音前，还需要对一些相关的录音选项进行设置，如图 3-38 所示。

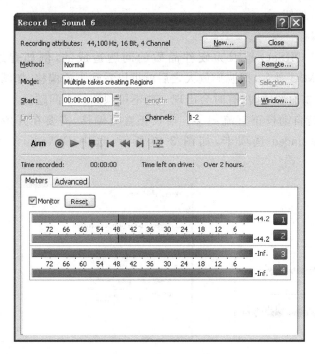

图 3-38　录音选项的设置

第一，设置 Method（录音方式），从下拉列表框中选择 Normal 选项即可。

第二，设置 Mode（录音模式）。有 5 种录音模式，Automatic retake（automatically rewind）模式指录音完成后，录音指针将回到录音开始时的位置，因此，当再次录音时将覆盖掉前一次的录音内容；Multiple takes creating Regions 模式指录音完成后，录音指针将停留的录音结束时的位置，因此，当再次录音时，后面的录音将添加在前一次录音的后面，也就是说支持多次录音，同时每次的录音内容 Sound Forge 会在之间添加标记；Multiple takes（no regions）模式与 Multiple takes creating Regions 模式基本相同，只是不会在多次录音间添加标记；Create a new window for each take 模式指每次录音开始时，Sound Forge 会创建一个新的音频文件窗口，并把录音录入该新建窗口；Punch-in（record a special length）模式将与后面的 Start、Length 和 End 域结合，把声音录入声音窗口中指定的时间段内。一般说来，Multiple takes creating Regions 模式使用较多，本例也使用该模式。

第三，设置录音开始的指针位置，即 Start，如果是新建的音频文件，一般从 0s 开始。

第四，选择声音录入的 Channels（音轨或声道），本例新建了一个 4 音轨（声道）的音频文件，但是，这次录音希望只把声音写入第 1 个、第 2 个音轨，那么可以在 Channels 文本框中输入"1-2"，表示使用 1-2 音轨。如果想选择 1、3 音轨，可以输入"1,3"，即音轨间用英文的逗号分开。

第五，为了能够在录音的过程中进行实时监控，需要选中 Monitor 复选框，如图 3-38 所示，可以实时查看输入音轨 1、2 的音量。

第六,为了缩短录音的准备时间(即用户单击 Record 按钮 ◉ 与 Sound Forge 真正开始录音之间的时间间隔),可以使用 Arm 功能,即在开始录音前,先单击 Arm 按钮,再在录音开始时单击 Record 按钮 ◉ 。

6) 校正直流偏移

直流偏移(DC OffSet)是因为硬件品质的问题造成的,例如普通的声卡,打开声卡+20dB,然后用 MIC 录音,把波形放大之后就可以看到直流偏移,如图 3-39 所示,当给存在直流偏移的声音添加音效时,有时会出现一些不可预知的小问题。

Sound Forge 能自动校正直流偏移。要校正直流偏移,需要在开始录音前,在 Record 对话框中选中 Advanced 选项卡,如图 3-40 所示,选中 DC adjust 复选框,然后单击 Calibrate 按钮。

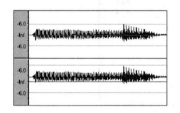

图3-39　正常的声音(上面)与有直流
　　　　偏移的声音的波形比较

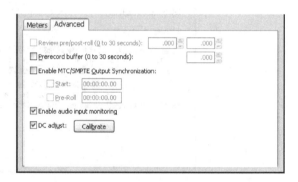

图 3-40　Record 对话框中的 Advanced 选项卡

7) 开始、标记和停止录音

在 Record 对话框中,如图 3-38 所示,单击 Record 按钮 ◉ ,Sound Forge 将开始录音。

在录音的过程中,如果出现了错误,希望对该时间点进行标记,可以单击 Drop Marker 按钮 ▮ ,添加标记。

如果希望停止录音,可以单击 Stop 按钮 ▮ 。

8) 定时录音

要实现定时录音,需要在 Record 对话框中,选择 Method 下拉列表框中的 Automatic: Time 选项,此时,在对话框的下方会出现 Time Options 选项卡,如图 3-41 所示。

为了添加一个定时录音任务,单击 Add 按钮 ▮ ,打开 Record Timer Event 对话框,如图 3-42 所示,输入任务的名称 Name 为"定时录音";任务性质 Recurrence 为 One Time(只执行一次),当然还可以选择 Daily(每天执行一次)和 Weekly(每周执行一次);接着是确定定时任务的开始日期 Start date、开始时间 Start time 和录音长度 Duration。完成设置后,单击 OK 按钮,一个新的定时任务被添加,如图 3-41 所示。

为了开始执行定时任务,需要单击 Arm 按钮,此时,录音程序将进入倒计时状态(在 Arm 按钮一行的最右边显示有倒计时时刻),如图 3-41 所示,并在指定的时间段内完成录音任务。

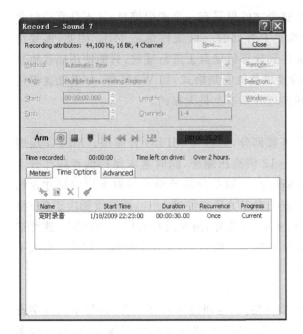

图 3-41 定时录音状态下的 Record 对话框   图 3-42 Record Timer Event 对话框

3.3 数字音频的格式及其转换

3.3.1 常见的数字音频格式

　　数字音频格式,最早指的是 CD。CD 的文件量一般比较大,后来,CD 经过压缩,衍生出多种适于在计算机和随身听上播放的格式,如 MP3、WMA 等。这些压缩过的音频格式,有无损压缩和有损压缩之分,都能或多或少的减小音频文件大小,一般说来,有损压缩的效果要更好。有损和无损压缩,是指经过压缩过后,新的音频文件所保留的声音信号相对于原来的压缩前的数字音频信号是否有所损失。

　　数字化音频格式的出现,满足了音频复制、存储、传输的需求,早期的模拟音频格式,存在着复制失真和因为介质磨损而失效的问题。从 CD 的存储开始,数字格式音频文件开始普及。互联网出现后,产生了远距离传输文件的要求,在带宽的制约下,缩小文件体积的需求变得更加强烈,这些都从外部因素上导致了有损压缩数字音频格式产生和发展。而从内部因素来说,随着计算机运算、编码能力的提高,以及声学心理研究的进步,促进了各种有损压缩数字音频算法和格式的出现。

　　下面,将对常见的一些数字音频格式做一个简单介绍。

1. CD 格式

　　要讲音频格式,CD 自然是打头阵的先锋。在大多数播放软件可以打开的文件类型中,都可以看到.cda 格式,这就是 CD 音频格式。标准 CD 格式的采样频率是 44.1kHz,速率是 88KB/s,16 位量化位数,CD 格式可以说是近乎无损的,它的声音基本上忠于原声,因此 CD 是音响发烧友的首选。CD 光盘可以在 CD 唱机中播放,也能用计算机里的各种播放软件来播放。

一个 CD 音频文件是一个 .cda 文件,但这个文件里只有一个索引信息,并不是真正包含声音信息,所以不论 CD 音乐的长短,在计算机上看到的 .cda 文件都是 44B。因此,需要注意的是,不能直接的复制 CD 格式的 .cda 文件到计算机硬盘上进行播放,只能使用抓音轨软件,如 Sound Forge 等,把 CD 格式的文件转换成其他音频格式,如 WAV 等,如果光盘驱动器质量过关而且参数设置得当的话,这个转换过程基本上是无损的。

2. MP3 格式

所谓的 MP3,指的是 MPEG 标准中的音频部分,也就是 MPEG 音频层。MPEG 压缩是一种有损压缩,MPEG-3 音频编码具有 10～12 倍高压缩率,同时基本保持低音频部分不失真,但是牺牲了声音文件中 12kHz 到 16kHz 高音频部分的质量来换取文件的尺寸。相同长度的音乐文件,用 MP3 格式来储存,一般只有 WAV 文件的 1/10,而音质要次于 CD 格式或 WAV 格式的声音文件。由于其文件尺寸小,音质好,因此流行甚广,直到现在,这种格式还是风靡一时,其主流音频格式的地位难以被撼动。但是 MP3 音乐的版权问题一直找不到办法解决,因为 MP3 没有版权保护技术。

3. WAV 格式

WAV 格式是微软公司开发的一种声音文件格式,也叫波形声音文件,是最早的数字音频格式,被 Windows 平台及其应用程序广泛支持。WAV 格式支持许多压缩算法,支持多种音频位数、采样频率和声道,采用 44.1kHz 的采样频率,16 位量化位数,因此 WAV 的音质与 CD 相差无几。但 WAV 格式音频文件的文件量比较大,不便于交流和传播。

4. MIDI

MIDI,又称乐器数字接口,是数字音乐/电子合成乐器的统一国际标准。它定义了计算机音乐程序、数字合成器及其他电子设备交换音乐信号的方式,规定了不同厂家的电子乐器与计算机连接的电缆和硬件及设备间数据传输的协议,可以模拟多种乐器的声音。MIDI 文件就是 MIDI 格式的文件,在 MIDI 文件中存储的是一些指令,把这些指令发送给声卡,由声卡按照指令将声音合成出来。

5. WMA 格式

WMA(Windows Media Audio)格式来自于微软,音质要强于 MP3 格式,是以减少数据流量但保持音质的方法来达到比 MP3 压缩率更高的目的。WMA 的压缩率一般可以达到 18 倍左右;WMA 的另一个优点是内容提供商可以通过 DRM(Digital Rights Management)方案如 Windows Media Rights Manager 7 加入防拷贝保护,这种版权保护技术可以限制音乐的播放时间和播放次数,甚至于播放的机器等,这对被盗版搅得焦头烂额的音乐公司来说可是一个福音。另外,WMA 还支持音频流(Stream)技术,适合在网络上在线播放。

6. RealAudio

RealAudio 是由 Real Networks 公司推出的一种文件格式,最大的特点就是可以实时传输音频信息,尤其是在网速较慢的情况下,仍然可以较为流畅地传送数据,因此 RealAudio 主要适用于网络上的在线播放。现在的 RealAudio 文件格式主要有 RA(RealAudio)、RM(RealMedia,RealAudio G2)、RMX(RealAudio Secured)三种,这些文件的共同性在于随着网络带宽的不同而改变声音的质量,在保证大多数人听到流畅声音的前提下,令带宽较宽敞的听众获得较好的音质。

近来,随着网络带宽的普遍改善,Real 公司正推出用于网络传输的、达到 CD 音质的格式。

7. QuickTime

QuickTime是苹果公司推出的一种数字流媒体,它面向视频编辑、Web网站创建和媒体技术平台,QuickTime支持几乎所有主流的个人计算机平台,可以通过互联网提供实时的数字化信息流、工作流与文件回放功能。

8. DVD Audio

DVD Audio是新一代的数字音频格式,与DVD Video尺寸以及容量相同,为音乐格式的DVD光碟,取样频率为"48kHz/96kHz/192kHz"和"44.1kHz/88.2kHz/176.4kHz"可选择,量化位数可以为16b、20b或24b,它们之间可自由地进行组合。

9. 新生代音频格式——OGG

OGG(OGG Vobis),是一种新的音频压缩格式,类似于MP3等现有的音乐格式。但有一点不同的是,它是完全免费、开放和没有专利限制的。OGG Vobis有一个很出众的特点,就是支持多声道。随着它的流行,以后用随身听来听DTS编码的多声道作品将不会是梦想。

10. AAC格式

AAC(Advanced Audio Coding,高级音频编码技术),是杜比实验室为音乐提供的技术,最大能容纳48通道的音轨,采样率达96kHz。该格式出现于1997年,是基于MPEG-2的音频编码技术,由Fraunhofer IIS、杜比、苹果、AT&T、索尼等公司共同开发,以取代MP3格式。2000年,MPEG-4标准出台,AAC重新整合了其特性,故现又称MPEG-4 AAC,即M4A。

AAC作为一种高压缩比的音频压缩算法,通常压缩比能达到18倍,也有资料说能达到20倍,远远超过了MP3等较老的音频压缩算法。

AAC另一个引人注目的地方就是它的多声道特性,它支持1~48个全音域音轨和15个低频音轨。除此之外,AAC最高支持96kHz的采样率,其解析能力足可以和DVD Audio相提并论,因此,它得到了DVD论坛的支持,成为了下一代DVD的标准音频编码。

3.3.2 不同音频格式间的转换

在数字多媒体技术高度发展的今天,要实现不同数字音频格式之间的转换非常的容易,可用的工具也非常的多,有专门用于格式转换的小软件,也有音频编辑软件中带有不同格式间转换的功能,例如,Sound Forge 9.0中就带有格式转换功能。下面的格式转换实例将以Sound Forge作为转换工具。

1. 抓取CD音轨

CD格式的音频比较特殊,它不是以一个计算机文件的形式保存数字音频,它是以数字音轨的形式刻录在光盘中,因此,要把CD格式的音频转换成其他格式,就需要把这些音轨提取出来,Sound Forge 9.0就有抓取CD音轨的功能。其实现CD音轨抓取的操作步骤如下。

(1)把要抓取的CD音乐光盘放入计算机的光驱中,并启动Sound Forge 9.0。

(2)选择菜单File|Extract Audio from CD命令,打开Extract Audio from CD对话框,如图3-43所示。

(3)一般说来,Extract Audio From CD对话框会自动搜寻CD光盘,并把CD中的音轨内容显示出来,如图3-43所示。在该对话框中,选择Action下拉列表框中Read by track选项,即分别读取CD中的每个音轨。如果选择Read entire disc选项,表示一次读取整个

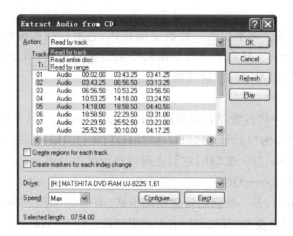

图 3-43　Extract Audio from CD 对话框

CD；如果选择 Read by range 选项，表示读取指定的某个范围的音轨。然后，单击 Tracks to extract 列表中的音轨，选中要抓取的音轨，这里选中 02 音轨。如果希望一次提取多个音轨，可以在选取音轨的同时按 Ctrl 键（多次选取），或者按 Shift 键（连续选取）。完成设置后，单击 OK 按钮。

（4）此时，Sound Forge 将新建一个新的双声道的音频文件窗口，如图 3-44 所示，该窗口的标题栏显示正在抓取 CD 的 Track 2（第二个）音轨；左下角的状态栏显示读取 CD 音轨的进度。完成抓取后，如图 3-45 所示，CD 中的第二个音轨被读入新建的音频文件中，以待进行下一步的处理。

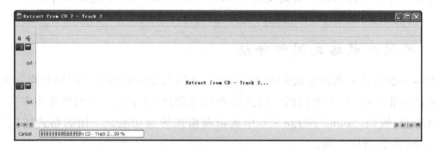

图 3-44　CD 音轨抓取过程中的音频文件窗口

图 3-45　完成抓取后的音频文件窗口

（5）在音频文件窗口中，可以对刚刚抓取的 CD 音轨进行相关的编辑和音效处理，也可以直接选择菜单 File|Save 命令，或者按快捷键 Ctrl＋S，打开【另存为】对话框，如图 3-46 所示，在【保存类型】下拉列表框中选择音频格式；在【文件名】文本框中输入文件名称，单击【保存】按钮，把抓取的 CD 音轨保存为其他音频格式。

图 3-46　【另存为】对话框

2. 批量转换格式

Sound Forge 9.0 不仅能实现单个音频文件的格式转换，还能批量进行格式转换任务，从而极大地提高工作的效率。其进行批量格式转换任务的操作步骤如下：

（1）在 Sound Forge 中，选择菜单 Tools|Batch Converter 命令，打开 Batch Converter 对话框，如图 3-47 所示。

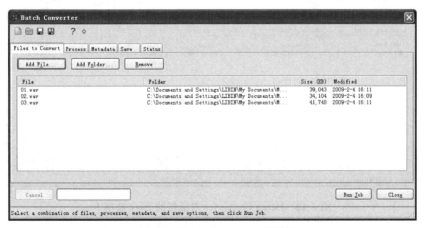

图 3-47　Batch Converter 对话框

（2）在 Files to Convert 选项卡中，如图 3-47 所示，单击 Add File 按钮，打开【打开】对话框，如图 3-48 所示，选中要转换的音频文件，并单击【打开】按钮，在 Batch Converter 对话框中将看到打开的希望转换格式的音频文件，如图 3-47 所示。

图 3-48 【打开】对话框

　　(3) 在打开要转换格式的音频文件后，选中 Batch Converter 对话框中的 Save 选项卡，如图 3-49 所示，单击 Add Save Options 按钮，打开 Save Options 对话框，如图 3-50 所示，在 File Format 区域中，选中 Convert to 单选框，并在 Type 下拉列表框中选择 MP3 Audio（∗.mp3）选项；在 Files Names 区域中，选中 Same as source 单选框；在 Files Folder 区域中，选中 Same as source 单选框，最后单击 OK 按钮，完成 Save Options(保存选项)的设置，此时，在 Batch Converter 对话框的 Save 选项卡中会看到添加了一个 MP3 Audio 的保存选项。

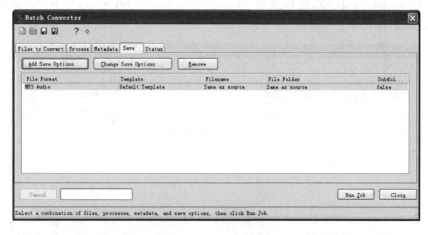

图 3-49 Batch Converter 对话框的 Save 选项卡

　　(4) 在 Batch Converter 对话框中，单击右下角的 Run Job 按钮，如图 3-49 所示，Sound Forge 将自动完成批处理任务，把刚刚打开的 01.wav、02.wav、03.wav 三个音频文件转换并保存为 MP3 格式的音频文件。

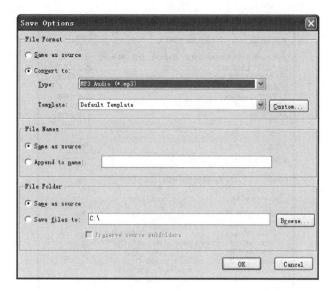

图 3-50　Save Options 对话框

3.4　数字音频编辑及音效处理

3.4.1　音频的编辑

Sound Forge 9.0 对数字音频的编辑功能非常强大,而且使用起来非常的简单方便。

1. 删除

大家经常遇到要删除数字音频文件中多余声音的问题,在 Sound Forge 中,要完成此项操作,其步骤如下。

(1) 在 Sound Forge 中,选择菜单 File|Open 命令,打开【打开】对话框,如图 3-51 所示,寻找并选中希望编辑的数字音频文件,然后单击【打开】按钮,Sound Forge 将打开一个新的音频文件窗口,显示刚打开的数字音频文件。

(2) 选择要删除的多余声音片段。

进行删除操作,选中要删除的内容是关键,如图 3-52 所示,是刚打开的要删除多余声音片段的数字音频文件窗口。

要选择指定的声音片段,先需要单击工具栏中的 Edit Tool(编辑工具)按钮 ,或者选择菜单 Edit|Tool|Edit 命令,激活"编辑工具",然后在音频文件窗口中按住鼠标左键并拖动即可选中指定区域,如图 3-52 所示。

在选取声音片段的过程中,为了使选取的区域比较精确,可以单击音频文件窗口右下角的＋和一按钮来缩放时间轴,如图 3-52 所示,或者选中工具栏上的 Magnify Tool(放大工具)按钮 ,使用该工具来缩放时间轴;也可以通过窗口左下角的回放面板来播放选中的声音片段区域,来判断选中的声音片段是否正确。如果选中的区域有些偏差,在 Sound Forge 中,不需要用户重新选取,只需要把鼠标移动到选中区域的边界,鼠标就会变成双箭头形状,此时,按住鼠标左键,左右拖动鼠标即可重新界定选中的声音片段。

图 3-51 【打开】对话框

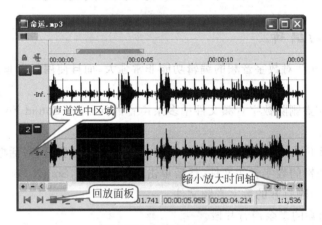

图 3-52 音频文件窗口

（3）选择菜单 Edit|Cut 命令，或者按 Delete 键，即可删除选中的声音片段。

2. 插入或替换

插入或替换，是指把指定的声音片段插入到某数字音频文件的指定位置，或者把音频文件中的指定声音片段替换掉，其操作步骤如下。

（1）在 Sound Forge 中，打开包含要插入声音片段的数字音频文件。

（2）单击工具栏中的 Edit Tool 按钮 ，使用"编辑工具"选取要插入的声音片段。

（3）选择菜单 Edit|Copy 命令，或者按快捷键 Ctrl＋C，把选中的声音片段复制到剪贴板。

（4）使用"编辑工具"把目标音频文件窗口中的指针移动到要插入声音片段的位置，这里需要注意的是，如果希望插入到指定声道，在确定插入位置后，要单击目标声道的"声道选中区域",如图 3-52 所示,选中该声道;如果希望是替换,需要选中要替换掉的声音片段,如图 3-52 所示。

（5）选中菜单 Edit|Paste 命令,或者按快捷键 Ctrl＋V,完成插入或替换操作。

3. 混合

"混合"是指两种声音的合成,例如,交响乐是很多种乐器声音的混合;而平时听到的流行歌曲音乐是流行歌手的嗓音和音乐的结合。一般说来,进行混合的两个声音片段的时间长度应该是相等的。从操作层面上讲,"混合"声音的操作与"插入"操作类似,其具体操作步骤如下。

（1）在 Sound Forge 中,打开包含要"混合"声音片段的数字音频文件。

（2）单击工具栏中的 Edit Tool 按钮 ,使用"编辑工具"选取要插入的声音片段。

（3）选择菜单 Edit|Copy 命令,或者按快捷键 Ctrl＋C,把选中的声音片段复制到剪贴板。

（4）打开目标数字音频文件,并再次单击工具栏中的 Edit Tool 按钮 ,使用"编辑工具"把目标音频文件窗口中的指针移动到要"混合"声音片段的开始位置(注意:如果希望插入到指定声道,在确定插入位置后,请单击目标声道的"声道选中区域",如图 3-52 所示,选中该声道)。

（5）选择菜单 Edit|Paste Special|Mix 命令,打开 Mix/Replace 对话框,如图 3-53 所示,在 Preset 下拉列表框中,系统预设置了一些混合声音的方案,用户可以直接选择;在 Source 域中,可以设置源声音片段的相关属性,如音量等;在 Destination 域中,可以设置目标声音片段相关属性;在 Fade In 和 Fade Out 域中,可以调节混合声音的淡入淡出效果;在 Start、End、Length 和 Channels 文本框中,还可以设置混合声音片段的开始时间、结束时间、长度和声道等,需要注意的是,这些设置平时是隐藏的,需要单击 More 按钮才能显示,而此时可以单击 Less 按钮来隐藏它们。一般说来,当在进行各项混合参数的设置时,在进行声音混合的目标音频窗口能够显示整个设置过程,如图 3-54 所示,图中就显示了混合声音的音量,淡入淡出效果,混合声音的片段区域,以及声道等信息。

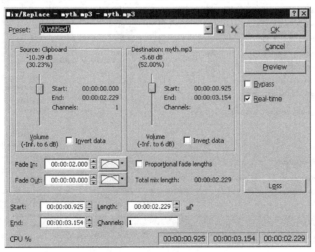

图 3-53　Mix/Replace 对话框

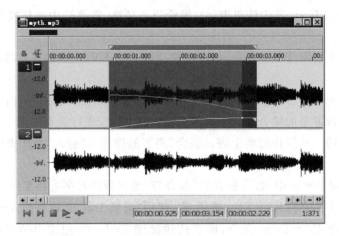

图 3-54　进行声音混合的目标音频窗口

（6）完成设置后，单击 OK 按钮，Sound Forge 将根据设置的参数完成两个声音片段的混合。

3.4.2　降噪处理

在 Sound Forge 9.0 中，带有一个噪声处理插件，通过该插件，可以消除指定声音片段中的噪声。使用此插件进行降噪处理的操作步骤如下。

（1）在 Sound Forge 中，打开需要进行降噪处理的数字音频文件。

（2）单击工具栏中的 Edit Tool 按钮，使用"编辑工具"选取有噪声的声音片段。

（3）选择菜单 Tools|Noise Reduction 命令，打开 Sony Noise Reduction 对话框，如图 3-55 所示，可以对降噪处理的各项参数进行设置，一般来说，使用默认的设置就可以了。

（4）选中对话框左下方的 Capture noiseprint 复选框，如图 3-55 所示，然后单击 Preview 按钮，可以预听降噪处理的效果。

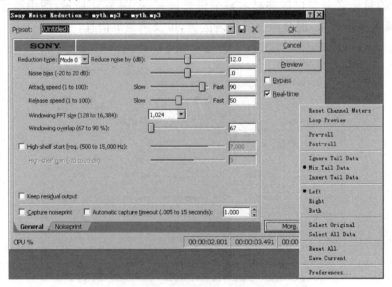

图 3-55　Sony Noise Reduction 对话框

（5）此时，降噪插件处理的是选中的声音片段，如果希望处理整个音频文件，可以在 Real-time 复选框的下方右击，并从弹出的菜单中选择 Select All Data 命令，以选中整个音频文件。

（6）单击 OK 按钮，完成降噪处理。

3.4.3　其他音效处理

除了进行降噪处理，Sound Forge 还可以非常简单方便地完成许多其他音效处理任务。

1. 音频文件属性的改变

音频文件的属性包括三个参数：采样频率、采样位数、声道数（立体声或单声道）。在应用中，经常需要改变这些参数。

在 Sound Forge 中，不能增加声道数量，但可以减少，其操作步骤如下。

（1）打开需要改变属性的音频文件，并在打开的音频文件窗口上右击，并从打开的菜单中选择 Properties 命令，或者直接选择菜单 File|Properties 命令，打开 Properties 对话框，如图 3-56 所示。

（2）在该对话框中，选择 Format 选项卡，如图 3-56 所示，从 Channels 下拉列表框中选择 1（Mono）选项，并单击 OK 按钮。

（3）此时，Sound Forge 会打开 Stereo To Mono 对话框，如图 3-57 所示，可以选择是保留左声道、右声道，还是混合两个声道的声音。

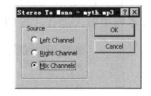

图 3-56　Properties 对话框　　　　　图 3-57　Stereo To Mono 对话框

（4）单击 OK 按钮，完成从双声道到单声道的转换。

改变音频文件采样频率的属性要麻烦些，需要重新采样，其操作步骤如下。

（1）打开需要改变属性的音频文件。

（2）选择菜单 Process|Resample 命令，打开 Resample 对话框，如图 3-58 所示。

（3）在该对话框中，可以设置 New sample rate（新采样率）和 Interpolation accuracy（转换精度）。

（4）完成设置后，单击 OK 按钮，完成采用频率的转换。

2. 音量的调节

调节音量是经常要用到的编辑操作。Sound Forge 允许调节一个声音的音量，操作非常的简单。例如，如果希望将某段声音的音量提高 2dB，其操作步骤如下。

（1）在 Sound Forge 中，打开需要调节音量的数字音频文件。

（2）单击工具栏中的 Edit Tool 按钮，使用"编辑工具"选取要调节音量的声音片段，如果希望调节整个音频文件的音量，不需要进行任何选取。

（3）选择菜单 Process|Volume 命令，打开 Volume 对话框，如图 3-59 所示，拖动滑块至 2.00dB，细微的调整可以使用键盘中的上下箭头来调整。

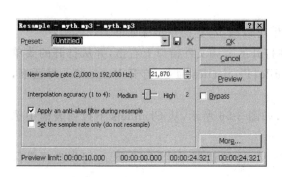

图 3-58　Resample 对话框

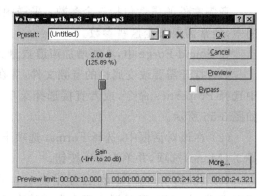

图 3-59　Volume 对话框

（4）单击 OK 按钮，完成音量调整。

3. 插入静音

有时候，需要在声音文件的某一个位置加入一段没有声音的部分，其操作步骤如下。

（1）在 Sound Forge 中，打开插入静音部分的数字音频文件。

（2）选中工具栏中的 Edit Tool 按钮，使用"编辑工具"把指针放置到插入静音片段的位置。

（3）选择菜单 Process|Insert Silence 命令，打开 Insert Silence 对话框，如图 3-60 所示，在 Insert 文本框中输入静音片段的时间长度。

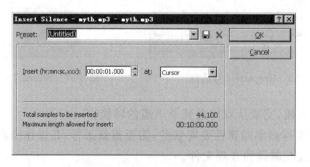

图 3-60　Insert Silence 对话框

（4）完成设置后，单击 OK 按钮，在指定位置插入静音片段。

4. 声音淡化处理

声音的淡化处理是经常使用的一种声音处理过程,主要的目的是使声音的音量达到平滑的过渡,消除音量突然变弱或突然变强的感觉。例如,大家经常听到电视或广播中的音乐从无到有逐渐变大的效果,或声音逐渐变小,直到声音消失的效果,都是经过了声音音量渐变处理的,这种处理方法就是声音的淡化。最常见的声音淡化的处理包括两种:淡入和淡出,淡入表示音量从 0 达到 100%音量的过程;淡出则表示音量从 100%逐渐变化到 0 的处理过程。

在 Sound Forge 中,进行声音的淡入淡出处理非常的简单,选择菜单 Process|Fade|In 命令,或者选择菜单 Process|Fade|Out 命令,即可完成对当前音频文件的淡入淡出处理。

如果需要精确地控制声音变化的幅度和过程,过程要稍复杂,其操作步骤如下。

(1)在 Sound Forge 中,打开需要进行淡化处理的数字音频文件。

(2)选择菜单 Process|Fade|Graphic 命令,打开 Graphic Fade 对话框,如图 3-61 所示,通过调整音量变化过程曲线的形状,可以控制声音的淡入淡出效果。在音量变化过程曲线上,往往有若干个小方框,称为关键点。在曲线上右击,从打开的菜单中选择 Add Point 命令,可以添加关键点;而在关键点上右击,从打开的菜单中选择 Delete 命令,可以删除关键点。关键点的音量可以由用户来设定,而两个关键点之间的音量则是平滑过渡的。将鼠标移动到关键点处,鼠标就会变成一个小手,这时按住鼠标左键并拖动就可以用鼠标自由地调节该点的位置。

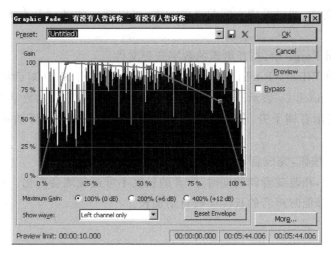

图 3-61　Graphic Fade 对话框

(3)完成设定后,单击 OK 按钮,Sound Forge 将进行淡化效果处理。

5. 调节播放速度

该项功能是将声音的时间变长或变短,而不改变声音的高低,从而加快或放慢声音的播放速度,其操作步骤如下。

(1)在 Sound Forge 中,打开需要进行处理的数字音频文件。

(2)选择菜单 Process|Time Stretch 命令,打开 Sony Time Stretch 对话框,如图 3-62 所示,在 Final Time 文本框中输入声音最终的播放时间,或者拖动下方的滑块来确定最终

播放时间。在 Percent of original 域中,可以看到最终播放时间与原有播放时间的比例。

(3) 单击 OK 按钮,调整播放速度。

需要注意的一点是,这种操作往往会造成声音多少有一些失真,尤其是在将声音延长的操作过程中。所以,建议使用的时候要注意改变的幅度不要太大。

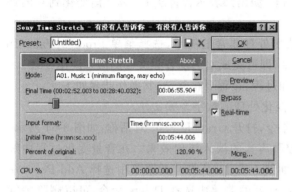

图 3-62　Sony Time Stretch 对话框

图 3-63　Sony Pitch Shift 对话框

6. 音调调节

这个操作可以将音乐的音调任意地降低或升高,也可以把人说话的声音改变。例如,有一个男声的声音文件,如果希望它听起来像女声,可以把它的音调升高 4 个半音,其操作步骤如下。

(1) 在 Sound Forge 中,打开男声的数字音频文件。

(2) 选择菜单 Effects|Pitch|Shift 命令,打开 Sony Pitch Shift 对话框,如图 3-63 所示,Senitones to shift pitch by 表示音调改变的程度(在文本框中输入的数字表示音调改变的半音数,正的数值表示音调上升,负的数值表示音调下降),或者拖动下方的滑块来输入半音数,这里输入 5。

(3) 单击 OK 按钮,完成音调调整。

有一点要注意,在改变音调的同时,声音的长度不可避免地会变化。音调升高时声音的长度会变短,音调降低时声音的长度会被自动加长。

数字视频是以数字形式记录的视频,数字视频的发展与计算机的发展息息相关。随着计算机进入多媒体时代,各种计算机外设产品日益齐备,数字影像设备争奇斗艳,视频处理硬件与软件技术高度发展,这些都为数字视频的流行起到了推波助澜的作用。本章将主要介绍数字视频的基础知识、数字视频的获取方法及格式转换、数字视频编辑软件的使用技巧等内容。

4.1 数字视频基础

4.1.1 视觉特性与色彩

在自然界中,光是一种以电磁波形式存在的物质。电磁波的波长范围很宽,可见光在整个电磁波谱中只占极窄的一部分,如图 2-1 所示。图像中的色彩是光刺激人的视觉神经产生的,在可见光范围内,不同波长的光会对人眼产生不同的感觉。可见光的光谱是连续分布的,随着波长的减小,各个波长对人眼引起的颜色变化分别为红、橙、黄、绿、青、蓝、紫。

1. 彩色三要素

彩色可用亮度、色调和饱和度三个要素来描述。

1) 亮度

亮度指色彩光作用于人眼所引起的明亮程度,它与被观察景物的发光强度有关,反映了景物表面相对明暗的特性。光源的辐射能量越大,物体的反射能力越强,亮度就越高。

另外,亮度还和波长有关,能量相同而波长不同的光对视觉引起的亮度感觉也会不同。例如,在对相同辐射功率的光,人眼感觉最暗的是红色,其次是蓝色和紫色,最亮的是黄绿色。

2) 色调

色调是当人眼看一种或多种波长的光时所产生的色彩的感觉,它反映色彩的种类,是决定色彩的基本特性。红、橙、黄、绿、青、蓝、紫等指的就是色调。不同波长的光其颜色不同,也是指的色调不同。

3) 饱和度

饱和度是指彩色的深浅、浓淡程度。对于同一色调的彩色光,饱和度越高,颜色就越深、越浓。饱和度与彩色光中掺入的白光比例有关,掺入的白光越多,饱和度就越小。因此,饱和度也称为色彩的纯度。

饱和度的大小用百分比来衡量,100%的饱和度表示彩色光中没有白光成分,所有单色光的饱和度都是 100%,饱和度为零表示全是白光,没有任何色调。

色调和饱和度合称为色度,色度即表示了色彩光的颜色类别,也呈现了颜色的深浅程度。在彩色电视中传输的彩色图像,实质上是传输图像中每个像素的亮度和色度信息。

2. 三基色原理

自然界中几乎所有的色彩光,都可由三种基本色彩光按照不同比例相配而成,同样绝大多数的色彩也可分解为三种基本色光,这就是色度学中的三基色原理。国际照明委员会(CIE)选择红(R)、绿(G)、蓝(B)三种色彩光为三基色,即 RGB 表色系统。

根据三基色原理,任何一种彩色光 F 都可以用红、绿、蓝三基色按不同比例混配而得,配色方程为:

$$F = R(R) + G(G) + B(B)$$

式中(R)、(G)、(B)称为基色单位,R,G,B 称为混配系数。

CIE 规定三个基色单位为:波长为 700nm,光通量为 1IW 的红光为一个红基色单位(R);波长为 546.1nm,光通量为 4.590 7IW 的绿光为一个绿基色单位(G);波长为 435.8nm,光通量为 0.060 1IW 的蓝光为一个蓝基色单位(B)。按照这个公式,若混色时 RGB 都采用 1 个基色单位,则可配得白光,即 E 白 = $k(R) + k(G) + k(B)$。调整三色系数 R、G、B 中的任一系数都会改变 F 坐标值。如图 4-1 所示,E 点代表白色光,三个圆圈处分别代表 R、G、B 三基色,三基色相加混合可以配出不同的颜色。

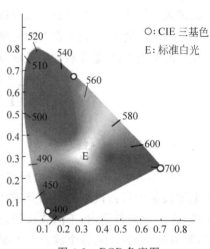

○:CIE 三基色
E:标准白光

图 4-1　RGB 色度图

4.1.2　模拟视频与数字视频

1. 模拟视频的基本原理

模拟视频就是采用电子学的方法来传送和显示活动景物或静止图像的,也就是通过在电磁信号上建立变化来支持图像和声音信息的摄取、传播和显示,目前使用的许多摄像机、电视机和录像机显示的还都是模拟视频。

图像的摄取、传播和显示是基于光和电的转换原理实现的。在光电转换过程中,把一帧图像分解成许多称为像素的基本单元,每个像素大小相等,明暗不同,有规则地一行一行排列着。任何一幅图像都可以看作是由许多细小的像素组成,其数目越多,图像就越清晰。

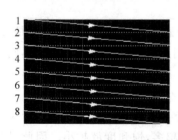

图 4-2　逐行扫描光栅示意图

图像的摄取和再现是通过电子束的扫描实现的。摄取时,摄像管通过电子扫描把空间位置变化的图像光信号转变成为随时间变化的视频信号。再现时,显像管也通过电子扫描,将随时间变化视频信号还原为随空间位置变化的图像光信号。这种将图像上各像素的光学信息转变成为顺序传递的电信号的过程,以及将这些顺序传递的电信号再重现为光学图像的过程,也就是图像的分解与复合过程,称为扫描。电子束的扫描方式是沿着水平方向从左到右,并逐渐自上而下匀速扫过整个靶面。沿水平方向的扫描称为行扫描,自上而下的扫描称为场扫描或垂直扫描。

在扫描技术上,分为逐行扫描和隔行扫描。黑白和彩色电视一般采用隔行扫描,而计算机显示图像时一般采用逐行扫描。如图 4-2 所示,逐行扫描中,电子束从显示屏的左上角一行接一行地扫到右下角,在显示屏上扫一遍就显示一幅完整的图像。

如图 4-3 所示,隔行扫描将一幅图像分为两场,第一场扫描 1、3、5 等奇数行,称为奇数场,第二场扫描 2、4、6 等偶数行,称为偶数场。两场合起来组成一帧。因此在隔行扫描中,获取或显示一幅完整的图像需要扫描两遍。

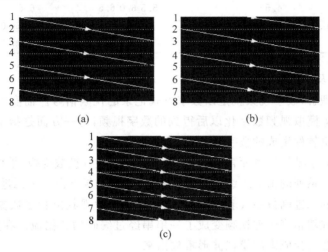

图 4-3　隔行扫描光栅示意图

图像的传送可以采用不同的编码方式。彩色视频信号并不是直接传送 R、G、B 三基色信号,而是将它们转换成一个亮度信号 Y 和两个色差信号,然后再编码成一个复合型的视频信号进行传送。这种把三基色信号转换成亮度信号和色度信号的编码方式叫做彩色电视制式。

目前世界上现行的彩色电视制式有三种:NTSC(National Television Standards Committee)制、SECAM(法文 Sequentiel Couleur A Memoire)制和 PAL(Phase Alternating Line)制。NTSC 彩色电视制式,是 1952 年由美国国家电视标准委员会指定的彩色电视广播标准,它采用正交平衡调幅的技术方式,故也称为正交平衡调幅制。美国、加拿大等大部分西半球国家采用这种制式。PAL 制式是德国在 1962 年指定的彩色电视广播标准,它采用逐行倒相正交平衡调幅的技术方法,德国、英国、中国等国家采用这种制式。SECAM 是由法国在 1956 年提出,1966 年制定的一种新的彩色电视制式,称为顺序传送彩色信号与存储恢复彩色信号制。

这些不同的制式在扫描行数、扫描方式、每秒传送帧数、颜色模式等方面都有所不同。如表 4-1 所示。我国目前的电视标准规定,彩色电视制式为 PAL 制式,一帧电视图像的行数是 625 行,采用隔行扫描方式,行扫描频率是 15 625Hz,每秒传送 25 帧图像,一帧包括两场扫描,即场扫描频率为 50Hz,颜色模式为 YUV。

表 4-1　彩色电视制式参数

TV 制式	NTSC	PAL	SECAM
帧频(Hz)	30(60)	25(50)	25(50)
行/帧	525	625	625
行/秒	15 734	15 625	15 625

TV 制式	NTSC	PAL	SECAM
亮度带宽（MHz）	4.2	5.0 5.5	6.0
色度带宽（MHz）	1.3(I)0.6(Q)	1.3(U)1.3(V)	＞1.0(U)＞1.0(U)
伴音载波（MHz）	4.5	5.5 6.0 6.5	6.5
彩色副载波（MHz）	3 579 545	4 433 618	4 250 000(＋U)
			4 406 500(－V)

2. 数字视频及其特点

从字面上来理解，数字视频就是以数字方式记录的视频信号。而实际上它包括两方面的含义：一是指将模拟视频数字化以后得到的数字视频，另一方面是指由数字摄录设备直接获得或由计算机软件生成的数字视频。

数字视频相对于模拟视频而言，是将模拟视频信号进行模数变换（采样、量化、编码），使模拟信号变换为一系列的由 0、1 组成的二进制数，每一个像素由一个二进制数字代表，每一幅画面由一系列的二进制数字代表（即数字图像），而一段视频由相当数据量的二进制数字来表示。这个过程就相当于把视频变成了一串串经过编码的数据流。在重放视频信号时，再经过解码处理变换为原来的模拟波形重放出来。

随着数字摄录设备的发展，可以直接采集、记录数字化的视频信号。如现在使用的摄像机，已经用 CCD(Charge Coupled Device)作为光电转换单元，直接记录成数字形式的信号。这样，从信号源开始就是无损失的数字化视频，在输入到计算机时也不需考虑到视频信号的衰减问题，直接通过数字制作系统加工成成品。还有一种数字视频，是直接由计算机软件生成的数字化视频，例如，用三维动画软件生成的计算机动画等。

数字视频信号是基于数字技术以及其他更为拓展的图像显示标准的视频信息，数字视频与模拟视频相比有以下特点。

（1）数字视频是由一系列二进制数字组成的编码信号，它比模拟信号更精确，而且不容易受到干扰。

（2）数字视频可以不失真地进行无数次复制，而模拟视频信号每转录一次，就会有一次误差积累，产生信号失真。

（3）数字视频可将视频制作融入计算机化的制作环境，从而改变了以往视频处理的方式，可以制作出许多特技效果。

（4）数字信号可以被压缩，使更多的信息能够在带宽一定的频道内传输，大大增加了节目资源。数字信号的传输不再是单向的，而是交互式的。

4.1.3 视频的数字化

视频的数字化是指将模拟视频信号经过采样、压缩、编码转化成数字视频的过程。

模拟视频与数字视频存在很大差异，模拟视频信号具有不同的制式，采用 YCbCr、YUV、YIQ 等彩色分量方式，扫描方式采用隔行扫描，而计算机中的数字视频工作在 RGB 方式，采用逐行扫描方式，还有电视图像（模拟视频）的分辨率与显示器的分辨率也不尽相同等。因此，模拟视频的数字化过程主要包括色彩空间的转换、光栅扫描的转换以及分辨率的统一问题等。

模拟视频数字化常用的方式有两种。一是采用分量数字化方式，先把复合视频信号中的亮度和色度分离,得到 YUV 或 YIQ 分量,然后用三个模/数转换器对三个分量分别进行数字化,最后再转换成 RGB 方式。二是用一个高速模/数转换器对复合视频信号进行数字化,然后在数字域中进行分离,以获得 YCbCr、YUV、YIQ 或 RGB 分量数据。

为了在 PAL、NTSC 和 SECAM 电视制式之间确定共同的数字化参数,国际无线电咨询委员会(International Radio Consultative Committee,CCIR)制定了广播级质量的数字电视编码标准 ITU-R BT.601(原为 CCIR 601)标准。在该标准中,对采样频率、采样结构、色彩空间转换等参数都作了严格的规定。

在数字域而不是模拟域中 RGB 和 YCbCr 两个色彩空间之间的转换关系如下。

$$Y = 0.299R + 0.587G + 0.114B$$
$$Cr = (0.500R - 0.4187G - 0.0813B) + 128$$
$$Cb = (-0.1687R - 0.3313G + 0.500B) + 128$$

表 4-2 给出了 ITU-R BT.601 标准推荐的采样格式、编码参数和采样频率。

表 4-2 彩色电视数字化参数摘要

采样格式	信号形式	采样频率/MHz	样本数/扫描行		数字信号取值范围(A～D)
			NTSC	PAL	
4∶2∶2	Y	13.5	858(720)	864(720)	220 级(16～235)
	Cr	6.75	429(360)	432(360)	225 级(16～240)
	Cb	6.75	429(360)	432(360)	(128±112)
4∶4∶4	Y	13.5	858(720)	864(720)	220 级(16～235)
	Cr	13.5	858(720)	864(720)	225 级(16～240)
	Cb	13.5	858(720)	864(720)	(128±112)

视频数字化的过程还包括压缩编码的过程。视频压缩编码的目的是在尽可能保证视觉效果的前提下减少视频数据率。由于视频是连续的静态图像,因此其压缩编码算法与静态图像的压缩编码算法有某些共同之处,但是运动的视频还有其自身的特性,因此在压缩时还应考虑其运动特性才能达到高压缩的目标。视频压缩编码的方式包括有损和无损压缩、帧内和帧间压缩、对称和不对称压缩等。

目前主要有三大编码和压缩标准。一是 JPEG 标准,该标准是第一个图像压缩国际标准,主要是针对静止图像;二是 MPEG 标准,这个标准实际上是数字电视标准,针对全动态影像;三是 VCEG 标准,这个标准制定了一系列视频通信协议和标准,包括 H.261 视频会议标准和其后续版本 H.263 等。最新的标准 H.264 是由 MPEG 与 VCEG 联合成立 JVT 专家组共同研究开发,这个标准于 2003 年正式被定为国际标准,成为新一代交互式视频通信的标准。

4.2 数字视频的获取

4.2.1 视频的采集

1. 用视频采集卡采集视频

以往许多视频内容是通过摄像机拍摄后存放在磁带中的,为了使这些视频能在计算机中播放,需要进行一个数字化的过程。视频数字化的过程是指将模拟视频信号经过采样、压缩、编码转化成数字视频信号的过程。数字化的过程通常以模拟摄像机、录像机、LD视盘机、电视机输出等设备作为模拟视频信号的输入源,计算机通过视频采集卡,对模拟视频信号进行采集、量化转化成数字信号,然后压缩编码成数字视频。

目前不同规格的视频采集卡很多,像 Optibase、Pinnacle(品尼高)、Osprey、Broadway(百老汇)等,这些采集卡各有特色,适用于不同的需求。视频采集的质量在很大程度上取决于视频采集卡的性能以及模拟视频信号源的质量。不同的视频采集卡,其采集的视频格式、输入接口的形式、采样码率、采集分辨率等参数各不相同。

对于广播级的视频采集卡,一般采集卡输入接口提供 SDI(数字分量)、YUV(Y,R-Y,B-Y 分量)、Y/C(亮/色分量)、S-Video、复合视频输入等形式,其中以 SDI 接口采集时,视频信号失真最小,采集的格式一般支持 MPEG-1、MPEG-2、DVD、VCD 等格式,采集分辨率最高可支持 720×576、704×576,采集码率可达 15MB 以上。

对于专业级的视频采集卡,一般采集卡输入接口提供 Y/C(亮/色分量)、S-Video、复合视频(Composite Video)输入等形式,采集的格式一般支持 MPEG、AVI、VCD、DVD 等格式,采集分辨率最高可支持 720×576,采集码率在 10MB 以内。

目前还有一些专业的视频采集卡支持视频流格式采集,可直接将视频源的信号采集为 ASF、WMV、RM 等流媒体格式,用于网络传输。

对于不同的视频采集卡采集视频的基本步骤大致相同,在这里以 Osprey 50 为例,介绍一下视频数字化过程的具体步骤。

(1)在计算机内安装视频采集卡和硬件驱动程序。

视频采集卡一般都配有硬件驱动程序以实现计算机对采集卡的控制和数据通信,因此在进行视频采集前,要在计算机内安装视频采集卡和硬件驱动程序。不同的采集卡其硬件驱动和采集软件各不相同,安装时可参阅相应的使用说明。Osprey 50 是 USB 采集卡,如图 4-4 和图 4-5 所示,它的硬件安装要比普通的视频采集卡要简单很多,只要把采集卡的 USB 接口插入计算机插口就行。

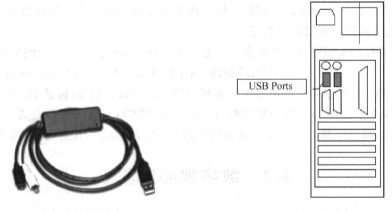

USB Ports

图 4-4 安装视频采集卡　　　　　图 4-5 计算机 USB 接口

(2)硬件连接。

由于 Osprey 50 只能采集视频信号,所以用于采集的计算机需要安装声卡,通过声卡的【线路输入】来采集音频。因此,视频源与采集计算机的连接是这样的:把视频输出(S

Video 或 Composite Video)连接到 Osprey 50 卡上的相应视频接口,把音频输出接入声卡的 Line In 接口。

(3) 启动采集软件,设置采集参数。

一般来说,视频采集卡的软件中自带有采集软件,例如,Osprey 50 的采集软件是 Amcap。但是,除了自带的采集软件外,也可以使用一些通用的视频编辑软件,如 Sony Vegas Video,以及 Windows Media 编码器等进行采集。在这里,将以 Vegas Video 为例来实现视频的采集。

首先打开 Vegas Video,如图 4-6 所示,选择菜单【文件】|【采集视频】命令,Vegas 将打开【采集视频】对话框,如图 4-7 所示,选中【使用外部视频采集程序】单选框,单击【确定】按钮,将打开 Sony Video Capture 6.0 窗口,如图 4-8 所示,可以使用 Capture 来实现对视频的采集。

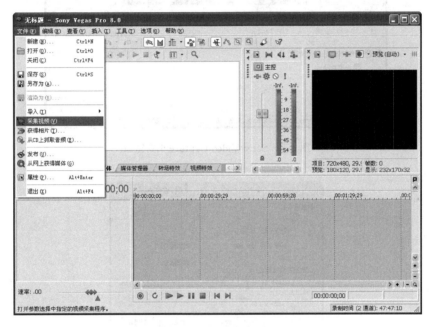

图 4-6　Vegas Video 软件界面

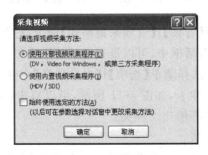

图 4-7　【采集视频】对话框

接下来,在录制之前,需要完成对音视频的一些设置工作。

- 视频设置:选择菜单【视频】|【Osprey 50 USB Capture 采集属性】命令,打开 【Osprey 50 USB Capture 采集 属性】对话框,如图 4-9 所示。在该对话框中,可以设

置视频的帧率、颜色和窗口大小等,完成设置后,单击【确定】按钮。

图 4-8   Sony Video Capture 6.0 窗口

图 4-9   【Osprey 50 USB Capture 采集 属性】对话框

- 音频设置:选择菜单【音频】|【音频采集格式】命令,打开【音频采集格式】对话框,如图 4-10 所示。在该对话框中,可以设置音频的格式和采样率。
- 视频文件保存路径:选择菜单【选项】|【参数选择】命令,打开【参数选择】对话框,然后选中【磁盘管理】选项卡,如图 4-11 所示,可以双击【采集文件夹】中的相关选项,为采集的视频文件选择输出文件夹。

(4)启动视频源,进行采集。

采集参数设置完毕后,即可进行采集操作。先启动视频源播放视频内容,然后单击【采集视频】按钮即可开始录制,录制结束时单击【停止】按钮结束,如图 4-8 所示。

(5)播放采集的视频。

视频采集完成后,可以直接在 Vegas Video 的【项目媒体】窗口中找到它,并可以在右边的预览窗口中播放。

图 4-10 【音频采集格式】对话框

图 4-11 【参数选择】对话框的【磁盘管理】选项卡

2．使用 1394 接口采集视频

现在，大部分的数码摄像机和笔记本都带有 1394 数据接口，使用一根 1394 数据线把摄像机和笔记本进行连接，就可以实现摄像机所录制视频的采集，不需要安装任何采集卡，非常方便。下面是使用 1394 接口采集摄像机中视频的完整过程。

（1）使用一根 1394 数据线，连接摄像机和采集视频的笔记本电脑。如果是初次连接，Windows 会提示发现新硬件，这个不用担心，Windows 会自动找到驱动程序并安装。

（2）驱动安装完成后，Windows 会自动打开【数字视频设备】对话框，如图 4-12 所示，选择【录制视频——使用 Windows Movie Maker】选项，并单击【确定】按钮，将使用 Windows Movie Maker 程序来录制视频。

（3）此时，Windows 将打开 Windows Movie Maker 程序，并自动进入捕获视频的过程，打开【视频捕获向导】对话框，如图 4-13 所示。在【为捕获的视频输入文件名】文本框中输入采集视频的文件名称，在【选择保存所捕获视频的位置】文本框中输入或浏览视频文件所存放的文件夹。设置完成后，单击【下一步】按钮。

图 4-12 【数字视频设备】对话框

（4）Windows Movie Maker 将进入【视频捕获向导】的第二步，如图 4-14 所示，设置捕获视频的质量和大小。一般推荐选择【在我的计算机上播放的最佳质量】选项，如果质量和大小无法满足要求，可以选择【其他设置】中的其他选项。

（5）单击【下一步】按钮，进入【视频捕获向导】的第三步，如图 4-15 所示，设置【捕获方法】。如果想录制整卷录像带，推荐选择【自动捕获整个磁带】选项，否则选择【手动捕获部分磁带】选项；如果希望在录制时预览视频，请选中【捕获时显示预览】复选框。

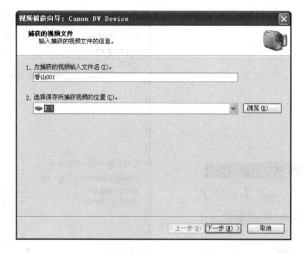

图 4-13 【视频捕获向导】对话框

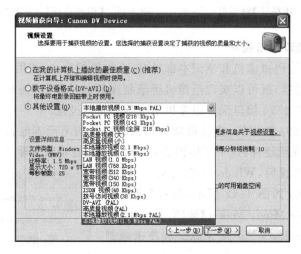

图 4-14 【视频捕获向导】第二步

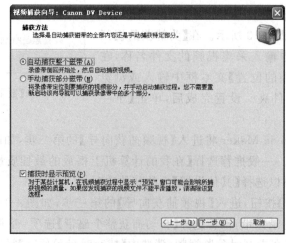

图 4-15 【视频捕获向导】第三步

（6）单击【下一步】按钮，Windows Movie Maker 将开始采集视频，如图 4-16 所示，整个采集过程将分三步完成：倒带、捕获视频和创建文件，它们都将由 Windows Movie Maker 自动完成。

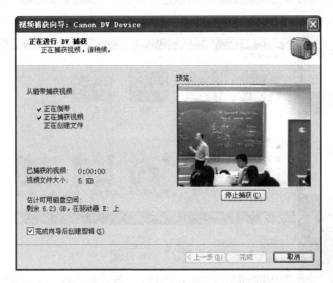

图 4-16 【视频捕获向导】之采集视频

（7）如果中途想停止采集，可以单击【停止捕获】按钮。最后，单击【完成】按钮，完成采集任务。

4.2.2 直接获取数字视频

1. 从存储卡中直接获取数字视频

近年来，存储卡(棒)作为存储介质在数码摄像机中的应用已相当普遍。存储卡式数码摄像机的工作原理简单地说就是光—电—数字信号的转变、传输、存储，即通过感光元件将光信号转变成电流，再将模拟电信号转变成数字信号，然后将这种数字信号存储在存储卡中。

存储卡式摄像机的优势在于数字信号的直接读取和无损复制。存储的数字信号数据可通过 USB 连线直接复制到计算机中使用，同时也避免了由于采集造成的质量损失，可实现无损复制。

具体操作非常简单，只需将数码摄像机的存储卡通过多功能读卡器与计算机的 USB 接口连接，然后将存储卡中的视频信号数据复制到计算机中即可。需要提醒注意的是，不同品牌的数码摄像机，其数据存储的格式不同，导入计算机后需要转换成通用的视频格式再进行编辑。

2. 用屏幕捕获工具捕获屏幕视频

SnagIt 9 是一个非常不错的屏幕、文本和视频捕获软件。前面，已经给大家讲解了如何使用它抓取屏幕图像，这里主要介绍利用 SnagIt 9 录制屏幕视频。

利用 SnagIt 9 录制屏幕视频的操作步骤如下。

（1）打开 SnagIt，在【方案】窗口中，选中【其他捕获方案】中的【录制屏幕视频】选项，如

图 4-17 所示。

图 4-17 SnagIt 9 的工作界面

（2）单击【方案设置】中的【输入】按钮，将打开一菜单，如图 4-18 所示，可选择录制屏幕视频的区域，包括【屏幕】、【窗口】、【激活窗口】、【范围】、【固定范围】等选项，还可以选择录制屏幕视频时，是否包括光标和音频。这里选择【屏幕】选项，表示将录制整个屏幕。

（3）单击【捕获】按钮，SnagIt 将打开【SnagIt 视频捕获】对话框，如图 4-19 所示。该对话框中显示了当前捕获屏幕视频的一些统计信息和属性设置。请注意：在开始录制视频前，一定要记住对话框下面的提示信息：【请按 Alt＋Print Screen 停止捕获】，因为开始录制后，需要使用 Alt＋Print Screen 快捷键来停止屏幕视频的捕获。

图 4-18 录制视频的【输入】弹出菜单　　　图 4-19 【SnagIt 视频捕获】对话框

（4）单击【开始】按钮，SnagIt 会隐藏【SnagIt 视频捕获】对话框，并开始屏幕视频的录制任务，用户可以在屏幕上进行想要被记录的工作，SnagIt 将自动记录。

（5）按 Alt＋Print Screen 快捷键,SnagIt 将停止录制,并重新打开【SnagIt 视频捕获】对话框,此时,对话框中的【停止】按钮和【继续】按钮将激活。单击【继续】按钮,可以在前面录制工作的基础上继续录制任务;而单击【停止】按钮,SnagIt 会打开编辑器,并显示刚录制完成的屏幕视频;如果觉得录制的视频不满意,可以单击【取消】按钮。

另外,除了录制整个屏幕外,SnagIt 还可以选择指定的屏幕"范围"进行录制,其录制过程与前面的过程类似,这里不再叙述。

4.2.3 从网上搜索和下载视频

随着网络宽带和摄像器材的普及,越来越多的人开始自己制作并通过网络来分享自己拥有的视频资源。Internet 已经成为一个取之不尽、用之不竭的视频资源库。对于多媒体的制作者和爱好者来说,一定要了解通过网络来寻找视频素材的渠道和下载的方法,从而丰富自己的素材来源。在这里主要给大家介绍三方面的内容:国内主流视频网站、主要的视频搜索引擎和 P2P(Peer to Peer,点对点)的下载工具。

1. 国内主流视频网站

近几年,国内外的视频网站得到了非常迅猛的发展,目前,国内主要的视频网站有土豆网、优酷网、我乐网、六间房等。

1）土豆网——www.tudou.com

土豆网是中国最早和最具影响力的视频分享网站之一,其目标是让富有创造力节目的创造者和分享者能够自由地让自己的节目在用户面前出现,同时,也让每一个用户随时随地都能看到自己想看到的节目。

土豆网视频内容广泛,主要包括三大类:网友自行制作或分享的视频节目,例如播客和用户原创视频;来自土豆众多内容提供商的视频节目,例如电影、电视剧和 MV 等;还有土豆自己投资制作的节目,例如土豆摄线等日播栏目及系列短剧。

2）优酷网——www.youku.com

优酷网是中国互联网领域颇具影响力、深受用户喜爱的视频媒体之一。专注发展内容平台、专业化的频道和可垂直定向分类检索的海量视频库。主要设有资讯中心、娱乐中心和生活中心,内容包括专业视频搜索产品 SOKU(搜库)、IKU(爱酷) 、优酷 3G、优酷指数等。其中 IKU 具有"桌面优酷"之称,集合视频推荐、搜索、下载、转码、上传和播放等多种功能,不仅与网站资源形成交互,更方便用户对视频进行个性化应用。

3）我乐网——www.56.com

我乐网是国内较有影响的视频分享网站,创建了一个汇聚网络人气、使人与人之间互动更加真实、生动的视频分享交流平台,实现了"分享视频、分享快乐"的理念。

在这个平台上,用户可以轻松看到更全面、更快速的用户原创上传视频内容,可以将自己的生活点滴、旅行美景、才艺表演、幽默创意等视频上传并分享。

除了可以轻松看到用户原创上传的视频内容外,还可以收到超过几十万小时的正版音视频影视内容,由湖南卫视、东方卫视、凤凰卫视、华娱卫视、NBA、中国电影集团公司、环球音乐、华纳音乐等近百家电视台、影视机构、唱片公司提供。

2. 主要的视频搜索引擎

随着专业视频网站的发展,Internet 已经成为了一个海量的视频资源库。面对如此巨大的视频资源,以及网民对视频搜索需求的日益增加,视频搜索服务也取得了突飞猛进的发展。

这里列举了一些目前比较著名的中英文视频搜索引擎。

- 百度视频搜索(http://video.baidu.com):百度是汇集几十个在线视频播放网站的视频资源而建立的庞大视频库。百度视频搜索拥有最多的中文视频资源,提供用户最完美的观看体验。内容包括互联网上用户传播的各种广告片、预告片、小电影、网友自录等视频内容,以及 WMV、RM、RMVB、FLV、MOV 等多种格式的视频文件检索。

- 爱问视频搜索(http://v.iask.com):新浪视频搜索用于搜索网络上的视频文件,可搜索到 RMVB、RM、ASX、WMV、MPG 等各种视频播放格式的文件,以及压缩后的RAR、ZIP 等文件。文件类型涉及影视题材,音乐 MV,新闻资讯,广告,DV 作品,Flash,以及小视频等。

- 天线视频(http://www.openv.tv):天线视频是以独特的视频搜索技术为核心,以海量、优质和热点的视频内容为基础,提供个性化、有深度的内容服务和互动体验的全新视频新媒体平台。天线视频于 2006 年 4 月正式上线,现在,网站日均浏览量已经突破了 3000 万次。在天线视频这个中文电视网络服务平台上,用户可以轻松用各种方式收看到多达 578 个频道、3000 多套中文电视节目,这包括中央电视台、北京电视台、上海文广集团、凤凰卫视、湖南卫视、华娱卫视等 30 多家国内主流电视台,累积超过 36 亿分钟的正版电视节目资源。

- 迅雷狗狗搜索(http://www.gougou.com):非常人性化的影视搜索引擎;另外,还可以搜索音乐、游戏、软件、书籍等。

- SOSO 视频搜索(http://video.soso.com):提供电视视频、网络视频搜索。速度快,但内容较贫乏。

- Google 视频搜索(http://video.google.com):用户用关键字即可搜索到许多组织的视频数据库索引以及网友上载的视频文件。

- Yahoo 视频搜索(http://video.search.yahoo.com):能够搜索微软 Windows Media、苹果 QuickTime、Real Networks 的 Real Media 等多种格式的视频文件。

虽然目前视频类搜索网站发展迅速,但现阶段国内用户对于专业视频搜索的认知程度还比较低。导致这种状况发生的原因主要是搜索的质量不高,具体表现在搜索的精度不高,清晰度差,目标性差。针对这些情况,大家可以适当使用专业视频网站的内部搜索功能,以适当弥补这些缺陷。无论怎样,随着技术的发展,相信这些问题会逐步得到解决。

3. P2P 下载工具

视频资源的容量一般都比较大,超过 100MB 是常见的。在国内,虽然宽带发展非常快,但就全国而言,网络的结构非常复杂,例如,国内存在几个大的运营商:电信、网通、教育网等,各运营商网络间的数据传输就存在瓶颈,网速慢且不稳定。因此,为顺利下载大数据量的视频文件,选择好的下载工具就显得非常重要。

P2P 是 Peer to Peer 的缩写,Peer 在英语里有"同等者"、"同事"和"伙伴"等意义,P2P可以理解为"伙伴对伙伴"的意思,或称为对等联网。P2P 还是 Point to Point(点对点)下载的意思,它是下载术语,意思是在你自己下载的同时,自己的计算机还要继续做主机上传,这种下载方式,人越多速度越快,但缺点是可能对硬盘有一定的损伤,对内存占用较多,影响整机速度。

基于 P2P 的特点,对于大文件,如视频文件,一般采用 P2P 的下载方式,以提高下载速度。目前,大部分的下载工具都集成了 P2P 的下载功能。现在,国内比较流行的下载工具有超级旋风、迅雷和快车(FlashGet)等。

1)超级旋风

超级旋风的最大特点是下载速度快,超级旋风支持多个任务同时进行,每个任务使用多地址下载、多线程、断点续传、线程连续调度优化等;另外,运行时资源占用少,下载任务时占用极少的系统资源,不影响正常工作和学习;程序体积小、安装快捷,可在几秒内安装完成;资源管理功能强大,可在已下载目录下创建多个子类,每子类可指定单独的文件目录。

2)迅雷

迅雷使用的多资源超线程技术基于网格原理,能够将网络上存在的服务器和计算机资源进行有效的整合,构成独特的迅雷网络,通过迅雷网络各种数据文件能够以最快速度进行传递。多资源超线程技术还具有互联网下载负载均衡功能,在不降低用户体验的前提下,迅雷网络可以对服务器资源进行均衡,有效降低了服务器负载。

3)快车(FlashGet)

快车是互联网上非常流行,使用人数也非常多的一款下载软件。采用多服务器超线程技术、全面支持多种协议,具有优秀的文件管理功能。快车是绿色软件,无广告、完全免费。

4.3　数字视频的格式转换

大家都知道,不同的视频格式会有不同的应用场合,例如,MPEG-2 格式的视频用于制作 DVD,而 RM 格式则属于网络流媒体;另外,不同格式的视频需要对应的播放器,MOV格式文件用 QuickTime 播放,RM 格式的文件用 RealPlayer 播放。所以,为了适应特定的应用情境,经常需要在不同格式的视频间实现转换。

4.3.1　几种常见的视频格式

总的来说,视频文件包括影像文件和流式视频文件,影像文件在 VCD 文件中见的比较多,流式视频文件则是随着互联网发展起来的。下面一起来看看这些文件格式的特点。

1. AVI 格式

AVI 的英文全称是 Audio Video Interleave,叫做音频视频交错。首先,它最大的优点是兼容好、调用方便、图像质量好,根据不同的应用要求,AVI 的分辨率可以随意调整。其次,对计算机的配置要求不高,可以先做成 AVI 格式的视频,再转换为其他格式。

AVI 从 Windows 3. x 时代开始,AVI 就成为主流视频格式,其地位如音频格式中的 WAV。在 AVI 文件中,视频信息和伴音信息是分别存储的,因此可以把一段 AVI 文件中的视频与另一个 AVI 文件中的伴音合成在一起。AVI 文件结构不仅解决了音频和视频的同步问题,而且具有通用和开放的特点。它可以在任何 Windows 环境下工作,很多软件都可以对 AVI 视频直接进行编辑处理。

尽管 AVI 拥有兼容性好、调用方便、图像质量优良等特点,然而其缺点也是显而易见的,这就是 AVI 文件太过庞大。另外,AVI 还存在 2GB 或 4GB 的容量限制(FAT32 文件系统)。

2. NAVI 格式

NAVI 是 NewAVI 的缩写。它是一个名为 ShadowRealm 的地下组织发展起来的一种新视频格式,它是由 Microsoft ASF 压缩算法的修改而来的,NAVI 为了追求压缩率和图像质量这个目标,而在 ASF 的视频流特性方面有些让步。概括来说,NAVI 就是一种去掉视频流特性的改良型 ASF 格式,再简单点就是非网络版本的 ASF。

3. MPEG-1

MPEG-1 应该是大家接触最多的视频格式,VCD 就采用这一编码方式。PAL 制式的 MPEG-1 的分辨率为 352×288,稍强于 VHS(Video Home System)画质,而且可以将大约 74 分钟的 MPEG-1 文件存储在一张容量为 650MB 的光盘中,因而得以大规模普及。

不过以现今的眼光来看,MPEG-1 无论是画质还是文件大小方面都难以令人满意,因此逐渐被其他先进编码格式取代也是必然的趋势。

4. MPEG-2

MPEG-2 在 MPEG-1 的基础上将画质大幅提升,PAL 制式的标准 MPEG-2 分辨率高达 720×576。此外,MPEG-2 在编码时使用了帧间压缩和帧内压缩两种方式,并且通过运动补偿等技术来改善画质。

从清晰度来看,MPEG-2 几乎是无可挑剔的,但是 MPEG-2 也并非十全十美。由于 MPEG-2 没能在压缩技术上有所突破,因此其数据量比 MPEG-1 更大,在 DVD 刻录机没有普及之前难以用于个人制作。此外,MPEG-2 的压缩数据的码流比较特殊,各种编辑软件无法随机访问,因此在进行非线性编辑时会导致素材搜索很迟缓。更为重要的是,MPEG-2 过大的编解码必须依赖强大的处理芯片。

5. DivX 和 XviD 格式

MPEG 在开始的时候建立了 4 个版本:MPEG-1~MPEG-4,分别适应于不同的带宽和数字影像质量的要求。DivX 和 XviD 就是一种 MPEG-4 编码格式,它的原型是微软的 MPEG-4 编码,只不过旧版的 MPEG-4 编码不允许在 AVI 文件格式上使用,才会有 DivX 和 XviD 编码格式的出现。不过,现在国内外称呼的 DivX 和 XviD 是 MPEG/MP3 影片,即影像部分以 MPEG-4 格式压缩,Audio 部分以 MP3(MPEG-1 Layer 3)格式压缩组合而成的 AVI 影片。它的好处是生成的文件体积小,约为同样播放时间的 DVD 的 $1/5 \sim 1/10$,但是声音及影像的品质都相当不错,当然比 DVD 还是差一点,但比起 VCD 要好得太多了,也就是说 DivX 和 XviD 只要一张光盘就可以放下一个 90 分钟的电影,而且清晰度要比两张光盘的 VCD 好很多。

DivX 和 XviD 都具备动态补偿、视觉心理智能压缩等功能,而且还可以配合字幕功能实现等同于 DVD 电影的效果。在视频采集时,DivX 和 XviD 编码对于系统性能的要求并不高,数据量的降低可以明显减轻 CPU(Central Processing Unit)与磁盘系统的负担。目前 DivX 和 XviD 的编码解码器都是免费的,因此大受欢迎。

6. ASF 格式

ASF 是 Advanced Streaming Format 的缩写,即高级流格式。它使用了 MPEG-4 的压缩算法,所以压缩率和图像的质量都很不错。ASF 的主要优点包括:本地或网络回放、可扩充的媒体类型、部件下载，以及扩展性等。ASF 应用的主要部件是 NetShow 服务器和 NetShow 播放器。有独立的编码器将媒体信息编译成 ASF 流，然后发送到 NetShow 服务器，再由 NetShow 服务器将 ASF 流发送给网络上的所有 NetShow 播放器，从而实现单路广播或多路广播。

7. WMV 格式

WMV 格式的英文全称为 Windows Media Video，也是微软推出的一种采用独立编码方式并且可以直接在网上实时观看视频节目的文件压缩格式。WMV 格式的主要优点包括：本地或网络回放、可扩充的媒体类型、部件下载、可伸缩的媒体类型、流的优先级化、多语言支持、环境独立性、丰富的流间关系，以及扩展性等。

8. RM 格式

RM 格式即 Real Media 的缩写。RM 采用一种"边传边播"的方法，即先从服务器上下载一部分视频文件，形成视频流缓冲区后实时播放，同时继续下载，为接下来的播放做好准备。这种"边传边播"的方法避免了用户必须等待整个文件从 Internet 上全部下载完毕才能观看的缺点。RM 可以根据网络数据传输速率的不同制定了不同的压缩比率，从而实现在低速率的广域网上进行影像数据的实时传送和实时播放。

RM 是最流行的网络流媒体格式之一，正是它的诞生，才使得网络视频得以广泛应用。令人惊叹的是，在用 56KB Modem 拨号上网的条件下，RM 依旧可以实现不间断地视频播放。此外，RM 类似于 MPEG-4，可以自行设定编码速率，而且也具备动态补偿，在 512Kb/s 以上的编码速率时，RM 的画质高于 VCD。但是，在相同的编码速率下，RM 的画质还是不如 MPEG-4。

9. RMVB 格式

RMVB 是一种由 RM 视频格式升级延伸出的新视频格式，它的先进之处在于 RMVB 视频格式打破了原先 RM 格式那种平均压缩采样的方式，在保证平均压缩比的基础上合理利用比特率资源，就是说静止和动作场面少的画面场景采用较低的编码速率，这样可以留出更多的带宽空间，而这些带宽会在出现快速运动的画面场景时被利用。这样在保证了静止画面质量的前提下，大幅地提高了运动图像的画面质量，从而图像质量和文件大小之间就达到了微妙的平衡。另外，相对于 DVDRip 格式，RMVB 视频也是有着较明显的优势，一部大小为 700MB 左右的 DVD 影片，如果将其转录成同样视听品质的 RMVB 格式，其大小最多也就 400MB 左右。不仅如此，这种视频格式还具有内置字幕和无须外挂插件支持等独特优点。要想播放这种视频格式，可以使用 RealOne Player 2.0 或 RealPlayer 8.0 加 RealVideo 9.0 以上版本的解码器形式进行播放。

10. MOV 格式

MOV 格式的英文全称是 Movie Digital Video Technology。首先，MOV 格式能够跨平台、存储空间要求小，因而得到了业界的广泛认可，无论是 Mac 的用户，还是 Windows 的用户，都可以毫无顾忌地享受 QuickTime 所能带来的愉悦。目前已成为数字媒体软件技术领域的事实上的工业标准。其次，QuickTime 文件格式支持 25 位彩色，支持领先的集成压缩技术，提供 150 多种视频效果，并配有提供了 200 多种 MIDI 兼容音响和设备的声音装置。新版的 QuickTime 进一步扩展了原有功能，包含了基于 Internet 应用的关键特性，其中以 4.0 版本的压缩率最好。最后，QuickTime 是一种跨平台的软件产品，利用 QuickTime 4 播放器,我们能够很轻松地通过 Internet 观赏到以较高视频/音频质量传输的电影、电视和实况转播节目,例如,通过好莱坞影视城检索到的许多电影新片片段,都是以 QuickTime 格式存储的。

11. FLV 格式

FLV 流媒体格式是一种新的视频格式,全称为 Flash Video。由于它形成的文件极小、加载速度极快,使得网络观看视频文件成为可能,它的出现有效地解决了视频文件导入 Flash 后,使导出的 SWF 文件体积庞大,不能在网络上很好地使用等缺点,是目前增长最快、最为广泛的视频传播格式。

目前,各在线视频网站均采用此视频格式。如新浪播客、56、优酷、土豆、酷 6、YouTube 等。FLV 已经成为当前视频文件的主流格式。

FLV 是随着 Flash MX 的推出发展而来的视频格式,是在 Sorenson 公司的压缩算法的基础上开发出来的。FLV 格式不仅可以轻松地导入 Flash 中,速度极快,并且能起到保护版权的作用,并且可以不通过本地的微软或者 Real 播放器播放视频。

12. MKV 格式

一种后缀为 MKV 的视频文件频频出现在网络上,它可在一个文件中集成多条不同类型的音轨和字幕轨,而且其视频编码的自由度也非常大,可以是常见的 DivX、XviD、3IVX,甚至可以是 RealVideo、QuickTime、WMV 这类流式视频。实际上,它是一种全称为 Matroska 的新型多媒体封装格式,这种先进的、开放的封装格式已经给我们展示出非常好的应用前景。

13. 3GP 格式

3GP 是一种 3G 流媒体的视频编码格式,主要是为了配合 3G 网络的高传输速度而开发的,也是目前手机中最为常见的一种视频格式。

4.3.2 视频格式转换工具

通常,视频编辑软件和专门的视频格式转换软件都可用于各种视频格式之间的转换。近几年,随着数字视频的广泛应用,专门的视频转换软件发展非常的迅速。现在,在 Internet 上搜索,随便可以找到类似工具数十种之多。

"视频转换大师"是一款不错的专门的视频格式转换工具,支持转换的格式非常全面,设置界面简单易懂,非常人性化。下面将使用"视频转换大师"把 RMVB 格式转换成 MOV 格式,其操作步骤如下。

(1)打开"视频转换大师"软件,如图 4-20 所示,工作界面上没有列出转换成 MOV 格式的功能,单击【更多】按钮,打开【请选择要转换到的格式】对话框。

(2)如图 4-21 所示,对话框中列出了可转换成的各种格式,基本上包括了主流的音视频格式。这里,要转换的目的格式是 MOV,所以单击 MOV 按钮,打开转换任务对话框。

图 4-20 "视频转换大师"工作界面

(3)如图 4-22 所示,单击【源文件】域中的【浏览】按钮,选择要转换的视频文件;单击【输出】域中的【浏览】按钮,为转换完成的视频文件选择存放目录;选择【配置文件】下拉列表框中的 MOV Video Normal Quality 选项。

（4）如果希望对输出的视频进行更为详细的设置，可以单击【高级设置】按钮，打开【视频转换大师高级设置】对话框，如图 4-23 所示，可以对视频的【视频码率】、【纵横比】、【帧速率】和【分辨率】，以及音频的【视频码率】、【声道】、【采样率】和【音量】进行详细的设置；另外，还可以定义视频转换的【开始时间】和【结束时间】。单击【确定】按钮，完成高级设置。

图 4-21 【请选择要转换到的格式】对话框

图 4-22 【视频转换大师】对话框

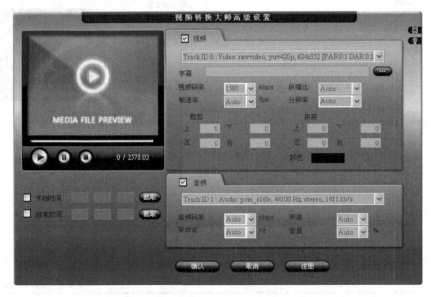

图 4-23 【视频转换大师高级设置】对话框

（5）单击转换任务对话框中的【开始】按钮，开始转换过程。

转换任务完成后，"视频转换大师"将打开【输出】目录，显示转换完成的视频文件。

值得一提的是，"视频转换大师"支持批量转换任务，可以不直接单击【开始】按钮开始上面刚刚创建的任务,而单击【添加到批转换】按钮,把任务添加到【批量转换视频】对话框中,如图 4-24 所示,批量执行视频格式的转换任务。

图 4-24 【批量转换视频】对话框

除了专门的视频格式转换软件外,常用的视频编辑软件,如 Vegas Video、Adobe Premiere 等,也可实现不同视频格式间的转换任务。

下面,将以 Vegas Video 为工具,把一段 WMV 的视频转换成 RM 格式。其转换过程的操作步骤如下。

(1) 打开 Vegas Video,如图 4-25 所示,选择菜单【文件】|【新建】命令,打开【新建项目】对话框。

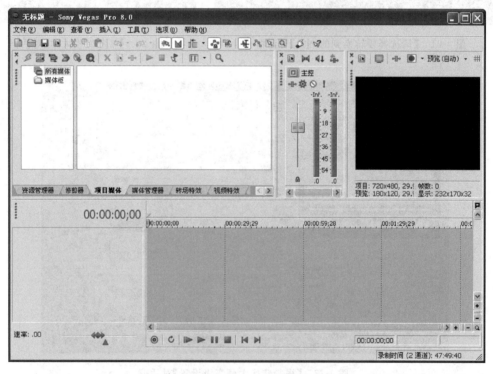

图 4-25 Vegas Video 工作界面

(2) 如图 4-26 所示,在对话框中,可以定义视频窗口的【宽度】、【高度】、【帧率】等。为了避免逐项定义的麻烦,可以直接选择【模板】下拉列表框中的各选项,这里选择 PAL Video

CD（352×288，25.000 fps）。PAL 是一种电视制式，国内就是使用 PAL 制式。如果没有找到合适的模板，那只能自己逐项进行定义。单击【确定】按钮，完成新建项目。

图 4-26　【新建项目】对话框

（3）选择菜单【文件】|【导入】|【媒体】命令，打开【导入】对话框，如图 4-27 所示，选择要进行格式转换的视频，并单击【打开】按钮，完成视频导入。

图 4-27　【导入】对话框

（4）刚刚导入的视频将会显示在【项目媒体】库中，如图 4-28 所示，然后把导入的视频拖入 Vegas 的轨道中。

（5）选择菜单【文件】|【渲染为】命令，打开【渲染为】对话框，如图 4-29 所示，在【文件

名】文本框中输入合适的文件名；在【保存类型】下拉列表框中选择 RealMedia 9(＊.rm)选项。如果对转换的视频有特殊要求，可以从【模板】下拉列表框中选择合适的模板，或者单击【自定义】按钮进行自定义。

（6）单击【保存】按钮，Vegas 将开始 RM 格式视频的输出任务。

图 4-28　把导入的视频拖入轨道

图 4-29　【渲染为】对话框

4.4 数字音视频资源的设计和编辑

4.4.1 音视频资源的设计及脚本编写

1. 音视频资源的设计步骤

要想完成一部完整的音视频作品,首先需要对这部作品进行整体设计。这个设计过程应包括以下步骤:明确主题、总体设计、脚本编写、前期拍摄和素材收集、后期合成、评价修改,如图 4-30 所示。

表现主题是任何一部音视频作品设计、编辑和制作的最终目的,违背和偏离主题的任何努力都会变得毫无意义,因此明确主题是音视频作品设计中最基础的环节。对于电视教学片而言,表现某一教学内容就是作品的主题,应选择学科的重点和难点。在选题上应选择用常规方法难以表现而又适合于音视频媒体表现的主题,突出媒体的优势。

总体设计是设计过程中最重要的一环,是形成作品整体思路的过程,决定了后续环节的方方面面。总体设计要围绕主题展开,应该对整体结构、内容组织顺序、内容表现形式等有所规划。对于教学片而言,要从教学设计的角度考虑,包括:教学目标与教学内容的确定、学习者特征的分析、媒体信息的选择、知识结构的设计、教学策略的选择、诊断评价的设计等。

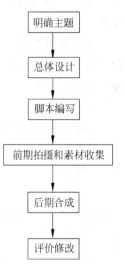

图 4-30 音视频作品的
设计步骤

在总体设计工作完成后,应在此基础上编写出相应的脚本,它是后续工作的依据。音视频作品的脚本分为文字脚本和分镜头脚本,文字脚本注重对教学内容的描述,分镜头脚本则注重对影视语言的描述。对于教学片来说,教学片的分镜头脚本是由教学设计人员和教学片制作人员根据学科教师编写好的文字脚本,按照教学片的要求编写而成。编写分镜头脚本主要有如下作用:体现教学片的设计思想,为教学片的制作提供直接的依据,沟通学科教师与教学片制作人员的思路。有关脚本详细的编写方法见本节音视频脚本的编写部分。

有了脚本,接下来的工作就是进行前期拍摄和素材收集,这两项工作都是为后期合成准备素材。拍摄阶段的重要工作是根据分镜头脚本进行现场拍摄和录制,将画面内容与现场音响录制下来。素材收集也需要以脚本为依据,根据脚本的需要收集那些不需再拍摄的或无法再拍摄的素材。

素材准备好之后,就要进行后期合成。首先要根据分镜头脚本对节目进行粗编,形成节目的大体框架。然后进行精编,完成镜头组接、特技制作、字幕合成、解说、音乐、音响的加工合成,制作出符合设计思想的作品。

作品制作完成后,还要进行评价和修改。这一点对于教学片来说尤为重要。编辑出来的教学片应该在实际的教学环境中应用,只有经过教学试用,才能发现作品的不足和缺陷,进而经过修改得以完善。

2. 音视频脚本的编写

在音视频节目设计、制作过程中，脚本的编写是非常重要的一个环节。音视频电视节目的脚本，一般可分为文学脚本和分镜头脚本两种。文字脚本是节目整体思想的重要体现，而分镜头脚本是节目制作的依据。以教学类节目为例，文字脚本主要是按照教学过程的先后顺序，描述每一环节的教学内容，在具体编写文字脚本时应结合课程的内容和特点来叙写。

分镜头脚本是在文学脚本的基础上运用蒙太奇思维和蒙太奇技巧进行影视语言的再创造，即根据文学脚本，参照拍摄现场实际情况，分隔场次或段落，并运用形象的手段来建构屏幕上的总体形象。虽然分镜头脚本也是用文字书写的，但它已经接近电视，已经获得某种程度上可见的、形象的效果。分镜头脚本可以说是将文字脚本转换成立体视听形象的中间媒介。

分镜头脚本的主要任务是根据文学脚本或解说词来设计相应画面，配置音乐、音响，把握节目的节奏和风格等。分镜头脚本的作用，就如同建筑大厦的蓝图，是摄影师进行拍摄，剪辑师进行后期制作的依据和蓝图，也是所有创作人员领会导演意图，理解剧本内容，进行再创作的依据。

分镜头脚本的写作方法可以从电影分镜头剧本的创作中借鉴。一般按镜头号、摄法、景别、剪接技巧、时间长度、画面内容、解说词、音响、音乐效果等内容，画成表格，分项填写，如表 4-3 所示。

表 4-3 分镜头脚本格式

镜头号	摄法	景别	剪接技巧	时间长度	画面内容	解说词	音响	音乐

下面简要说明表中各项的含义。

镜头号：即镜头顺序号，按组成电视画面的镜头先后顺序，用数字标出。它可作为某一镜头的代号。拍摄时不一定按顺序号拍摄，但编辑时必须按顺序编辑。

摄法：指摄像机拍摄时镜头的技巧，如固定镜头、推、拉、摇、移、跟等。

景别：根据内容情节要求，反映对象的整体或突出局部。一般有远景、全景、中景、近景、特写等。

剪接技巧：指后期编辑时，多个镜头画面的组接技巧，如切换、淡入淡出、叠化等。

时间长度：指镜头画面的时间，表示该镜头的长短，一般时间是以秒标明。

画面内容：以文字描述形式阐述所拍摄的具体画面。

解说词：指对应某一组镜头的解说词，应注意解说词与画面密切配合，协调一致。

音响：指在相应的镜头上标明使用的效果声或音响效果。

音乐：指相应镜头需使用的音乐，一般用来做情绪上的补充和深化，增强表现力。

需要说明的是，这里提供的是分镜头脚本的一般格式，在实际应用中，我们可以根据需要，选择所需的项目，不必拘泥于此种形式。例如表 4-4 中提供的是一种简单的分镜头稿本，只包括序号、画面和解说词三个内容，适用于节目形式比较简单的情况；表 4-5 中提供的分镜头稿本就比较细，包括镜头号、景别及摄法、画面内容、解说词、时间、音乐等内容。

表 4-4　分镜头稿本实例 1

序号	画　面	解　说　词
01	字幕：巧学拼音——读儿歌、编顺口溜学拼音 主持人人像	儿歌读起来朗朗上口，记起来印象深刻，为孩子所喜爱。很多优秀的一线教师将教材的重点、难点编成朗朗上口的儿歌或顺口溜、口诀让同学们吟诵，既可以帮助同学们读准字母的音，记忆字母的形，又突出了拼音教学的重点，解决了难点。下面是一些优秀教师在教学过程中自编的一些儿歌和顺口溜
02	动画	"张大嘴巴 a a a，拢圆嘴巴 o o o，嘴巴扁小 e e e。" "汽车平走 ā ā ā，汽车上坡 á á á，汽车下坡又上坡 ǎ ǎ ǎ，汽车下坡 à à à。" 这些是教师根据 a、o、e 的发音方法和四声的读法编成的顺口溜，以帮助同学们记忆
03	动画	"右下半圆 b b b，左下半圆 d d d；右上半圆 p p p，左上半圆 q q q；单门 n，双门 m；拐棍 f，伞把 t；q 下带钩 g g g。" 这些是教师为了帮助同学们区别形状比较相似、容易混淆的声母而编成的顺口溜
04	字幕 拼音口诀： "前音（声母）轻短后音（韵母）重，两音相连猛一碰" "三拼音，要记牢，中间介音别丢掉"	学习 b、p、m、f 是学习拼音方法的起始课。可利用"前音（声母）轻短后音（韵母）重，两音相连猛一碰"的口诀，帮助同学们掌握两拼音的方法 在学三拼音时，可将三拼音的拼音要领编成口诀"三拼音，要记牢，中间介音别丢掉"，帮助同学们领会拼音方法
05	动画	声母 j、q、x 与 ü 相拼，以及 y 与 ü 组成音节时，ü 上两点省写规则，是拼音学习中的难点。可利用下面的口诀帮助记忆规则： "j、q、x 真淘气，从不和 u 在一起，它们和 ü 来相拼，见面帽子就摘去。" "小 ü 很骄傲，眼睛往上瞧，大 y 帮助它，摘掉骄傲帽。"
06	动画	在学习鼻韵母时，也可以通过念儿歌帮助同学们区别前鼻韵母与后鼻韵母。例如："鼻韵母，不难学，前后鼻音分准确。前鼻韵母有 5 个：an、en、in、un、ün；后鼻韵母是 4 个：ang、eng、ing 和 ong。"

表 4-5　分镜头稿本实例 2

镜头号	景别及摄法	画面内容	解说词	时间	音乐
01	固定拍摄＋中景	主持人人像＋字幕 字幕：巧学拼音——读儿歌、编顺口溜学拼音	儿歌读起来朗朗上口，记起来印象深刻，为孩子所喜爱。很多优秀的一线教师……	2分钟	轻柔的背景音乐
02	特写	动画：张大嘴巴发 a 音	张大嘴巴 a a a	5秒	同上
03 ⋮	特写	动画：拢圆嘴巴发 o 音	拢圆嘴巴 o o o	5秒	同上 同上

续表

镜头号	景别及摄法	画面内容	解说词	时间	音乐
09	特写	重复前面的动画	这些是教师根据a、o、e的发音方法和四声的读法编成的顺口溜,以帮助同学们记忆	15秒	同上
⋮					同上

4.4.2 音视频混合编辑软件——Vegas Pro 8.0

目前各种音视频编辑软件很多,包括绘声绘影、Adobe Premiere、Windows Movie Maker、Sony Vegas 等,这些软件功能各异、各具特色。这其中 Sony Vegas 以其功能强大、操作简便的特点受到青睐。相比 Adobe Premiere,它要求的硬件配置较低,可以编辑长达 1 小时以上的音视频文件。这里我们先来介绍 Sony Vegas Pro 8.0。

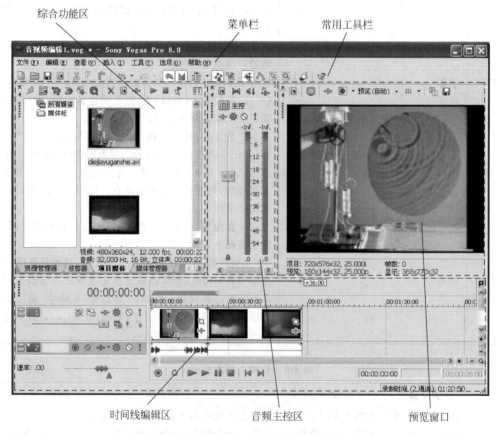

图 4-31　Vegas Pro 8.0 主界面

1. Vegas Pro 8.0 窗口介绍

首先在计算机中安装 Vegas Pro 8.0,安装后运行该程序,将出现如图 4-31 所示的画面,从图中可以看到窗口的各个组成部分。

菜单栏:包括【文件】、【编辑】、【查看】、【插入】、【工具】、【选项】和【帮助】菜单,Vegas

Pro 8.0 的主要功能在这里都可以找到,单击各菜单可以选择相关功能。

常用工具栏:列出了该软件的常用工具,单击这些按钮可以方便、快捷地进行操作。

综合功能区:在此区域可以选择不同的功能选项,包括:【资源管理器】、【修剪器】、【项目媒体】、【媒体管理器】、【转场特效】、【视频特效】、【媒体发生器】等选项卡,各部分的功能在后面会酌情介绍。

音频主控区:该区域主要包括调节音量、音频电平显示、项目音频属性设置等功能。

预览窗口:在该窗口中可以预览时间线上播放的音视频文件的信息。

时间线编辑区:在该区域内可以对音视频文件进行编辑、播放等操作。

2. Vegas Pro 8.0 视频编辑基本流程

1)创建新文件

在【文件】菜单中选择【新建】命令,会打开【新建项目】对话框,在该对话框中,可以设置新文件的属性,包括【视频】、【音频】、【标尺】、【摘要】、【音频 CD】选项卡,如图 4-32 所示。在【视频】选项卡中,单击【模板】下拉列表框,可以选择系统提供的视频模板,也可以自定义模板。这里,模板反映了视频文件的宽度、高度、帧率、像素宽高比等基本属性。

图 4-32　在【新建项目】对话框中设置视频属性

同样,单击【音频】标签,可以设置取样频率、比特深度、采样与变速质量等音频属性,如图 4-33 所示。如果需要,还可以设置标尺、摘要、音频 CD 等属性。属性设置完成后,单击【确定】按钮退出。

2)获取素材

Vegas Pro 8.0 提供了多种获取素材的途径,例如,通过导入,获取多种形式的媒体文件;通过采集视频,获取视频;通过扫描,获取图片;通过从 CD 上抓取音频,获取音频等。这里我们主要介绍通过导入,获取媒体文件的方法。

在【文件】菜单中选择【导入】命令,会出现级联菜单,这里提供了多种媒体文件的导入途径,如图 4-34 所示。通过【媒体】命令可导入多种形式的媒体文件,通过 AAF 命令可获取 *.aaf 的视频文件,通过【广播级 Wave】命令可获取 *.wav 格式的音频文件,还可以通过

图 4-33　在【新建项目】对话框中设置音频属性

不同的途径获取媒体文件,如 DVD 摄录机光盘、硬盘记录单元、录制存储器和 AVCHD 摄像机等。

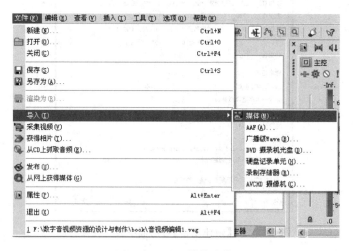

图 4-34　导入媒体文件

选择【媒体】命令,会打开【导入】对话框,如图 4-35 所示。在该对话框中,寻找合适的路径及文件夹,找到需导入的媒体文件,单击【打开】按钮确定导入,这样一个媒体文件就被导入到媒体柜中。通过此种方式可以导入多种媒体文件,包括图片、音频、视频、Flash 动画等。

3) 剪裁素材

一般情况,导入的素材还需要简单编辑后再拖入时间线上进行精编,这个过程可以利用修剪器来完成。具体操作步骤如下。

(1) 在综合功能区选择【项目媒体】选项卡,选中需要修剪的素材右击,在弹出的快捷菜单中选取【在修剪器中打开】命令,这样就可以将素材载入到修剪器中。

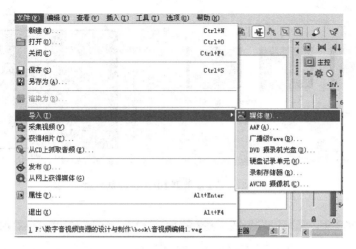

图 4-35　【导入】对话框

（2）在【修剪器】中，素材画面的显示有两种方式，如图 4-36 所示。单击窗口右上侧【显示视频监视器】按钮 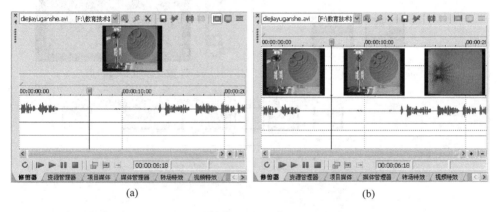，可以改变视频的显示方式。这里选择第二种显示方式。

(a)	(b)

图 4-36　【修剪器】中的素材显示方式

（3）此时在素材时间线上，有一根竖线在闪烁，这就是指示当前位置的标记。把鼠标移动到该标记上，鼠标会变成带双向箭头的光标，按住鼠标左键拖动竖线左右快速移动，可以快速浏览素材，这时预览窗口中会实时显示竖线所在位置的图像，如图 4-37 所示。

（4）拖动【修剪器】窗口下方的滚动条，或单击右下方加、减号，都可以放大和缩小窗口中显示的素材。当放到最大时，窗口中会显示每一帧的画面内容，便于直观地查找需要的画面。

（5）在找到需要的画面入点后，按下 I 键，再找到画面出点，按下 O 键，这样就完成了一段画面的选取。被选中的区域会变为蓝灰色，在素材上方的时间标尺上，也会出现两个黄色三角，框住了选定区域。可以用鼠标拖动这个黄色三角，改变入点和出点位置。如图 4-38 所示。当然也可以用鼠标在素材上直接拖拉划出选择区域，但这样做不太精确。如果选区存在，素材却不是蓝灰色，可以双击两个黄色三角框住的灰色区域，蓝灰色选区就会再次出现。

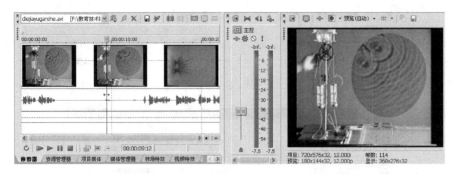

图 4-37　在【修剪器】中快速浏览素材

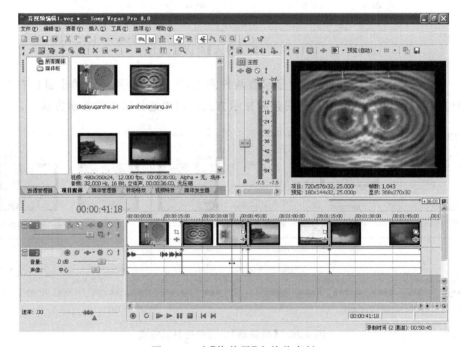

图 4-38　在【修剪器】中剪裁素材

（6）剪裁好的素材可以直接拖入时间线上进行编辑，也可以单击【修剪器】选项卡中右上方的【创建子素材】按钮 ▥ 创建子素材，并保留在媒体柜中备用。

4）时间线编辑

素材剪裁后，接下来就要在时间线上进行精编。具体操作步骤如下。

（1）在综合功能区，选择【项目媒体】选项卡，将导入的视频文件按需要依次拖入到时间线上，如图 4-39 所示。与在【修剪器】中类似，此时在时间线上会有一根竖线在闪烁，把鼠标移动到该竖线上并拖动，可以快速浏览画面，这时预览窗口中会实时显示竖线所在位置的图像。窗口下部提供有控制条，可以控制时间线上音视频的播放、暂停、停止、循环等操作。

> 注意：Vegas 软件刚启动时，在时间线编辑区是看不到任何轨道的。用鼠标将素材拖到时间线编辑窗口的暗灰色区域，或者双击需要的素材，系统就会马上建立相应的轨道。

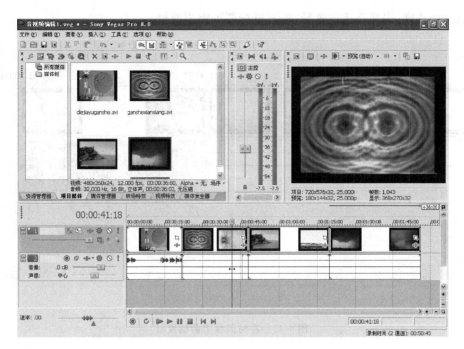

图 4-39　在时间线上添加素材并浏览图像

（2）在时间线编辑区内，如果需要，可以改变各段素材的顺序。单击选中需要移动的素材，此时该段落会变成蓝色，按住鼠标左键并拖动，将其移至所需位置即可。

（3）在时间线编辑区内，如果需要，可以删除某段素材。单击选中需要删除的素材，按Delete 键即可。

（4）有些情况下，可能需要对添加到时间线上的素材进行剪切，然后再处理。单击选中需要剪切的素材，找到剪切点，按 S 键，或在菜单栏内选择【编辑】｜【分割】命令，一段素材就被分割开来，如图 4-40 所示。

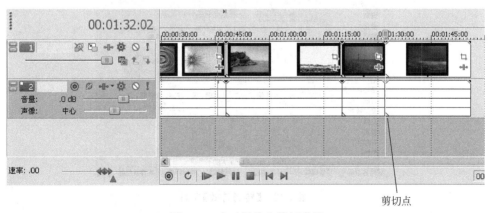

剪切点

图 4-40　在时间线上剪切素材

（5）有些情况下，还需要对添加到时间线上的素材进行编辑。把鼠标移到素材的开始点或结束点，鼠标会变成 形状，如图 4-41 所示。此时按住鼠标左键进行拖曳，素材就会相应地改变长度,选择合适位置后,松开鼠标即可完成剪辑。

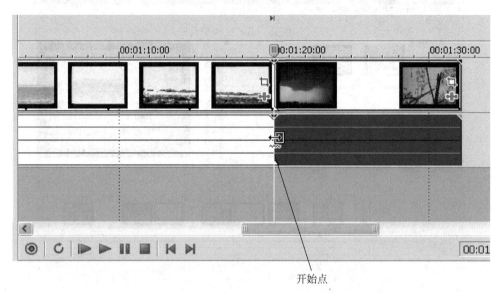

开始点

图 4-41　在时间线上剪辑素材

5)添加转场特技

有些情况下,还需要在两段视频间添加转场特技,以达到某种视觉效果。具体操作如下。

(1)在综合功能区,选择【转场特效】选项卡,进入【转场特效】界面,如图 4-42 所示。这时该窗口内的左侧会显示各类转场效果的目录,单击某一效果,窗口右侧会显示相应的转场图案。

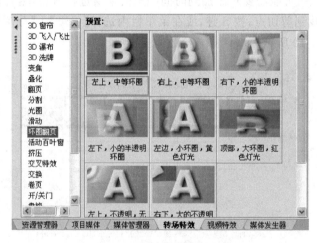

图 4-42　【转场特效】界面

(2)选中某种效果后,将其拖入时间线上需要添加转场效果的位置,待出现 标记时松开,这样一个转场特技就设置完成了。图 4-43 是添加了转场特技后素材在时间线上的显示效果(此处时间线经放大处理)。

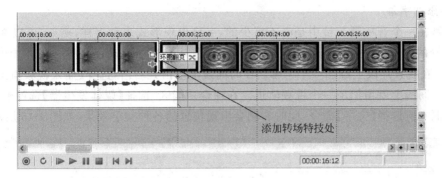

图 4-43 在时间线上添加转场特效

（3）同时，会出现【转场特效】界面，如图 4-44 所示。在该界面中，可设置相关的属性。对不同的转场效果，属性设置中的参数会不同。属性设置完成，要注意保存。

图 4-44 在【转场特效】界面中设置参数

（4）在时间线上，单击特技起始位置，确定播放起点。单击【播放】按钮，在预览窗口就会显示添加了转场特技的效果，如图 4-45 所示。

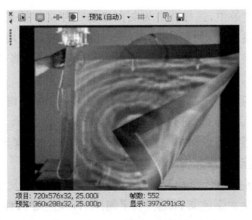

图 4-45 转场特效的视觉效果

6）添加字幕

字幕在一个音视频节目中是必不可少的，字幕出现形式多种多样，例如，可以在片头添加带背景的字幕、在视频片断上添加说明字幕、在片尾添加滚动字幕等。具体操作如下。

（1）在视频片段上添加一个字幕。在时间线上空白处右击，选择【插入视频轨道】命令，这样在时间线上就增加了一个视频轨道。在综合功能区，选择【媒体发生器】选项卡，在出现的对话框左侧选择【文字】命令，此时右侧会出现预置的各种文字效果，如图 4-46 所示。

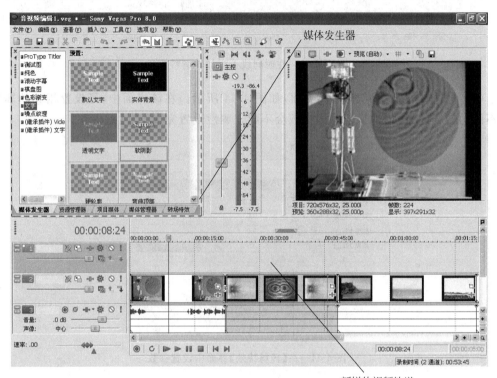

图 4-46　在视频片段上添加字幕 1

（2）在列出的文字效果中，选择背景为灰白格的一种文字效果（此种为背景透明效果），并将其拖入新轨道中合适位置，如图 4-47 所示。此时，时间线上增加了字幕的图标，预览窗口中显示出视频叠加了字幕后的效果。与此同时，会打开【视频媒体发生器】界面，在这里可以对文字进行编辑、布局、设置属性、增加特效等操作。

（3）在【视频媒体发生器】界面中，选择【编辑】选项卡，打开窗口。在这里，可以编辑文字内容，设置文字的字体、字号、加重、斜体等属性，如图 4-48 所示。

（4）在【视频媒体发生器】界面中，选择【布局】选项卡。在这里，可以给字幕定位，在自由定位状态下，用鼠标拖动字幕到指定位置即可，如图 4-49 所示。

（5）如果需要改变字幕的色彩及背景色，可以在【视频媒体发生器】界面中选择【属性】选项卡。在这里可以设置文字色彩、背景色、字间距、行间距等属性，如图 4-50 所示。

（6）在【特效】选项卡中，还可以设置字的轮廓、阴影、变形等效果，如图 4-51 所示。

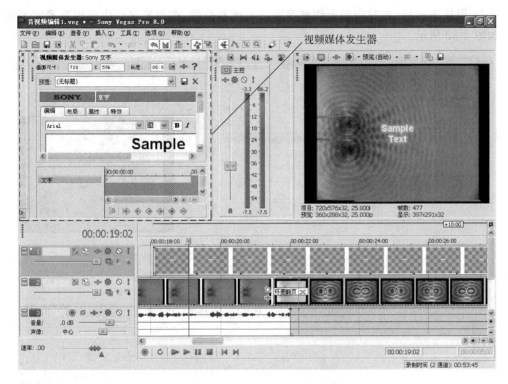

图 4-47　在视频片段上添加字幕

图 4-48　在【视频媒体发生器】中编辑字幕

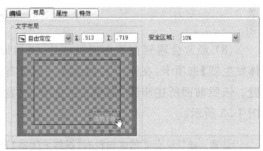

图 4-49　在【视频媒体发生器】中设置字幕位置

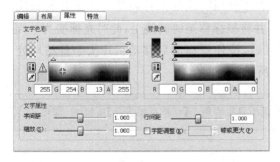

图 4-50　在【视频媒体发生器】中设置字幕色彩

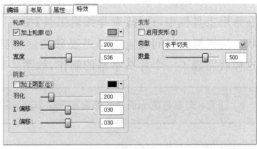

图 4-51　在【视频媒体发生器】中设置字幕的特效

（7）设置完成后，在时间线上调整字幕的长度和位置，在预览窗口中可以看到字幕的效果，如图 4-52 所示。

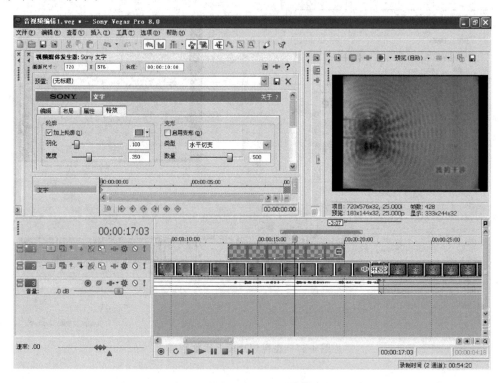

图 4-52　在视频片段上添加字幕

（8）经常会遇到在片头或段落处，添加带有背景的字幕的情况。在综合功能区打开【媒体发生器】选项卡，在窗口右侧选择一种带有背景的文字效果，将其拖入时间线上的起点位置。依照前面所述步骤，编辑文字内容，设置文字属性、色彩、特效等参数，完成片头字幕，如图 4-53 所示。

> 注意：如果综合功能区内没有【媒体发生器】选项卡，选择菜单栏中的【查看】|【媒体发生器】命令即可。

（9）将鼠标移至片头字幕的尾部，光标变为 ⬅➡ 形状，按住鼠标调整片头字幕的长度。在常用工具栏中，选择【选择编辑工具】按钮 🔲 并将鼠标移至时间线上，此时光标变为 👆 形状。用鼠标在时间线上选择需要移动的视频区域，按住鼠标向后移动至片头字幕结尾处。这样就完成了一个片头字幕的制作，如图 4-54 所示。

> 注意：若要使鼠标的光标恢复成原来状态，在常用工具栏中单击【标准编辑工具】按钮 ⬆ 即可。

7）添加音乐和解说词

视频编辑完成后，还需要配上音乐和解说词。有些情况下，解说词也可以作为基准先导入，然后依据解说词再进行视频编辑。添加解说词和背景音乐的操作步骤如下。

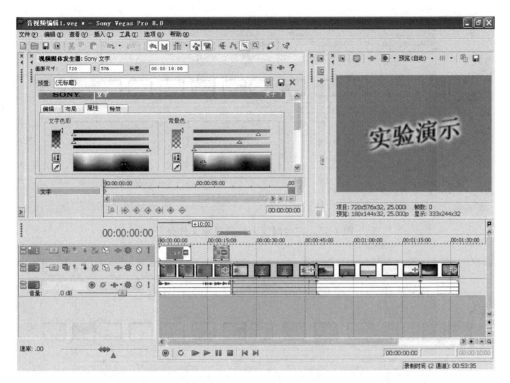

图 4-53　在时间线上添加片头字幕

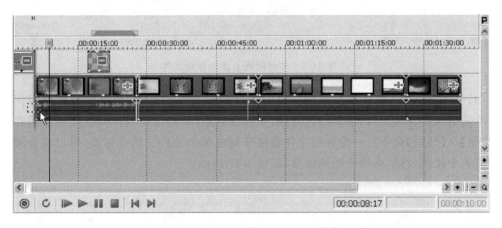

图 4-54　在时间线上添加片头字幕

（1）如果不需要导入素材中原有的声音信息，可以先将其删除。在常用工具栏中单击
【选择编辑工具】按钮，在时间线上选中所有音视频文件右击，在弹出的快捷菜单中选择
【分组】|【建立新分组】命令。在常用工具栏中单击【标准编辑工具】按钮，单击任意一个段
落，可以看到音视频文件被分开，如图 4-55 所示。单击音频段落，按 Delete 键就可删除音频
文件。

（2）在综合功能区【项目媒体】选项卡中选择解说词音频文件，将其拖入时间线音轨中，
如图 4-56 所示。

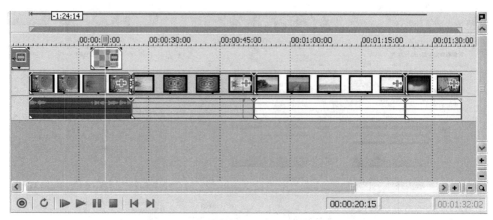

图 4-55　在时间线上将音视频文件分开

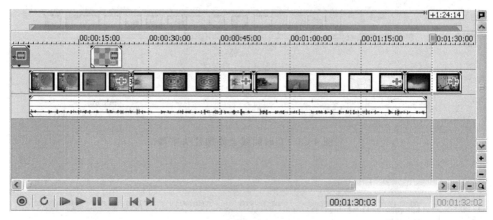

图 4-56　在时间线上添加音频文件

（3）有些情况下，需要根据画面一段段调整配音文件的位置，因此需要将解说词做分割。单击引入的音频文件，使其颜色变深，找到分割点，单击定位，按 S 键（或在菜单栏中选择【编辑】|【分割】命令），一段音频文件就被分割成两个文件。根据需要，可以将音频文件分割成若干段落，然后移至合适的位置，如图 4-57 所示。

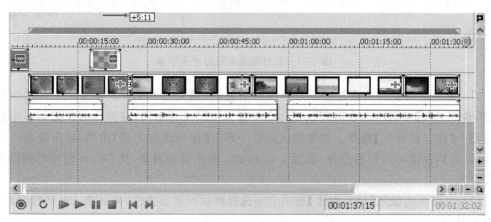

图 4-57　在时间线上分割音频文件

（4）添加背景音乐。在时间线的空白区内右击，选择【插入音频轨道】命令。在综合功能区【项目媒体】选项卡中选择背景音乐音频文件，将其拖入时间线新建音频轨中，剪切并调整音频文件的长度使其与画面同步，图 4-58 显示了最终的效果。

图 4-58   在时间线上编辑音频文件

4.4.3   音视频混合编辑软件——Premiere Pro

相比 Sony Vegas Pro 8.0 软件，Premiere Pro 是一款创新的非线性视频编缉软件，更具专业性，同时它也是一个功能强大的实时音视频编缉工具，可以精确控制作品的每个细节。对于一般的音视频编缉，可以通过 Sony Vegas Pro 软件实现，而对于较复杂的、细节要求更精准的音视频编缉，建议采用 Premiere Pro 软件来完成。下面介绍 Premiere Pro 这款软件的主要功能。

1. Premiere Pro 窗口介绍

首先在计算机中安装 Premiere Pro 2.0 中文版，安装后运行该程序，在欢迎界面中选择【新建项目】命令，此时会打开如图 4-59 所示的【载入预置】选项卡。在该选项卡左侧【有效预置模式】区域内，显示了一些预先设置好的模式，如 DV-24P、DV-NTSC、DV-PAL、JVC ProHD 等，对应不同的模式；在【描述】区域内显示了画幅大小、帧速率、像素纵横比、视频格式、音频码率等参数。选择其中的一种设置，Premiere 将按照此种设置编辑生成最终的视频影片。如果需要，也可以选择【自定义设置】选项卡，自行设定参数。

在【有效预置模式】区域内选择 DV-PAL|【标准 32kHz】命令，单击【浏览】按钮选择文件存放位置，在【名称】文本框中输入文件名称，最后单击【确定】按钮确认，系统会弹出 Premiere Pro 2.0 的主窗口。为了方便大家学习，这里选择菜单栏中的【文件】|【打开】命令，打开 video1 文件，此时主窗口如图 4-60 所示，从图中可以看到窗口的各个组成部分。

1）菜单栏

菜单栏包括【文件】、【编辑】、【项目】、【素材】、【序列】、【标记】、【字幕】、【窗口】和【帮助】菜单，Premiere Pro 2.0 的主要功能在这里都可以找到，单击各菜单可以选择相关功能。

2）项目窗口

在这里可以导入和预览各种素材，如图 4-61 所示，在该窗口下方显示了该项目包括的素材，单击某一素材，窗口右上方将显示该素材的具体信息，左上方预览窗口可播放素材的内容。

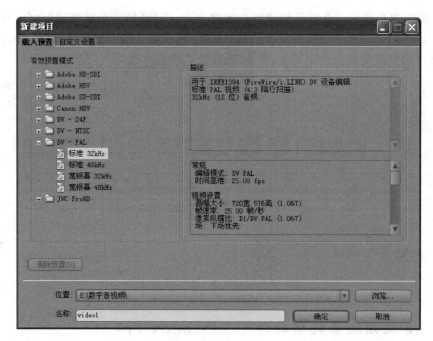

图 4-59 【载入设置】选项卡

图 4-60 Premiere Pro 2.0 的主界面

项目窗口下方有一排功能按钮，可分别实现查找 、创建新文件夹 、新建分类 、清除 等操作。左下方的两个按钮 和 表示不同的显示模式，分别为列表显示模式和图标显示模式。

3）时间线窗口

时间线窗口的主要功能是进行素材编辑工作，如图 4-62 所示，该窗口由若干视频轨道、音频轨道和其他组件组成。音视频轨道用于放置音视频片段，时间轴从左到右表示时间的延伸，光标线用于指示影片的当前位置。

在时间线窗口中，每段素材以图标的方式在时间轴上显示其位置、开始时间、结束时间、持续时间及与其他素材的关系等状态。编辑影片时，将素材一段段拖到时间线上，根据脚本需要对这些素材片段进行排列、编辑、连接，最终可实现成片的编辑。具体操作参见后面的详细讲解。

图 4-61 【项目】窗口

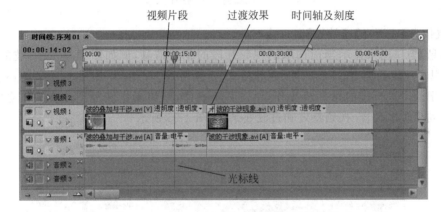

图 4-62 【时间线】窗口

4）监视器窗口

监视器窗口分为两个部分，左边是源窗口，右边是预览节目内容的窗口，如图 4-63 所

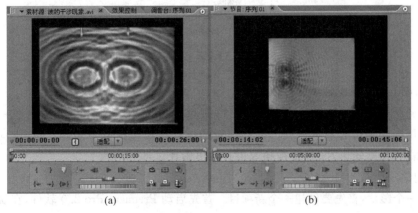

(a)　　　　　　　　　　　　(b)

图 4-63 监视器窗口

第4章 数字视频技术与制作

示。双击【项目】窗口中的素材,在监视器左边窗口中会显示素材的内容,在此可对素材进行简单编辑;拖动【时间线】窗口中的光标线,在监视器右边窗口中会显示时间线上的内容。另外,在监视器左边窗口中,还提供了效果控制和调音台功能。

在监视器窗口的下部有一个控制工具栏,该工具栏由时间线、入出点设定区、播放控制区和其他功能按钮组成。时间线代表该段视频节目的长度,其中的光标表示视频播放的当前位置。播放控制区可以控制画面的停止、播放、单步前进、单步后退、微调等操作。入出点设定区可以完成入点、出点位置设置及到入出点的跳转等操作,如图 4-64 所示。

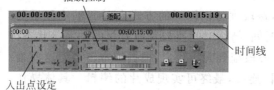

图 4-64　监视器窗口中的控制工具栏

5)【信息】、【历史】、【效果】窗口

【信息】窗口用来显示当前选取的视频片段的相关信息,例如图中显示了"波的干涉现象.avi"视频片段的类型、持续时间、视频格式、音频格式、入点、出点、光标位置等信息。【历史】窗口记录了进行过的每一步操作,单击某步操作,可使操作恢复到该步操作之前。【效果】窗口列出了多种音、视频特效和过渡效果,如图 4-65 所示。

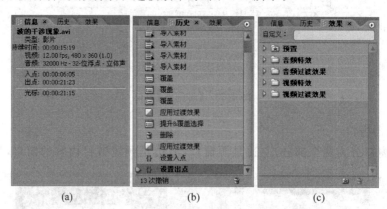

图 4-65　【信息】、【历史】、【效果】窗口

2. Premiere Pro 视频编辑基本流程

前面介绍了 Premiere Pro 2.0 工作窗口的基本情况,在本节中将通过制作一个影片的过程来了解视频编辑的基本流程。视频编辑的过程一般包括以下步骤:创建新项目、导入素材、编辑素材、剪辑影片、设置视频效果和输出影片。

1)创建一个新项目

制作一个影片,首先要创建一个新项目。首先启动 Premiere Pro 2.0 软件,在欢迎界面中选择【新建项目】命令,在随后出现的对话框中左侧的【有效预置模式】区域内选择【DV-PAL】|【标准 32kHz】命令,单击【浏览】按钮,选择文件存放位置"E:\数字音视频\",在【名称】对话

框中输入文件名称"video1",如图 4-66 所示。最后单击【确定】按钮确认,系统进入工作界面。

如果需要在工作界面再创建新项目,可通过在菜单栏内选择【文件】|【新建】|【项目】命令来实现。

如果要打开一个已经存在的项目,可在菜单栏内选择【文件】|【打开项目】命令,然后选择路径,打开相应的文件。

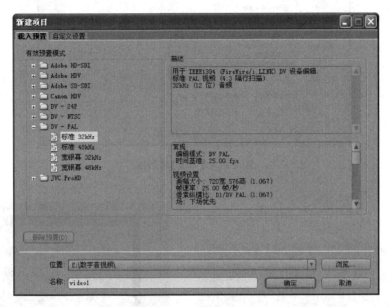

图 4-66　在【载入预置】选项卡中建立新项目

2)导入素材

新项目建立后,接下来就是要将各种素材导入以备编辑使用。Premiere Pro 2.0 可以导入视频文件(MPEG、AVI 等格式)、音频文件(WMV、MP3 等格式),也可以导入图像文件(BMP、TIFF 等格式)。具体操作步骤如下。

(1)在菜单栏内选择【文件】|【导入】命令,会打开【导入】对话框,如图 4-67 所示,在该对话框中选择合适的路经和文件夹,打开要导入的文件。

(2)此时,在【项目】窗口将显示已导入的文件,如图 4-68 所示。重复上述操作,可导入多个文件。

(3)如果要导入的文件很多,可以单击【项目】窗口下方的【文件夹】图标新建文件夹,以便将这些素材文件分类存放,便于管理。

3)编辑素材

一般导入的素材可能需要进一步剪裁、合并、编辑之后才能作为影片的片段在时间线上进行编辑。因此在进行正式编辑之前,应对导入的素材进行编辑。编辑素材的操作可以在监视器窗口进行。

在监视器窗口编辑素材的步骤如下。

(1)将要编辑的素材从【项目】窗口拖入监视器窗口中左侧窗口,如图 4-69 所示。在左侧窗口中单击【播放】按钮或拖动时间线上的指针,可浏览素材内容。

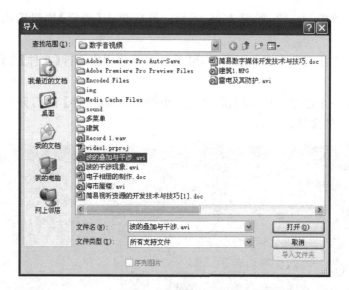

图 4-67 【导入】对话框

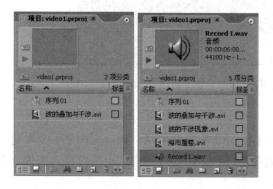

图 4-68 在【项目】窗口导入文件

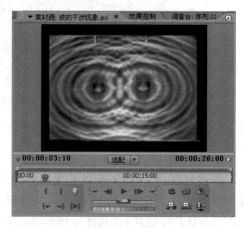

图 4-69 将素材拖入监视器窗口

(2) 如果需要在现有素材中选取一段素材使用,可以通过设定新的入点、出点的方法实现。拖动指针到需要画面的起始位置,单击【设置入点】按钮,确定新的入点;拖动指针到需要画面的终止位置,单击【设置出点】按钮,确定新的出点;这样就完成了一段素材的简单编辑,如图 4-70 所示。编辑好的素材可以直接拖入时间线上使用。

(3) 也可以单击窗口下方的 图标,这段编辑好的素材就会以插入的方式插入到时间线上光标线位置处,如图 4-71 所示。若单击监视器窗口下方的 图标,这段编辑好的素材就会以覆盖的方式插入到时间线上光标线位置处,光标线后面的素材会被覆盖。

4) 剪辑影片

素材准备好后,就可以在【时间线】窗口中对这些素材进行剪辑、编辑了。在【时间线】窗口可以进行很多复杂的编辑,这里先介绍切换编辑。切换编辑的过程就是将多个片段在一个轨道上首尾相接排列,其步骤如下。

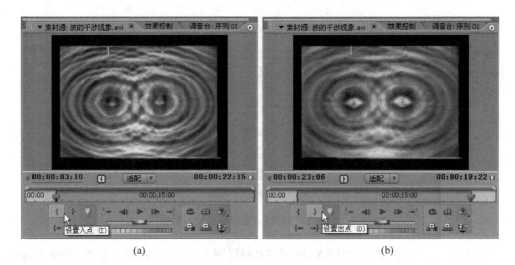

(a)　　　　　　　　　　　　　　(b)

图 4-70　在监视器窗口编辑素材

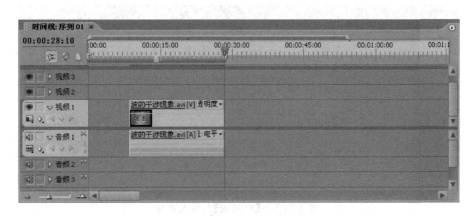

图 4-71　将素材引入【时间线】窗口

(1) 将编辑好的素材"波的干涉现象.avi"从监视器窗口的左窗口中拖入到【时间线】窗口中的视频 1 轨道上。

(2) 假设"波的叠加与干涉.avi"素材不用编辑,可以直接将其从【项目】窗口拖入到【时间线】窗口中的视频 1 轨道上紧邻"波的干涉现象.avi"片段的位置。

(3) 假设"海市蜃楼.avi"素材不用编辑,可以直接将其从【项目】窗口拖入到【时间线】窗口中的视频 1 轨道上紧邻"波的叠加与干涉.avi"片段的位置。

(4) 这样,三个片段就连接起来了,如图 4-72 所示。拖动【时间线】窗口中最下方的滚动条,可以浏览到所有片段。

5) 设置视频转换效果

在影片编辑过程中,切换方式只是各片段之间连接的一种方式,还有很多转换效果,例如溶解、划像、飞入、飞出等,这些转换效果可使内容的衔接不至于生硬,还能增强影片的视觉效果。

在影片编辑中添加过渡效果的步骤如下。

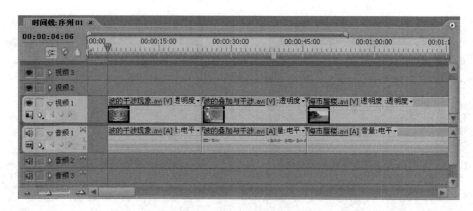

图 4-72 在【时间线】上进行切换编辑的效果

（1）将上述三段素材依次引入【时间线】上的视频 1、视频 2、视频 3 轨道，并根据需要使其相互有一定的交叉，如图 4-73 所示。

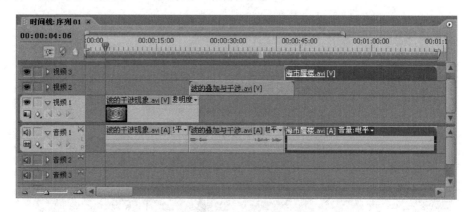

图 4-73 在【时间线】上引入素材

（2）在【效果】窗口中选择【视频过渡效果】命令，系统会列出多种过渡效果。选择【划像】|【星形划像】命令，如图 4-74 所示。

（3）将该过渡效果拖入【时间线】窗口中的视频 2 轨道中素材开始位置，如图 4-75 所示。这样就完成了两个片段之间转换效果的添加。此时在视频 2 轨道中素材开始位置会出现一个图标。

（4）双击这个图标，在监视器窗口中会选择【效果控制】选项，如图 4-76 所示。在这里，通过拖动光标线可以在右侧窗口浏览过渡效果；将鼠标移至图标的结束处，按住鼠标左键拖动，可改变过渡的时间。同样，在【时间线】窗口中拖动光标线，也可以在监视器窗口中浏览到过渡效果。

（5）依次对后面的素材进行过渡效果的设定。

6）输出影片

在【时间线】窗口中编辑的影片是 PPJ 格式，只能在 Premiere 中播放。要想在其他播放软件中播放，需要将 PPJ 格式文件输出

图 4-74 在【效果】窗口中选择过渡效果

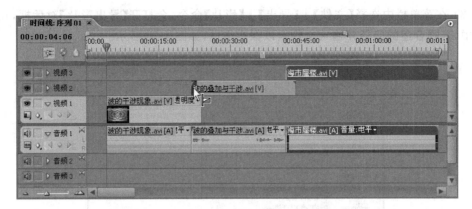

图 4-75　在【时间线】上添加过渡效果

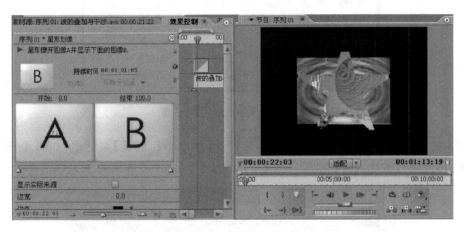

图 4-76　在【效果控制】选项中设置转换效果

成 AVI、MPEG 等流行格式。具体操作步骤如下。

（1）对于编辑好的影片，有时只需要输出其中的一段，这就需要先设置输出范围。在【时间线】窗口中时间轴下边有一条工具条，左右两边分别有两个图标，两个图标之间的区域就代表了输出范围。调整左右图标，可改变影片的输出范围，如图 4-77 所示。

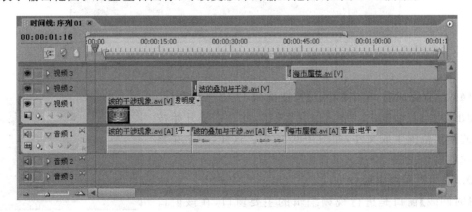

图 4-77　在【时间线】窗口中设置输出范围

（2）在菜单栏内选择【文件】|【导出】|【影片】命令，会打开【导出影片】对话框，在该对话框中，选择合适的路径并输入文件名以保存文件，如图 4-78 所示。

图 4-78 【导出影片】对话框

（3）在该对话框中单击【设置】按钮，会打开【导出影片设置】对话框，如图 4-79 所示。在这里，可以进行常规、视频、音频等参数的设置。

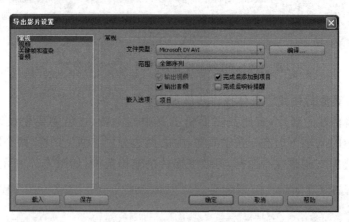

图 4-79 【导出影片设置】对话框

（4）设置完成后，单击【确定】按钮确认，关闭该对话框。在【导出影片】对话框中，单击【保存】按钮，此时系统开始按设置的输出范围生成文件，如图 4-80 所示。这样，一个完整的影片就制作完成了。

3. 使用时间线编辑

【时间线】窗口是进行视频编辑的主要窗口，在该窗口内可以完成影片的组装、编辑。

图 4-80 输出影片的过程

1)【时间线】窗口的基本设置

(1) 设置轨道

Premiere Pro 2.0 轨道的初始状态包括了三个音频轨道和三个视频轨道。在影片制作过程中,有时会遇到更复杂的情况,需要更多的音、视频轨道。如图 4-81 所示,在【时间线】的左侧右击,在出现的下拉菜单中,选择【添加视音轨】命令,会打开【添加视音轨】对话框。在该对话框中,可设置添加视频轨、音频轨、音频混合轨,以及添加的数量和放置的位置等参数。设置完成后,单击【确定】按钮确认,轨道就会添加到时间线上。

(2) 设定显示风格

在 Premiere Pro 2.0 中,时间线上视频素材的显示方式有好多种,单击【时间线】窗口左侧视频轨上的【设定显示风格】按钮 ▣,会打开如图 4-82 所示的下拉菜单,这里列出了 4 种显示风格,包括【显示头和尾】、【仅显示开头】、【显示全部帧】、【仅显示名称】命令。选择其中一种,时间线上的视频素材将以此风格显示。同理,单击音频轨上的【设定显示风格】按钮 ▣,可选择【显示波形】和【只显示名称】命令。

注意:如果轨道没有展开,可能看不到【设定显示风格】按钮,此时需单击轨道上的按钮 ▷,展开轨道。

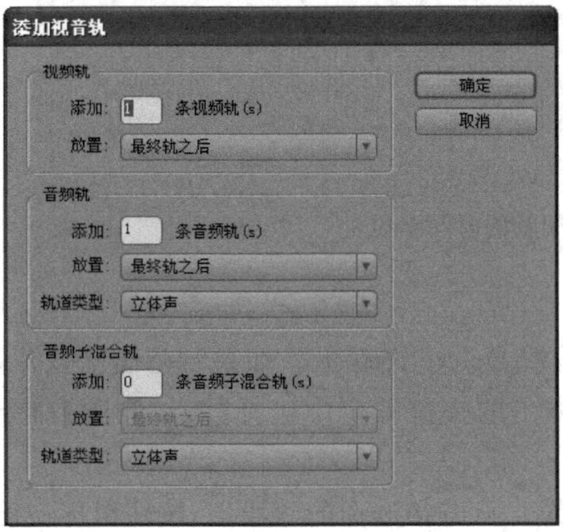

图 4-81 【添加视音轨】对话框

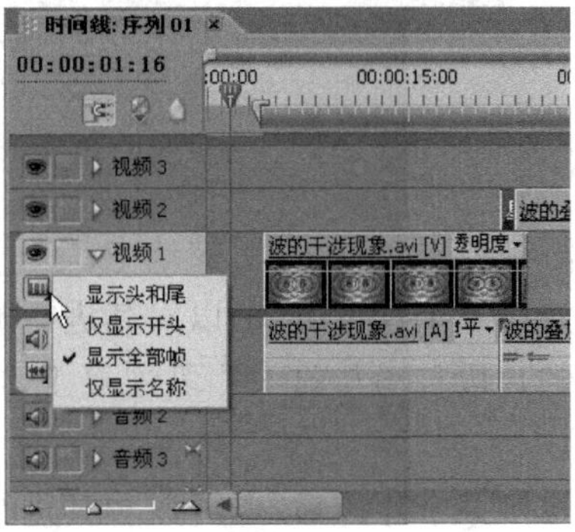

图 4-82 设定显示风格

(3) 设置时间轴的时间单位

对于较长的影片,经常会调整时间轴上时间单位的间隔。当需要看时间线的整体效果时,一般将时间单位设置长一些;需要看细部镜头时,将时间单位设置短一些。在【时间线】窗口,时间单位的设置是通过该窗口左下角的 ▲—△—▲ 滑动条来进行的。将滑块向左拖动,时间单位变长,可看到的素材片段变多;将滑块向右拖动,时间单位变短,可看到的素材片段变少,但细部更清楚,如图 4-83 所示。

2)【时间线】窗口的基本功能

(1) 选择、移动、删除

在【时间线】窗口中选择一个视频或音频片段,需利用工具栏中的【选择工具】按钮 ↖。首先在工具栏内单击【选择工具】按钮 ↖,然后将光标移至轨道上单击要选择的片段,此时

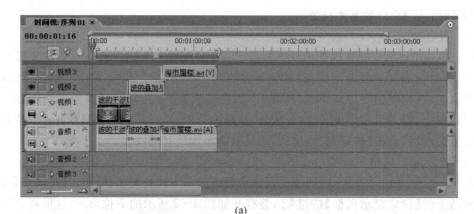

(a)

(b)

图 4-83　设置时间轴的时间单位

该片段被线框包围,表明被选中。

选中某个片段后,可以对其进行删除操作,按 Delete 键即可。如果希望删除该片段后,后面的片段自动与前一片段连接上,右击,在弹出的快捷菜单中选择【波纹删除】命令进行删除。

选中某个片段后,也可以对其进行移动操作。只需在选择的片段上,按住鼠标左键拖动即可。

(2) 复制、粘贴

使用【选择工具】选中要复制的片段后右击,在弹出的快捷菜单中选择【复制】命令,即可复制这个片段。然后单击要粘贴片段的位置右击,在弹出的快捷菜单中选择【粘贴】命令,就可粘贴这个片段。

如果粘贴位置的长度比复制的片段的长度短,系统会自动调整复制片段的出点以适应粘贴位置;如果粘贴位置的长度比复制的片段的长度长,则多余部分保持空白。

(3) 简单编辑功能

前面曾经讲过利用监视器窗口编辑素材,在【时间线】窗口可以更灵活地编辑素材,具体操作步骤如下。

① 向【时间线】窗口拖入一段素材,如图 4-84 所示。由于该素材前后各有一段黑画面,这里要将其切掉,也就是说要修改该片段的入点和出点。

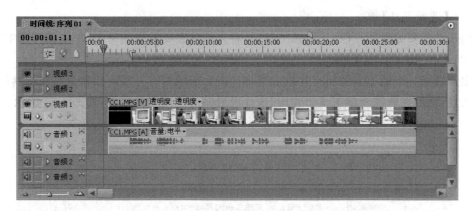

图 4-84　在时间线上引入素材片段

② 单击工具栏内的【选择工具】按钮,将光标移至该片段的开头,此时光标变成 形状,如图 4-85 所示。按住鼠标左键并拖动一点一点向后拉,同时观察监视器窗口中的图像。当窗口中的图像由黑画面转换为正常画面时,松开鼠标,该片段的入点就被修改了。

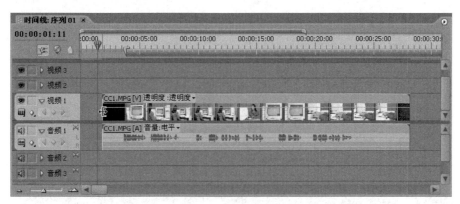

图 4-85　在时间线上改变素材的入点

③ 同理,将光标移至该片段的结尾,此时光标变成 形状,按住鼠标左键并拖动一点一点向前拉,同时观察监视器窗口中的图像。当窗口中的图像由黑画面转换为正常画面时,松开鼠标,该片段的出点就被修改了。

利用此种方式修改素材的入点、出点,只在【时间线】窗口起作用,不影响原素材的入点、出点设置。当需要时,还可以将该片段入点、出点拉长为原始状态。

调整各片段的播出速度也是编辑影片时经常遇到的情况,例如慢镜头、快动作等。首先,选择需要改变播出速度的片段;然后右击,在弹出的快捷菜单中选择【素材速度/持续时间】命令;最后,在弹出的【素材速度/持续时间】对话框中,设定速度或持续时间,如图 4-86 所示。

图 4-86　【素材速度/持续时间】
　　　　　对话框

3）工具栏的使用

在【时间线】窗口的右侧有一组常用工具,用来编辑、修改影片,具体功能如下。

（1）【选择工具】

用来选择要编辑的片段,选中该工具后,将光标移至要编辑的片段,单击即可选中。

（2）【轨道选择工具】

用来选择一个轨道上的所有片段或某个片段之后的所有片段。操作只需在工具栏中单击该工具,然后在轨道上单击某个片段,该片段后面的片段均被选中,如图 4-87 所示。

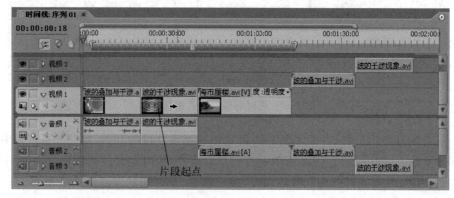

(a)

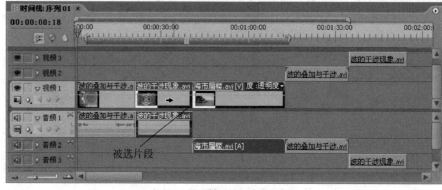

(b)

图 4-87 使用【轨道选择工具】

（3）【波纹编辑工具】

用此工具来调整某个片段,可以不改变其他片段的长度,影片的总长度发生变化,且调整片段其后的片段自动顺序前移或后退,如图 4-88 所示。

（4）【旋转编辑工具】

用来调整某个片段的长度,调整过程是靠增长或减短相邻片段的长度以保持总长度不变。图 4-89 显示了三个编辑过的片段(入点、出点外都有拉伸的余量),如果需要将第一个片段增长而又要保持总长度不变,可以利用【旋转编辑工具】来实现。

在工具栏内选择旋转编辑工具,将光标移至第一个片段与第二个片段的连接处,按住鼠标并拖动,如图 4-90 所示。在监视器窗口可以看到第一个片段尾部延长,第二个画面开头后移的画面。当位置合适时,松开鼠标,就可以实现将第一个片段增长而又要保持总长度不变的效果。

(a)

(b)

图 4-88　使用【波纹编辑工具】

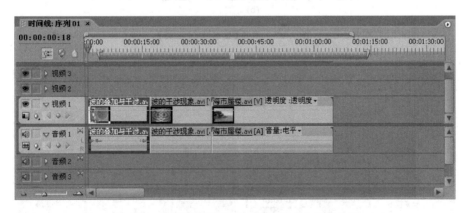

图 4-89　使用【旋转编辑工具】前的三个编辑片段

（5）【比例缩放工具】

　　用此工具可改变片段的播放速度。在工具栏内选择该工具，再在轨道上将鼠标移至某个片段的任何一端，然后按住鼠标拖动光标就可以改变这个片段在时间线上的持续时间，如图 4-91 所示。因为运用该工具并不改变片段的入点、出点时间，因此持续时间改变意味着播放速度的改变，持续时间变短，播放速度加快；持续时间变长，播放速度变慢。

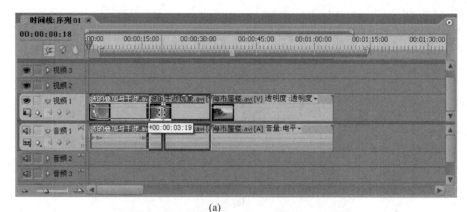

(a)

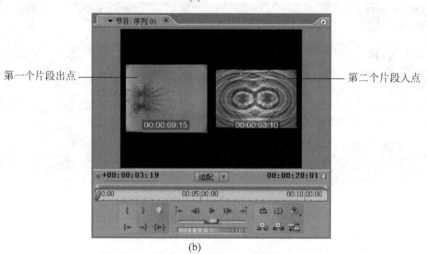

第一个片段出点 ———— 第二个片段入点

(b)

图 4-90   使用【旋转编辑工具】

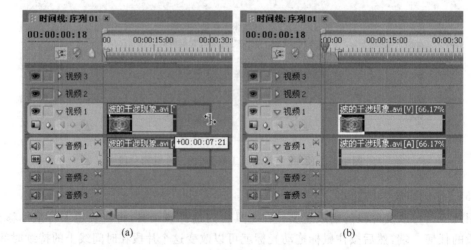

(a)   (b)

图 4-91   使用比例缩放工具

（6）【剃刀工具】

用来将一个片段切分成两个片段。使用方法很简单，如图 4-92 所示，首先在工具栏中选择剃刀工具，然后将光标移至视频 1 轨道上需要剪切的位置，单击确认。执行后，轨道上的一个片段就变成了两个片段，用【选择工具】移动后面的一个片段，可以看到效果。

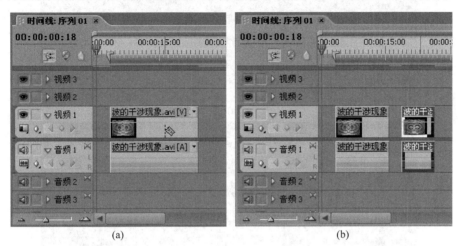

图 4-92　使用【剃刀工具】

（7）【错落工具】

错落工具对素材片段的入点和出点同时移动，而该片段的长度不变，不影响相邻的片段，这种效果与在片段中任意截取一个相同长度片段的效果一样。具体操作如图 4-93 所示，在工具栏内选择该工具，在轨道上将鼠标移至第二个片段的前端，按住鼠标向右拖动光标，在监视器窗口可以看到入点、出点的改变及偏移量。当位置合适时，松开鼠标，新的片段即被选定。这类操作要求入点、出点外具有额外的余量，具有可改变的可能性。

（8）【滑动工具】

滑动工具通过同步移动前一个素材片段的出点和后一个素材片段的入点，在不更改当前素材片段入点和出点的情况下，对其进行相应的移动，节目长度保持不变。具体操作如图 4-94 所示，在工具栏内选择该工具，在轨道上将鼠标移至第二个片段的前端，按住鼠标向左拖动光标，在监视器窗口可以看到入点、出点的改变及偏移量。当位置合适时，松开鼠标，这样当前素材片段被前移，前面的素材片段变短，后面的素材片段加长。这类操作要求后面的素材入点前要有额外的余量，才能保证操作的可能。

（9）【手形把握工具】

用来移动轨道上的片段，作用相当于移动时间线底部的滚动条。

（10）【缩放工具】

用来放大显示在时间轴上的时间间隔。按住 Alt 键的同时选择该工具，可以缩小时间轴上的时间间隔。

4．使用过渡效果

过渡效果主要用于在影片中从一个片段到另一个片段之间的转换。Premiere Pro 提供了近百种过渡效果，利用这些过渡效果，可以在两个视频片段、两个静态图像、视频片段与静态图像之间创造出各式各样的转换效果,从而增强影片的视觉效果。

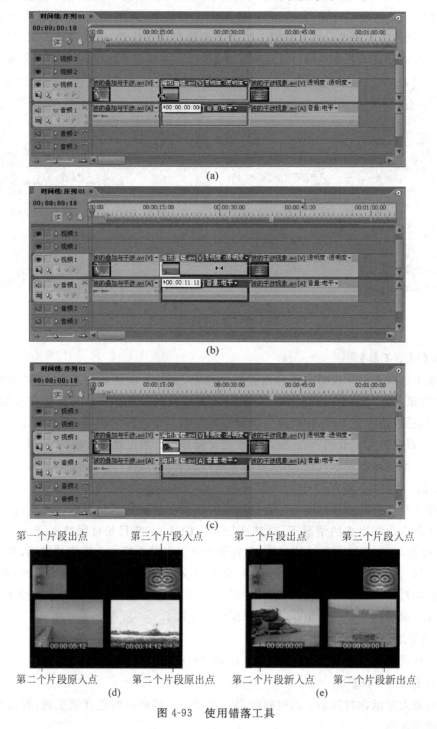

图 4-93　使用错落工具

1)选择过渡效果

在 Premiere Pro 2.0 中,设有【效果】窗口,在该窗口中过渡效果是按效果组划分的,包括【3D 运动】、【划像】、【卷页】、【叠化】、【拉伸】、【擦除】、【映射】、【滑动】、【特殊效果】、【缩放】

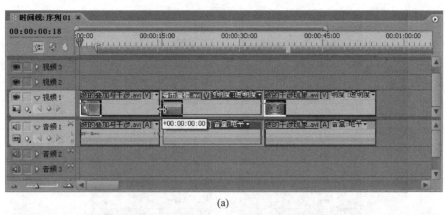

(a)

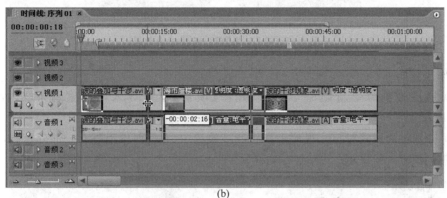

(b)

第二个片段入点　第二个片段出点　　　　第二个片段入点　第二个片段出点

第一个片段原出点　第三个片段原入点
(c)

第一个片段新出点　第三个片段新入点
(d)

图 4-94　使用【滑动工具】

10 个效果组,每个效果组中又有若干过渡效果,共有近百种过渡效果。

选择过渡效果的方法很简单,只需在【效果】窗口中选择【视频过渡效果】打开过渡效果组,再单击选择组别打开过渡效果列表,最后单击具体过渡效果即可,如图 4-95 所示,如果要选择【星形划像】过渡方式,首先单击【划像】过渡组的小三角,打开该组的各种过渡效果,然后单击【星形划像】过渡效果。这样就完成了一种过渡效果的选择。

2) 在时间线上添加过渡效果

过渡效果选择完成后,要拖到【时间线】窗口中编辑,才能完成影片的片段之间的转换。

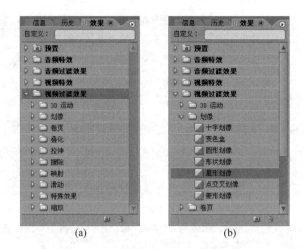

(a)　　　　　　　　　(b)

图 4-95　在【效果】窗口选择过渡效果

具体操作步骤如下。

（1）通过菜单命令新建一个项目，并在【项目】窗口导入两段素材 CC1. MPG 和 CC2. MPG。

（2）分别将两段素材拖入视频 1 和视频 2 轨道中，并使两段素材有一部分重叠，以实现转换过渡，如图 4-96 所示。

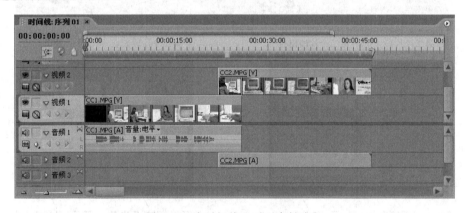

图 4-96　在时间线上引入素材片段

（3）在【效果】窗口中选择【视频过渡效果】|【划像】|【星形划像】命令，将其拖入视频 2 轨道的开始处，如图 4-97 所示。松开鼠标，在该段素材开始处会出现过渡效果图标 **星形划像**（只有放大时间轴才能看到图标全貌）。

（4）双击该图标，在监视器窗口会打开【效果控制】对话框，在该对话框中可设置过渡效果的各项参数，如图 4-98 所示。以星形划像效果为例，在这里可以设置过渡过程的持续时间，可以设置过渡效果中边框的边宽、边色，可以设置划像开始点和结束点的位置，还有反转、抗锯齿品质等设置。

（5）参数设置完成后，通过拖动窗口右侧的光标线，在右侧窗口可以浏览到过渡效果；将鼠标移至图标的结束处，按住鼠标左键拖动，可改变过渡的时间，如图 4-99 所示。同样，在【时间线】窗口中拖动光标线,也可以在监视器窗口中浏览到过渡效果。

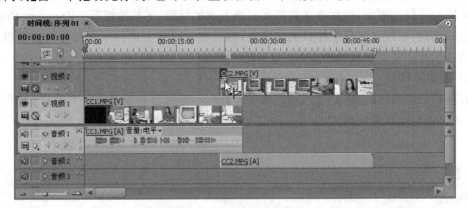

图 4-97　添加过渡效果

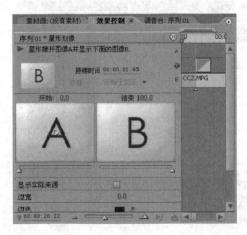

图 4-98　在【效果控制】对话框中设置过渡效果

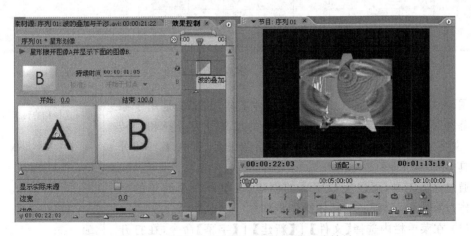

195

图 4-99　在【效果控制】对话框中浏览过渡效果

5. 字幕制作

在影片编辑过程中,经常会遇在某些画面上添加标题、字幕的情况。Premiere Pro 提供了相应的功能,通过在字幕工作区创建字幕,然后在时间线上进行字幕与影片的编辑,最终可完成在影片中添加字幕的操作。

1) 创建字幕

在菜单栏内选择【文件】|【新建】|【字幕】命令,即可打开字幕设计对话框,如图 4-100 所示,该窗口包括字幕编缉区、字幕工具区、字幕样式区和字幕属性区。

字幕工具区   字幕编辑区   字幕属性区

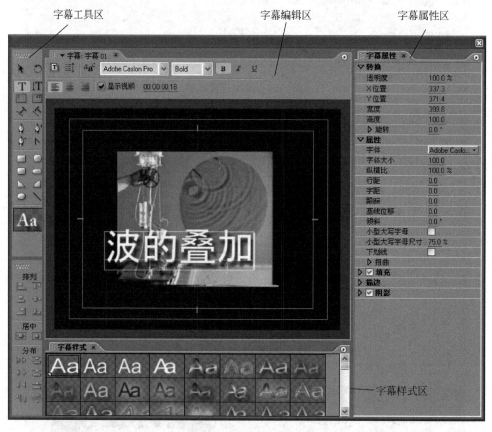

图 4-100   字幕设计对话框

图 4-101 显示了字幕工具区中的各种工具,其功能是用于添加字幕并对其进行控制。字幕工具区中的工具分为选择和旋转工具、文字工具、路径绘制和编缉工具、绘图工具、排列工具和分布工具。

通过这些工具,可以完成字幕的创建,这里以一个简单的字幕制作过程为例,分析一下具体操作步骤。

(1) 在菜单栏内选择【文件】|【新建】|【字幕】命令,在打开的【新建字幕】对话框中,输入名称并确认。随后进入字幕设计窗口,此时字幕区背景为黑色透明色。

(2) 在字幕工具区中选择横排文字工具 T ,将光标移动到中

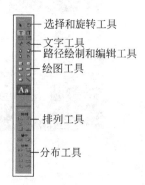

选择和旋转工具
文字工具
路径绘制和编辑工具
绘图工具

排列工具

分布工具

图 4-101   字幕工具区

间的字幕编缉区,单击确定字幕的初始位置。

（3）在字幕样式区,列出了很多字幕样式,如果没有特殊要求,可以在该区域选择一种字幕样式。这里选择第一排倒数第二个,此时字幕工具区会显示此种样式的字母"Aa"。

（4）在字幕编缉区输入"字幕制作"文本,字幕会按照前面设置的样式显示出来,如图 4-102 所示。

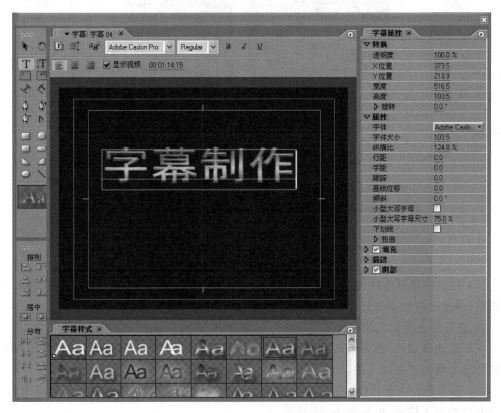

图 4-102　在字幕编缉区输入"字幕制作"文本

（5）如果字幕的位置或尺寸等属性需要调整,可在字幕工具区内单击选择工具 ，此时字幕区内字幕周围会出现 8 个小方块,如图 4-103 所示,拖动小方块,可调整字幕的尺寸;将光标移动到字幕上,按住鼠标并拖动,可改变字幕的位置。

（6）上述操作过程中,在字幕属性区会显示相应的参数。字幕属性区包括了转换、属性、扭曲、填充、描边、阴影等选项,单击选项前的小三角,可展开或关闭该选项的内容。在【属性】选项中,可以设置字体、字体大小、纵横比、行距、字距、跟踪、基线位移、倾斜、小型大写字母、小型大写字母尺寸、下划线等;通过【扭曲】选项,

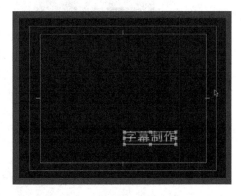

图 4-103　调整字幕尺寸、位置

可以设置字体的扭曲程度；通过【填充】、【描边】、【阴影】选项，可以设置字幕的填充、描边、阴影效果，如图 4-104 所示。

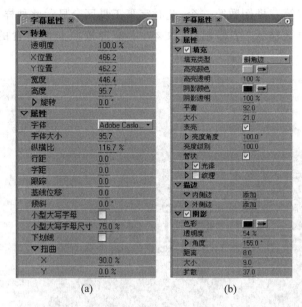

(a)　　　　　　　　　　(b)

图 4-104　字幕属性设置

（7）完成字幕制作和属性设置后，还需要保存该字幕。单击字幕设计对话框右上角退出按钮，系统会将该字幕保存在【项目】窗口中，如图 4-105 所示。

2）在影片上叠加字幕

字幕创建完成后，接下来就要将制作好的字幕叠加到影片中去。这里首先介绍一种在视频节目上叠加字幕的方法，具体操作步骤如下。

（1）在菜单栏内选择【文件】|【导入】命令，在打开的【导入】对话框中选择所需素材，在项目窗口中导入该素材，如图 4-106 所示。

图 4-105　字幕被保存在【项目】窗口中　　图 4-106　在【项目】窗口导入素材

（2）将【项目】窗口中的视频素材拖入时间线的视频 1 轨道上，将字幕拖入到时间线视频 2 轨道上需要添加字幕的位置，并拖拉字幕图标使其时间长度符合画面要求，如图 4-107 所示。

198

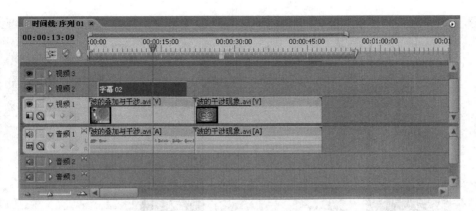

图 4-107 在时间线上添加字幕

（3）在字幕位置，拖动光标线，就可以在监视器窗口中看到实际的叠加效果，如图 4-108 所示。

（4）如果字幕需要进一步调整，可双击【项目】窗口中的字幕文件打开字幕设计对话框，进一步修改字幕的属性。将时间线上的光标线至于字幕和视频叠加处，就可以在【字幕】窗口中看到字幕叠加背景视频的画面，这样更便于修改，如图 4-109 所示。

（5）字幕修改后，退出字幕设计对话框。此时，字幕被重新保存，时间线上与视频叠加的字幕也被修改。这样，我们就完成了一幅字幕的添加。

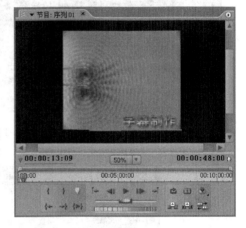

图 4-108 预览字幕叠加效果

3）制作静态图像和字幕

在影片编辑过程中，不仅会遇到将字幕与视频叠加在一起的效果，也会遇到将静态图像和字幕作为视频节目处理的情况。Premiere Pro 提供了很多模板，可以很方便地实现这一功能。具体操作步骤如下。

（1）在菜单栏中选择【字幕】|【新建字幕】|【基于模板】命令，会打开【模板】对话框。在该对话框中，提供了多种模板，选择其中一种，单击【确定】按钮确认，如图 4-110 所示。

（2）此时在字幕设计对话框中将显示出应用该模板的画面。用字幕工具区内的选择工具，选中相应字幕，根据需要修改字幕内容及属性，如图 4-111 所示。

（3）字幕制作完成后，单击字幕设计对话框右上角的退出按钮，系统会自动保存该字幕。

（4）此时，在【项目】窗口将显示该图像文件。将该图像文件拖到【时间线】窗口的视频 1 轨道上，与原来视频文件相连，并在【效果】窗口中选择一种过渡效果，拖到轨道上视频文件与图像文件之间。将光标线移至过渡效果处，就可以看到实际的叠加效果，如图 4-112 所示。此处，图像文件作为一路视频内容处理，转换后的最终结果显示的是图像文件。

199

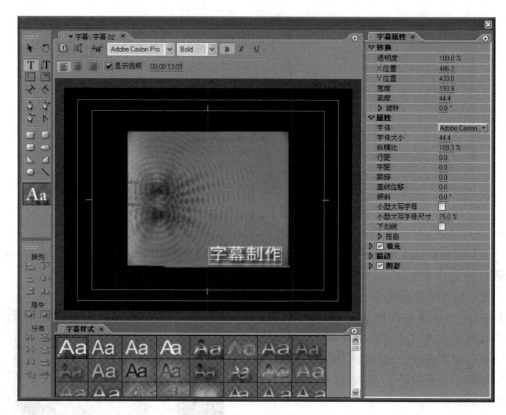

图 4-109　修改字幕

图 4-110　【模板】对话框

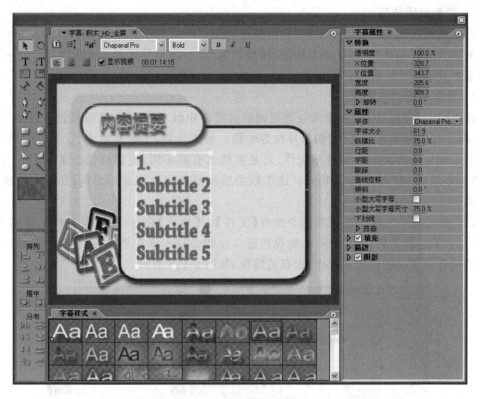

图 4-111　应用模板的画面

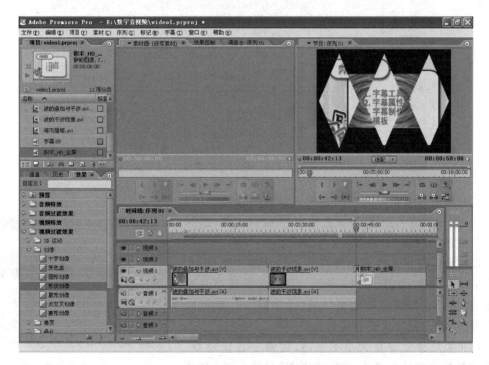

图 4-112　在时间线上添加静态图像、字幕

第4章　数字视频技术与制作 ◀◀◀

6. 音频编辑技巧

完整的影片离不开音频的支持，包括解说、配乐、同期声等多种形式。Premier Pro 提供了功能强大的音频功能，包括基本编辑、属性设置、音频滤镜等功能。这里主要介绍一些常用的基本功能。

1）音频编辑的基本方法

在 Premier Pro 中，音频编辑与视频编辑有很多相似之处，基本的编辑过程包括导入素材、在时间线上编辑音频文件、调整参数等步骤。对于音频，无论是解说、音乐或同期声，经过数字采集后均转换成数字音频文件，只是其格式有些不同，例如解说经常采用 WAV 格式，音乐多采用 MP3、DAT 等格式。这里以给编辑好的视频配音乐为例，介绍一下具体操作步骤。

（1）导入音乐素材。在菜单栏中选择【文件】|【导入】命令，将所需音频文件调入【项目】窗口。双击该音频文件图标，在监视器窗口左侧会显示该音频文件的信息，在该窗口中可以控制音频文件的播放和入点、出点的编辑，如图 4-113 所示。

图 4-113　导入音乐素材

（2）根据已编辑好的视频文件的长度，在【监视器】窗口中，利用设置入点 ￼ 和设置出点 ￼ 编辑工具，选择同等长度的一段音乐，如图 4-114 所示。

（3）将该音频文件拖到时间线上的音频 2 轨道上，与视频文件对齐，如图 4-115 所示。将光标线移至开头位置，单击监视器窗口右侧窗口的【播放】按钮，就可以看到并听到音、视频轨道合成的效果。

（4）如果感觉音量大小不合适，可调节音量增益。利用工具栏中的选择工具，在【时间线】窗口的音频 2 轨道上选中该段音乐右击，在快捷菜单中选择【音频增益】命令，

图 4-114　编辑音频片段

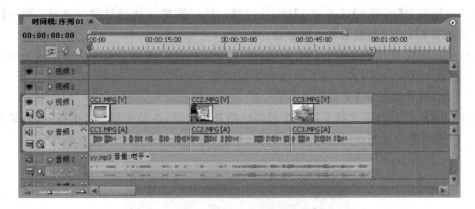

图 4-115 在时间线上添加背景音乐

会打开如图 4-116 所示的【素材增益】对话框。通过调整 dB 值,可改变音频音量的大小。

（5）大家可能注意到,在音频 1 轨道上有音频文件,这是与视频链接在一起的解说词。有些情况下,可能需要删除这些音频文件。具体操作如下:用工具栏中的选择工具选中要删除的素材片段,会发现该段的视频与音频是链接在一起的。右击,在快捷菜单中选择【解除视音频链接】命令,此时音视频就会分开,然后单击音频文件,就可进行删除操作了。

图 4-116 调节音量增益

2）音频的基本编辑技巧

在音频编辑过程中,还有一些常用的编辑技巧,如调音台的使用、利用【效果控制】设置音频效果、设置交叉淡化的过渡效果、添加音频特效等。下面做些简单的介绍。

（1）调音台的使用

① 在时间线窗口播放某段音频素材,同时在监视器窗口中打开【调音台】选项。如图 4-117 所示,【调音台】选项中会显示音频电平的变化。这里显示了三个音频轨道（音频 1、音频 2、音频 3）,分别与时间线上的轨道对应,主音轨表示几个音轨合成后的总输出。

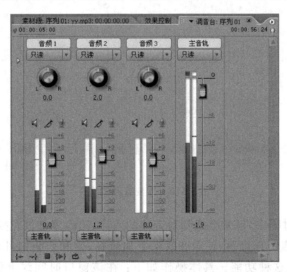

图 4-117 使用调音台

② 分别调节【音频 1】、【音频 2】轨中的拉杆,可以调整该轨道音频的音量;调节【主音轨】轨中的拉杆,可以调整总输出的音量。

③ 将鼠标移至音轨旋钮上左右拖动,可以改变左右声道的平衡。旋钮旋转的同时,旋钮下方的数字也会改变,表示左右声道的平衡数值。

(2) 利用【效果控制】设置音频效果

① 在时间线上利用选择工具选中需调整的音频素材,在监视器窗口中打开【效果控制】选项。在该选项中单击小三角,分别展开【音量】、【电平】选项,如图 4-118 所示。

图 4-118　设置音频效果

② 在该窗口中,左右拖动【电平】选项下方的三角形划块,可以改变音频的电平,以达到调节音量的目的。同时该窗口右侧时间线下方代表音频电平的线段也会改变,如图 4-119 所示。

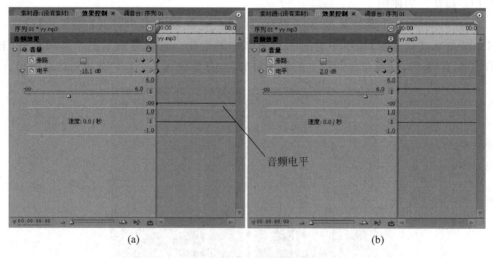

(a)　　　　　　　　　　　　(b)

图 4-119　改变音频的电平

③ 在音频编辑过程中,经常会遇到对音频的入点、出点添加淡化效果,这样做的目的是使入点音乐渐起、出点音乐渐落,使声音效果更加流畅、柔和。我们可以利用【效果控制】窗口中的时间线来完成这种功能。具体操作如下:在该窗口时间线上将光标线移至开头位

置,在【电平】选项右侧单击【添加关键帧】按钮,这时时间线上会出现关键帧,如图 4-120(a)所示;同理,如图 4-120(b)所示,添加其余三个关键帧;将第 1、4 个关键帧向下拉动,将电平调为零,如图 4-120(c)所示;这样我们就完成了添加淡化效果的操作,播放该段音频,可以听到淡入、淡出的效果。

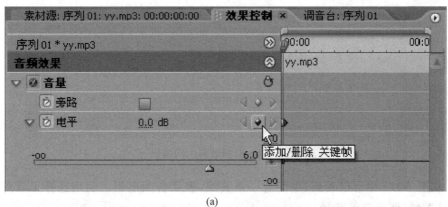

(a)

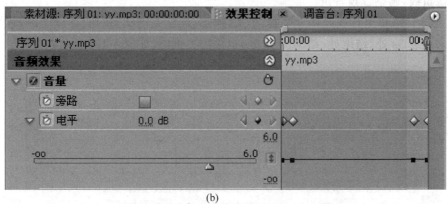

(b)

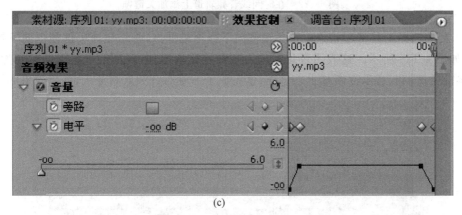

(c)

图 4-120　在【效果控制】窗口时间线上设置淡入、淡出效果

（3）在【时间线】窗口设置淡入、淡出效果

前面讲了在【效果控制】窗口时间线上设置淡入、淡出效果,在【时间线】窗口也同样可以设置。具体操作步骤如下。

① 单击音频 2 轨道左边的三角按钮,展开音频轨道,如图 4-121 所示,在音频 2 轨道上可以看到该音乐的波形。单击音频 2 轨道左边的【设置显示风格】按钮 ,可以选择【显示波形】或【只显示名称】命令;单击【显示关键帧】按钮 ,可显示关键帧;单击【添加/删除关键帧】按钮 ,可以添加或删除关键帧。

图 4-121 扩展音轨上的按钮

② 从图 4-121 中可以看到,中间有一条黄线,表示音频电平。利用选择工具可整体上下移动该黄线,调整音频音量。

③ 将光标线移至音频起始点位置,单击【添加/删除关键帧】按钮 ,添加一个关键帧。同理在入点后 3s 处、结尾处、结尾前 3s 处,也添加关键帧,如图 4-122 所示。

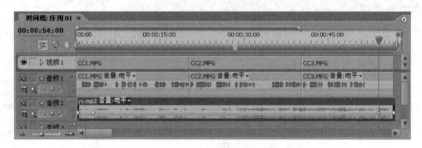

图 4-122 在时间线音频轨道上添加关键帧

④ 利用选择工具将起始点位置关键帧向下拖至最低点,将结尾处关键帧也向下拖至最低点,如图 4-123 所示。这表明音乐是从入点开始逐渐增加,到第一个关键帧时变为正常,从结尾前关键帧起音乐逐渐减小。这样,就完成了一段与音频素材淡入、淡出效果的设置。

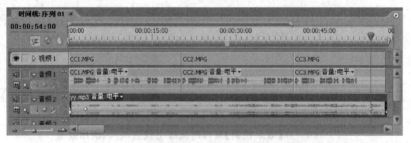

图 4-123 在时间线音频轨道上设置淡入、淡出效果

⑤ 将光标线移至开始位置,单击监视器窗口【节目】对话框中的【播放】按钮,或按空格键,可以听到淡化的效果。

第5章 数字动画技术与设计

伴随着互联网与数字图形技术的发展,数字动画产业已经成为全球继 IT 产业之后,又一个快速发展的朝阳产业。数字动画技术的发展为每个置身动漫行业的人提供了有力的支持。数字动画所涵盖的内容包含了美术设计、IT 技术、音乐艺术以及各种动画制作软件的使用等。

5.1 数字动画的概念与分类

5.1.1 数字动画的概念

人们提到动画一词,联想到的往往是迪士尼、米老鼠和其他一切在电视或计算机屏幕上为孩子们钟爱的卡通形象。“动画”,在英文中为 Animation,是活动的图画的意思。在《英汉大辞典》中,“动画”一词被译为“赋予……以生命”,意指赋予本无生命的静态图画以动态的生命活力。由此可知,从文字层面说,动画是一种活动的、被赋予生命的图画。

动画是基于人的视觉暂留原理创建一系列静止图像,然后在一定时间内,连续快速地观看这一系列相关联的静止画面。组成动画的每个单幅静止画面被称为帧,由于视觉暂留而形成连续动作的画面。如图 5-1 所示,小鸟飞翔时的连续动作被分解画出,以一定的速度播放,即可形成小鸟飞翔的动画。

图 5-1　小鸟飞翔时的连续动作

动画是利用了人眼的视觉暂留原理。医院研究已经证明,人类具有“视觉暂留”特性,就是当人的眼睛看到一幅画或一个物体后,在 1/24s 内看到的影像不会消失。根据这一原理,把一系列相关的静态图片以每秒 24 张的速度串连在一起,一幅画在人脑中的影像还没有消失前播放出下一幅画,这些图片在快速闪现时产生活动影像,就会给人造成一种流畅的视觉变化效果,从而构成动画。

数字动画是现代计算机图形技术高度发展所产生的一种动画形式。数字动画在制作过程中利用了计算机作为制作工具,利用计算机技术生成一系列可供实时播放的动态连续图像。数字动画既可以制作二维平面动画,也可以生成三维立体动画效果。但是数字动画是由专业的视觉艺术人员操作计算机来完成的。由于数字动画的视觉虚拟特性,利用计算机可以轻松实现那些采用传统制作方式较难制作的画面和镜头。

5.1.2 数字动画的分类

分类是人类思维活动的重要方法,动画的分类根据风格表现、题材设定、传播途径以及技术运用等不同而有所不同。

从美术设计视角来看,数字动画可以分为写实类动画,如美国动画片《人猿泰山》、日本动画片《灌篮高手》;写意类动画,如日本动画片《机器猫》;抽象类动画(或称为超现实类动画),如动画片《钢丝恶作剧》。

从视听语言方面划分,数字动画可以分为镜头语言表现风格与声音效果表现风格两类。

从创作题材方面划分,数字动画的题材可以分为艺术动画、娱乐动画、科教动画和商业动画。

从传播途径方面划分,数字动画可以分为最初的影院动画、后来的电视动画、再到大众化的网络动画,目前最为时尚的当属手机动画了。

从技术应用分类,数字动画可以划分为二维动画、三维动画和网页动画。

本章主要从技术应用角度来介绍二维动画、三维动画和网页动画的技术与应用。

5.2 数字动画的制作流程

数字动画是以造型艺术为基础,综合了文学、绘画、音乐、表演、摄像、电影等艺术手段,又结合了计算机技术的一种数字艺术形式。其制作流程如图 5-2 所示。

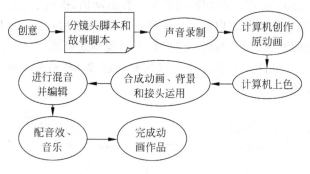

图 5-2 数字动画制作流程

对于不同的制作团队,动画的创作过程和方法可能有所不同,但基本规律都是一致的。数字动画的制作流程可以分为总体规划、设计制作、具体创作和动画合成 4 个阶段。

1. 总体规划阶段

1) 编写剧本

任何影片创作的第一步都是创作剧本,但动画的剧本与电视电影的剧本有很大不同。动画影片中,没有电视电影剧本里大量的对白,动画剧本最重要的是用画面来表现视觉动作,最好的动画是没有对白的,通过视觉创作来激发观众的想象力。

2) 绘制故事板

根据剧本,绘制出类似连环画的故事板,即分镜头绘图剧本,将剧本描述的动作表现出来。故事板由若干片段组成,每一片段由一系列场景组成,一个场景一般被限定在某一地点和一组人物内,而场景又可以分为一系列被视作图片单位的镜头,由此构造出一部动画片的整体结构。故事板在绘制各个分镜头的同时,要为其内容的动作、道白的时间、摄影指示、画面连接等作相应的说明。一般30分钟的动画剧本,将设置400个左右的分镜头,这些分镜头将被分解为约800幅图画的故事板。

3)制作进度表

进度表是整个影片的进度规划表,以指导动画创作团队的人员统一协调地工作。通常项目导演会在进度表上规定时间,而动画师则以此为依据,在另外各栏上定出完成每一个动作所需要的动画张数。这些进度对于动画创作团队的每一个成员都有用处。

2. 设计制作阶段

1)角色设计

设计工作是在故事板的基础上,确定背景、前景以及道具的形式和形状,完成场景环境和背景图的设计、制作。对人物或其他角色进行造型设计,并绘制出每个造型的几个不同角度的标准页,以供其他动画人员制作参考。

2)声音录制

在动画制作时,动作必须与声音相匹配,所以声音录制不得不在动画制作之前进行。当录音完成后,编辑人员还要将记录的声音准确地分解到每一幅画面位置上,即第几秒(或者第几幅画面)开始对白、持续多久等。最后要把音轨分配到每一幅画面位置与声音对应的条表,供动画制作人参考。

3. 具体创作阶段

1)原画创作

原画创作是由动画设计师绘制的动画中一些关键画面。通常是一个设计师只负责一个固定的人物或角色的创作。

2)中间插画制作

中间插画是指两个重要位置或框架图之间的图画,一般就是两张原画之间的一幅画。助理动画师制作一幅中间画,其他美术人员再内插绘制角色动作的连接画。在各原图之间追加的内插的连续动作的画,要符合指定的动作时间,使其能表现的接近自然动作。

3)着色

动画片通常都是彩色的,因此用计算机技术将图画着色。

4. 动画合成阶段

1)检查

检查是合成阶段的第一步。在每个镜头的每幅画面全部着色完成之后,拍摄之前,动画设计师需要对每一场景的各个动作进行详细的检查。

2)画面编辑

编辑过程主要完成动画各片段的连接、排序和剪辑。

3)混音编辑

编辑完成之后,编辑人员和导演开始选择音响效果配合动画的动作。在所有音响效果选定并能很好地与动作同步之后,编辑和导演一起对音乐进行复制。再把声音、对话、音乐、音响都混合到一个声道上,最后合成作品。

209

5.3 数字动画的设计概述

数字动画设计过程中,包含动画策划、剧本创作、角色造型设计、美术设计、分镜头剧本创作、背景设计、动作设计、声音设计等,下面我们分别来介绍这几部分。

1. 动画策划

动画策划分为制作策划和主题策划两种。制作策划是指在真正进入动画制作之前,对本部动画片的制作目的、主要面对的观众群体、对产品影响规模的把握、制作流程、上映之前的宣传以及上映之后根据效果所开发衍生的商品等。主题策划主要是从动画片剧本的策划入手,从文学角度分析作者对动画片故事的情节、人物设定、主题思想等各方面的把握。

2. 剧本创作

剧本创作是动画片制作的前期环节。动画剧作具有以下三个基本特点:故事的幻想性,动画片为观众提供的是一个不同寻常的幻想世界,其中的角色也大多是神奇化了的卡通人物,如《狮子王》《玩具总动员》等。角色理想化、拟人化,动画片里的角色大多不拘泥于现实的逻辑,有超现实的能力,如《猫和老鼠》中的猫等。用纸和笔以及计算机创造画面形象,动画片允许和鼓励创作者不受现实状况的约束,可以构成一个相对独立的虚幻世界。

3. 角色造型设计

动画片中,塑造一个生动有趣的角色及其造型尤为重要。我们来简单介绍影像动画角色造型设计的几个因素。

1) 艺术表现风格

动画片的角色造型是由动画师运用手绘或计算机设计制作的,因此在设计一部动画片的造型时,首先要依据这部动画片整体的艺术表现风格来考虑其造型的风格。在设计角色造型的时候,就是要依据影片总体的艺术风格来确定角色造型的风格,切忌只顾个人喜好滥用风格。

2) 具体角色所处的时代、地域、民族特征

当确立了角色设计的艺术风格后,就要进一步依据剧情的需要考虑这个角色在这个故事中的时代、地域以及民族特征。这就如同在实拍电影故事片中选演员一样,在一个动画片中创造角色形象的好坏并没有绝对的标准,但是要如何设计这个角色,还要有一定的依据。只有考虑了角色的时代、地域以及民族特征后,设计者才能有的放矢地依据这些最基本的特征,有效地划分诸如古代、现代还是未来,东方、西方,亚洲、非洲、欧美等人类的基本形象特征以及服饰特色来设计出符合剧情要求的角色造型。

3) 具体角色的年龄、性格、职业、社会阶层等特征

动画角色设计要进入角色本身最具体最细节的设计时,就要考虑诸如年龄、性格、职业、社会阶层等特征了。一个好的造型设计者应该是牢牢把握这些角色的个体信息,从中找到他们与众不同的形象外部特点,并依据影片本身的艺术风格来作进一步的设计。

4. 美术设计

美术设计是动画片生产环节中重要的一环,属于动画片前期工作。主场景设计、色彩指定是美术设计的两个重要步骤。

虽然动画片场景设计要比实拍影片有许多设计、实施方面的优势,不受材料、成本预算

以及搭建条件的制约,但是场景设计一定要符合剧本剧情的要求。同时还要考虑角色性格、年龄、性别、职业等因素对场景设计的影响。在场景设计过程中,还要注重场景的场面调度功能,设计多个角度,便于动画影片的展开和角色的表演活动。在设计动画场景时,还要注意场景空间与角色比例及透视关系,结合角色提及的大小高矮等来综合考虑场景的尺度及透视比例。主场景与分场景的位置关系应与设计风格相协调,还要合理设计光源与场景色彩的配置。

在动画片中的"色彩指定"一般专指为角色设计色彩。在动画片的早期,一部动画片的色彩指定一般只有一套,而且大多设计的比较简单,但随着现代动画技术的不断提高和计算机技术的介入,使得二维动画片的制作工艺得到了简化,同时为适应现代动画片剧情的复杂和多变性,现在在一部动画片会经常出现同一角色在不同段落中具有不同的色彩指定,它是使画面更加丰富、段落色彩更加协调、多变的有效手段之一。

5. 分镜头剧本创作

动画片分镜头剧本就是将动画片的文学剧本分成一系列可供绘制画面分镜头的一种剧本。准确地说,它是导演在动画片文学剧本的基础上,经仔细、深入地研究后,得出的运用电影镜头画面和声画结合的电影语言来进行创作的依据。它是指导下一步美术设计和原动画设计以及整个动画片制作过程的依据。动画片分镜头剧本主要包括以下几个方面。

(1)要标注镜头序号和镜头长度,动画片制作人员不得随意更改镜头序号,镜头长度一般以"秒"来计算,"秒"之后用"帧"。

(2)绘制分镜头画面是整个分镜头剧本的重要组成部分,一般由导演亲自绘制,有时由专门的动画片设计人员代为绘制。

(3)撰写镜头内容、动作要求和台词以及使用的音乐、音效的说明。分镜头剧本中的文字说明要简洁准确,而角色的台词则要根据该片的剧情和语言风格,以及角色的具体信息来设计。台词是指导原画设计角色动作特别是口型的唯一依据。音乐、音效说明是对每一个镜头的音乐和音响效果的最初设想,为后期音乐和音效的录制提供一个最初的参考。

(4)标注动画摄影技巧、剪辑手法。由于动画片的特殊性,其动画摄影技巧也具有自身的独特之处。二维动画多采用逐格拍摄技巧,三维动画与电影类似,如遇到长背景、斜移背景等特殊情况,导演就需要在分镜头剧本中特别标注,以备动画摄影师拍摄时依据要求执行。剪辑手法也要以文字的形式标注在分镜头画面之间的空白处,动画摄影师和后期剪辑师都要依据分镜头剧本的要求执行。

6. 背景设计

背景设计是动画片中期生产环节中的重要一环。背景设计无外乎有以下三种风格。

(1)写实风格:追求环境、场景、道具的真实光影,色彩、质感、透视等元素为背景画面追求的美学目标,往往通过对生活原型的采风和实地考察来搜集素材,加工处理。写实风格是一种源自生活而高于生活的艺术化真实呈现。

(2)装饰风格:这种风格的背景大多运用概括、归纳、变形、变色、重新组合、解构等艺术手段来组织背景画面,已达到具有装饰效果的背景画面。此类风格的背景更加具有艺术性、创造性,是一种形而上学的美学观念在动画中的体现。

(3)简化风格:这种背景具有独特的美学价值,汇聚了高度简洁、概括的外部造型和色

211

彩单纯、大色块等特点,不追求画面中物象的真实性,而只追求画面本身的单纯、简练的艺术效果。

7. 动作设计

动作设计即是动画的原画设计。动作设计要注意以下几点因素。

(1) 角色造型、形体特征。在涉及任何一个角色的动作时,除了要符合基本的动作规律外,还要注意角色本身的造型和形体特征,一个角色的形体决定了这个角色的动态。

(2) 角色的年龄特征。角色本身的年龄特征影响其动作设计,一个蹒跚学步的孩子和一个箭步飞奔的少年,其动作特征是不一样的。因此动作设计师要在生活中观察捕捉不同年龄角色的动作特定规律。

(3) 角色职业特征。职业不同的角色会有一些独特的动作特征,而动画片中的角色动作往往要比生活中的更加概括和夸张,因此在设计动作时要注重角色自身的职业特点。

(4) 角色性格特征。动画片中角色的性格决定了角色的动作特点。一个性情缓慢的人动作也会比一般人慢,而一个性情急躁的人,做事往往很快速。这些带有典型的性格特征的动作,动作设计师需要捕捉到。

(5) 角色情绪特征。这是一个容易被忽视的因素。由于剧情的变化而产生的角色情绪变化,往往会在动作上造成一定差异,值得动作设计师认真对待。

(6) 特定情景特征。这是动作设计师需要考虑的重要因素,因为每个镜头都会因为剧情的不同而产生特定的情景,从而改变角色原有的动作形态。

(7) 风格特征。这里的风格特征是指角色要符合整部片子的基本动作设计风格。每一部动画片都有自己的风格特征,动作设计师要遵循导演的意图来处理不同要求的动作设计。

8. 声音设计

动画片在声音的配合下,将观众引入一个虚幻的、高度假定的空间内、跟随动画影片的人物去喜怒哀乐。声音设计包括了音乐设计、音响设计、语言设计等。

5.4　常用二维动画技术

5.4.1　常用二维动画技术概述

目前的计算机动画制作上所使用的软件种类繁多,在二维动画制作方面的软件则以Softimage|Toonz(图 5-3)、Usanimation、Retas Pro(图 5-4)和 Animo(图 5-5)为最佳。

图 5-3　Softimage|Toonz 软件　　　　　　　　图 5-4　Retas Pro 软件

Softimage|Toonz 可以运行于 SGI 超级工作站的 IRIX 平台和计算机的 Windows NT 平台上，被广泛应用于卡通动画系列片、音乐片、教育片、商业广告片等中的卡通动画制作。Retas Pro 是日本 Celsys 株式会社开发的一套应用于普通计算机和苹果机的专业二维动画制作系统，它的出现，迅速填补了普通计算机和苹果机上没有专业二维动画制作系统的空白。Animo 是英国 Cambridge Animation 公司开发的运行于 SGI 工作站、苹果机和普通计算机平台上的二维卡通动画制作系统，它是世界上最受欢迎、使用最广泛的系统。

英国 Cambridge Animation 公司开发的 Animo 动画制作系统，可运行于 SGI O2 和 Windows NT 平台上。Animo 是世界上使用最广泛的二维动画制作系统之一。目前，美国好莱坞的特技委员会已经把 Animo 作为二维动画制作方面的一个标准。

Animo 动画制作系统为动画师提供了一系列综合的动画制作工具，从扫描画稿到最后的胶片或磁带输出，都可应用数字化方式。Animo 的界面非常直观，工具完全符合动画师的创作需要。

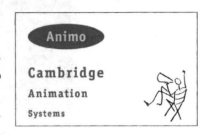

图 5-5　Animo 界面

Animo 是一个模块化的软件系统，可单机运行，也可以用于网络环境中的卡通节目制作小组协同工作，或与网络中其他平台上的动画软件协同合作。国际互联网技术的发展使整个动画制作过程发生了巨大的变革，使基于相同电影和视频媒体的工作室能够在互联网上获得跨国际合作的机会。Animo 率先采用由 Internet 提供的制作方式，为用户提供通过国际互联网进行合作的可能。欧洲和美国的许多工作室向亚洲的 Animo 工作室提供了数字信息，将他们大量的动画制作工作拿到亚洲来完成。

5.4.2　Animo 模块简介

Animo 是一款功能非常强大的二维动画系统软件，是世界上最受欢迎，使用最广的二维动画系统，由多个模块组成，如图 5-5 所示。

Animo 适合从扫描、上色、合成到最后，也可与运行在其他平台上的其他动画软件在网络中协同合作。它为动画师提供了一组综合的动画工具，使动画师可以应用数字化方式从扫描画稿开始到最后的胶片或磁带输出来制作他们的动画作品。Animo 应用数字技术进行动画制作的过程模拟了传统的动画制作流程，它的操作方式是为专业动画师设计的，非常直观，并完全满足动画师的需要。下面我们简要介绍一下各模块的基本功能。

PencilTester(线检)模块，是专为动画的前期制作设计的，是一个动检工具。它的功能很强大，可以进行画稿的输入、编排摄影表，还可以进行缩放、旋转和制作路径动画等，支持多层动画的叠加，并且可以将声音文件加入到动检的动画中，还可以将线检的结果输出成 AVI、MOV 等多种格式的视频文件，以便于在前期制作时对整个影片有一个大体的把握，其界面如图 5-6 所示。

ScanLevel(扫描)模块，负责扫描画稿，并正确排列扫描的图像的顺序，以层的方式保存文件，其扩展名为.lvl。ScanLevel 在输入画稿时有三种模式：黑白模式、灰度模式和彩色模式。其中重点介绍灰度模式，为保证动画师原始的笔触和绘画风格，ScanLevel 可采用灰度模式将铅笔线识别成 256 级灰度，也可导入由其他图像处理软件输入的画稿，使其成为由

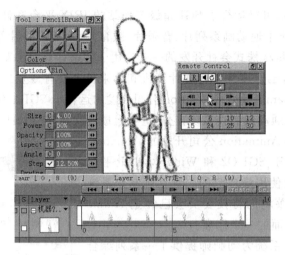

图 5-6　PencilTester 模块

Animo 可进行编辑的动画层文件。

　　Animo 早期版本只能使用 SCSI(Small Computer System Interface)商业接口的扫描仪，Animo 4.0 版本开始可以使用 TWAIN(Toolkit Without An Interesting Name)接口的家用扫描仪，如图 5-7 所示。

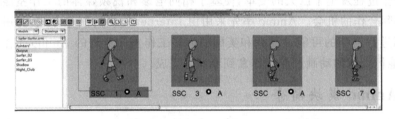

图 5-7　ScanLevel 模块图

　　ImageProcessor(线处理)模块是生成描绘线和区域线的模块。在对画稿进行上色之前，需要用到 ImageProcessor 模块为动画稿创建描绘线和区域线，描绘线即线稿输出时显示的线条；区域线即对要上色的区域制定一个区域分界线，使画稿的线条能够区分上色的区域，以便于上色。因为在 InkPaint(上色)模块中上色是基于区域线上色的，故用这种方法上色时既不会破坏动画师在绘画时铅笔线条的粗细浓淡，又可以得到很好的效果。该模块是 Animo 中唯一一个在传统制作工艺中不会用到的功能，如图 5-8 所示。

　　InkPaint(上色描线)模块是 Animo 中的上色描线模块，它的主要作用就是编辑颜色模板和使用颜色模板为动画稿上色。InkPaint 模块提供了大量特定的上色工具，如自动上色、线条封闭、清除画稿上的杂点和颜色锁定等。上色速度非常快，并且可以使用多种显示浏览方式来观察和检测上色时疏忽和错误的地方。在该模块中可制作渐变色效果，即相邻的两个颜色是过渡的、交融的，而非相互独立的，使画面效果更加丰富。

　　建立色指定，即制作一个 Animo 格式的模板文件，其扩展名为.crm，画稿被扫描到计算机中后，需要在 InkPaint 模块中选择上色时所需要的颜色，也就是为动画中每一个角色或道具的各个部分指定颜色，并建立调色板。如果色指定有所调整，Animo 可以自动改变各

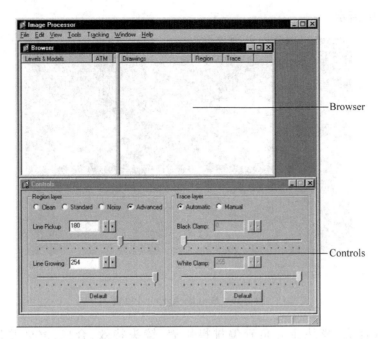

图 5-8　ImageProcessor 模块

区域中的颜色,无须重新上色,并且可以参照场景中的其他角色以及背景的颜色进行颜色校正,如图 5-9 所示。

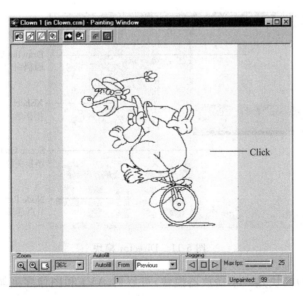

图 5-9　InkPaint 模块

ScanBackground(扫描背景)模块是 Animo 中用于对前层和背景进行处理的一个单元。它的主要功能是输入前景层和背景层,对一些绘制得比较大的背景进行分段扫描,然后进行无缝拼接、合成等。它可以对每张扫描背景的位置进行精确的控制,还有一些背景是分层绘制的,扫描后需要用该模块进行拼合。也可以通过该模块导入由第三方图像作软件制作的图像，如图 5-10 所示。

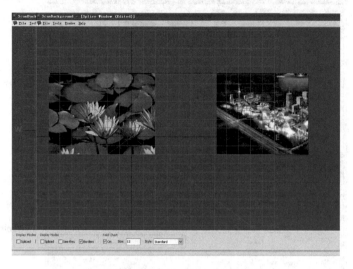

图 5-10 ScanBackground 模块

Director（合成）模块主要负责编排摄影表、镜头特效、合成、渲染并最终输出等。Director 模块提供了基于节点和摄影表的合成工具，通过对角色定位和摄影机定位来合成背景层、实拍镜头和画稿。它的摄影表与传统的摄影表十分相似，这让我们使用起来非常方便。可以输出无损的序列帧和 AVI、MOV 等多种文件格式，如图 5-11 所示。

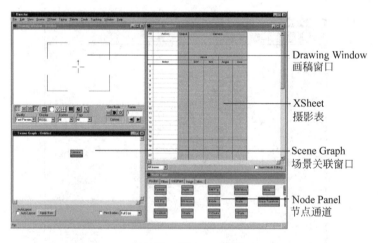

图 5-11 Director 模块

Replayer（回放）模块是一个播放器模块，可以对 AVI 和图像序列帧进行播放。它既可以单独使用，也可以通过通过其他的模块调用，如 ScanLevel、InkPaint、Pencil Tester、Director 等模块均可调用 Replayer 模块，提供了对影像文件的正播、倒播、逐帧播放、循环播放等功能，帧速率可按要求自由设定，如图 5-12 所示。

SoundBreakdown（声音对位）模块是利用语音识别技术将录制好的人物对白的声音和画面中的角色口型进行对位，它可以自动分析声音，辨别出其中的音节，然后自动的对位分层的口型动画，但是目前还只对英语进行了设计，还没有提供对其他语种的支持。故在此书中也不再进行讲解,如图 5-13 所示。

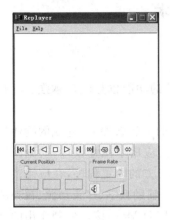

图 5-12　Replayer 模块

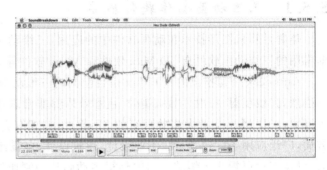

图 5-13　SoundBreakdown 模块

　　BatchMonitor(渲染监视器)模块是 Animo 的一个渲染监视器。它是用来查看当前渲染服务器的工作状态的,而渲染服务器可以接收来自其他客户的渲染请求,帮助网络中的其他机器完成渲染工作,运行该模块需要有服务器。若有服务器,在 Director 中输出时可直接提交服务器渲染即可;若无服务器,在渲染时则选择本地渲染。

　　VectorEditor(矢量编辑)模块是用于修改矢量化处理的画稿。如果打开还没有矢量化处理的层或只是部分矢量化的层,程序会要求矢量化处理该层;如果打开没有颜色模板的层,则需要添加一个颜色模板。VectorEditor 的浏览和参考窗口也提供了很多显示模式选项,特定的时候,可以在不同的窗口中同时使用不同的显示模式,如图 5-14 所示。

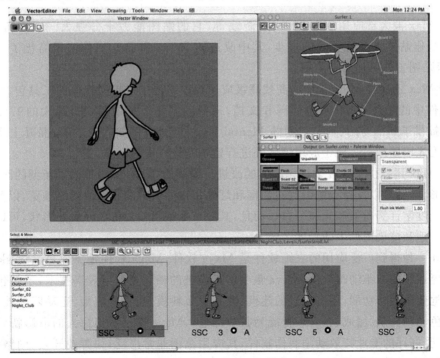

图 5-14　VectorEditor 模块

5.5 常用三维动画技术

5.5.1 三维动画制作软件概述

随着计算机图形技术在动画软件中的应用,三维动画软件的功能也是越来越强大。目前常用的三维动画软件有 3D Max 软件和 Maya 软件等。

Autodesk 公司推出的 3D Max 是目前国内三维动画制作的主流软件,它完成的物体质感强烈,光线反射、折射、阴影、镜像、色彩效果都非常理想,广泛应用于视觉设计,动画及游戏开发。3D Max 支持大多数现有的 3D 软件,并拥有大量第三方的内置程序,在应用范围方面,广泛应用于广告、影视、工业设计、建筑设计、多媒体制作、辅助教学、片头动画、视频游戏,以及工程可视化等领域。国内外很多动画片的制作都是用 3D Max,该软件制作出的动画,被称为动画界的插件大师。随着计算机软件水平的发展,3D Max 的功能越来越强大。

3D Max 软件开发出了新的 Reveal 渲染系统。该系统可以精确渲染模型,可以通过对渲染系统的设置,依据制作需要进行渲染。动画制作者可以实现抠像渲染,也就是可以渲染去掉某个或多个物体的场景,或者是渲染某个物体的特定区域。这种渲染方式就变得非常方便、简单。3D Max 提供了更高的 OBJ 转换保真度,也就是在与其他软件或其他数字建模软件包之间转换对象文件时,文件保真度较高。且 3D Max 和 Mudbox 以及其他动画制作软件之间传递数据更加容易。例如,制作人员可以利用新的导出预置额外的几何体选项,包括隐藏样条线或直线,以及新的优化选项来减少文件大小和改进性能。3D Max 还提供改进的 FBX 内存管理以及支持 3D Max 与其他产品协同工作的新的导入选项,例如 Maya 和 Builder。

3D Max 被大量应用于建筑设计、游戏等,它的贴图能力十分强大。现在新版的 3D Max 在制作贴图方面有更大的进步,其中改进的 Relax 和 Pelt 工作流程简化了 UVW 展开,使得贴图工具更加简单易用。

3D Max 还具有 Microsoft 的高效高级应用程序编程接口扩展软件的工具包。3D Max 2009 软件中的配有.NET 示例代码和文档,来帮助制作人员使用这个强大的工具包。3D Max 中提供了新的易用、基于实物的 Mental Ray 材质库,例如固态玻璃、混凝土或专业的有光或无光墙壁涂料。便于应用该软件进行建筑设计方面的制作。

3D Max 还提供了光度学灯光方面的改进。新版的 3D Max 中提供了新型的区域灯光,例如圆形、圆柱形以及新型的浏览对话框和灯光用户界面中的光度学网络预览,以及改进的近距离光度学计算质量和光斑分布。而且,其分布类型能够支持任何发光形状,可以将灯光形状显示地和渲染图像中的物体一致。

另外一种得到广泛应用的三维软件是 Maya 软件,Maya 软件是美国 Autodesk 公司出品的世界顶级的三维动画软件,Maya 集中了最先进的动画及数字效果技术,不仅包括一般三维视觉效果制作功能,还有先进的建模、数字化布料模拟、毛发渲染、运动匹配技术,擅长制作角色动画。从《魔戒》、《人工智能》到《珍珠港》,Maya 都展示出惊人的电影特效制作功能,是广受好评的专业特效动画制作软件,其应用范围非常广泛,如游戏开发、网络应用、专业的影视广告、影片特效等。Maya 功能完善、工作灵活、易学易用、制作效率极高、渲染真实感极强,是电影级别的高端制作软件。

由于 Maya 提供直观、高效的建模改进,包括新的功能强大的建模工具,例如软性接缝对称建模、用于快速修改的调整模式以及重新设计的选择工作流程,能够准确地组合网格不同部分的新的合并顶点功能。这样大大提高了角色建模的速度。

随着场景规模和复杂性呈指数级增长,在软件中对数据的管理也越来越难,Maya 中使用的 Maya Assets 能够把一组节点封装到一个容器中,这样对于制作者来说,它们就像一个节点一样,这样就可以高效地组织、共享、参考和呈现复杂的数据。新的场景分割工具以及多线程和算法改进可以提高交互式绘画、模拟和渲染性能,甚至物体最密集的场景也能轻松完成。同时,Maya 中包含用于协作、迭代和数据重用的工具包,能够高效、艺术地精雕三维内容。

最新版 Maya 基于 Autodesk Motion Builder 的数字技术建立了强大的动画分层模式,这样制作者在进行动画制作时不再受到层的限制,可以非破坏性地制作和编辑动画。可以分层处理动画及进行图层之间的排序、融合、合并、分组等。

Maya 能够制作出更加逼真的皮肤。Maya Muscle 这个工具包能够借助辅助运动、碰撞、皱纹、滑动和黏性等全部实现内置,精确地指导肌肉和皮肤的变形。

有时候,动画软件本身并不能完全满足制作人员的需要,这时候就要用到动画插件。例如对三维角色的表情进行制作时,就是利用把表情的一系列变化造型存储在 Morpher 编辑器中,通过进一步的编辑就可以对各种各样的表情进行动态融合转换,配合时间轴操作形成表情动画。3D Max 软件作为动画界的插件大师,可以和很多插件兼容使用。

首先在进行三维角色的面部、手部建模时,常用到 Facial Studio、Morph Toolkit 和 Cluster-O-Matic 等插件。三维角色的建模部分中,面部、手部的建模是最难的,因为除了建造非常复杂,还要建造的特别精准,需要骨骼与皮肤完美的结合,以及很多关键帧的设置,一点设置不好,就会影响后面角色的表情变化及变形效果。这几款插件的出现,大大简化了建模,提高了建模的时间和准确度。例如在用 Facial Studio 进行角色建模时,制作者首先利用 Photo Matching 功能把照片导入到软件中,然后使用 Facial Studio 的非线性控制系统,对角色面部的四五百个变形的参数随意调整,任意组合,可以产生让人意想不到的头部造型。在对手部及其他复杂部分的动画建模时,就可以用到 Morph Toolkit 插件,该软件可以和 Morph-O-Matic 配合使用,在三维软件中制作出复杂的表情和肢体动画。该软件的工作原理是通过独有的非线性堆栈,点选区链接和拷贝功能,从而可以有效地提高变形目标物体的创建速度。其中 Morph Toolkit 包括三个组件:Attach-O-Matic、Copy-O-Matic 和 Link-O-Matic。

其次是三维动画角色的肌肉及骨骼的搭建,用得较多的是 Flesh Light、Pose-O-Matic、Hercules 等插件。例如由工业光魔公司制作的《绿巨人》,也带给观众很大的震撼,观众都惊奇那个满身发绿的巨人是怎么制作的。要知道光是绿巨人的皮肤就有一百多个层次(包括肤色、血管、伤痕、污泥、汗水、斑点、毛发等),更不用说绿巨人那经常裸露在外面的发达的肌肉,所以必须设置好骨骼和肌肉的关系、肌肉的弹性等。这是用一般的软件很难制作的。这部电影在制作中就使用了 Maya 软件及以上的插件。在制作过程中,首先用 Pose-O-Matic 插件建造出绿巨人的骨骼,该插件的强大之处在于不再需要手动的一帧一帧给绿巨人做动画,可以对动画角色进行移动、旋转、缩放和预定义姿态的无缝融合,就连复杂的脸部骨骼搭建动画也变得更加简单有效。该插件还可以配合 Voice-O-Matic 工作,可以快速地创建用骨骼搭建的头部来进行口型同步动画。这样绿巨人的骨骼搭建就完成了。

紧接着就需要给绿巨人制作肌肉,绿巨人的肌肉线条非常明显,在运动过程中需要随着运动发生相应的变化,如角色运动时突起造成的褶皱、风力、重力、摇摆、运动等原因造成的复杂的肌肉拉伸变形效果等都要准确。这就用到了 Hercules 插件,Hercules 依据肌肉的生长及运动学原理,通过软件的控制,只需要简单的拖曳、拉伸、附加节点操作就可以制作出一根根的肌肉条,完成了艺术与技术的完美结合。而且这种方式制作出的每个肌肉条都是独立的,可以单独控制其属性。在制作过程中,配合 Flesh Light 插件使用,还可以自由的控制肌肉的弹性,就像控制一张有弹性的网。

同时,在制作过程中,绿巨人的绿色在电影中是随环境不断变化的,开始时是浅绿色,然后绿色逐渐加重至蓝绿色最后是一种鲜绿色。为了实现在不同灯光下这些绿色的不同反应,制作其实并不复杂,是特效师在电影拍摄时使用小的绿色硅胶模型作为参照,才使 CG 模型的渲染准确地和真实场景一致。

再次是三维角色的口型设置,用得较多的插件有 Voice-O-Matic 和 Mom-O-Matic。三维角色的口型变化也很复杂,制作起来具有一定的难度。Voice-O-Matic 是市场上唯一的专门用于解决三维角色口型同步的软件,这款软件的功能是能使角色的唇部配合多国语言声音文件同步变形。Voice-O-Matic 可以与大部分的三维动画制作软件兼容,且还能对多种语言进行同步对位,例如英语、法语、意大利语、德语、西班牙语、日语和阿拉伯语等多种语言。Voice-O-Matic 设计了全新的用户界面,加快了对声音同步处理的速度,由于其内置了智能的语音引擎,可以自动地将对白声音素材文件打散,然后分配到正确的音位上,整个配位过程只需要几分钟的时间。该插件是市场上最先进的声音同步插件。而且该插件对声音处理的水平很高,可以识别声音样本的音位,使制作者很容易选择到正确的声音。且制作人员可以依据制作的需要,加入自己的录音。

5.5.2 三维动画制作的主要技术

1. 正向动力学与逆向动力学

电脑中的三维虚拟人物的骨骼与现实的骨骼并不同,它是虚拟的、有层次的关节结构,可以定位、变形。这种骨骼包括关节、骨头、关节链、肢体链和层次组织。其中关节是骨头和骨头的连接体,每个关节都可控制骨头的旋转和移动。制作者可以通过控制关节的方法来控制整个骨骼直至人体的运动。

目前用于虚拟人体行为控制的运动学方法分两种:一种是正向运动学,另一种是逆向动力学。正向动力学又叫前向动力学(Forward Kinematics,FK),前向动力学用一组节点的角度来找到末端受动器的位置,其制作原理是由父级带动子级运动,例如用手取物体这个动作,是先运动根部骨骼,然后逐一运动下面的子骨骼。它通过插入对应正向运动学的关键关节来驱动人体关节的运动,即插入关键帧,制作出平滑的动画效果。由于人体关节运动复杂,如果关键帧的关节设置不合理,那人体的运动也就不流畅或不正确了。因此对制作人员的水平要求很高。

另外一种方法是逆向运动学(Inverse Kinematics,IK)。逆向动力学制作出来的模型具有互相连接骨架结构,用户可以先设置末端关节(如手、脚)的位置,这时计算机会根据雅可比矩阵法、CCD算法等自动计算出各中间关节的角度和位置信息。虽然计算机有时生成的位置并不唯一，但是仍然可以给制作者提供位置的参考。这种方法比设置关键帧的方法还是简单得多。因此使用范围也更加广泛。下面我们就来重点研究逆向动力学生成动画的制作过程。

骨骼动画的基本原理是人的运动是由骨架的运动引起的，而骨架又是由一定数目的骨骼组成的，每个骨骼有特定的排列和连接关系。所以就可以通过对骨骼设置动画数据，从而带动骨骼的蒙皮（包括肉、皮肤等）运动的方法，实现对人体运动的控制，如图 5-15 所示。骨骼蒙皮的每个顶点都有相应的权值，通过对权值的设定可以调节控制骨骼的运动对顶点的影响因子。

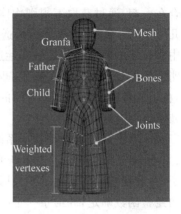

图 5-15　骨骼动画数据设置

在骨骼动画的制作中，关键是对骨架进行动画生成，这要用到关键帧。骨骼动画的关键帧实现的关键点是中间帧的插补。

首先在插入关键帧以前，先通过插值计算出每个骨骼旋转、平移等值，来形成中间帧的骨架，这样就可以在这个中间帧左右运动。插值算法是用四元数的球面线性插值（Spherical Linear Interpolation，SLERP），SLERP 的插值方法很简洁，不像对欧拉角插值那样出现万象锁的现象，而且这种插值能产生更平滑和连续的旋转。

其次就是根据骨架的变化情况，插值计算出骨架的"蒙皮"模型的各个顶点的位置变化。"蒙皮"模型的顶点变换矩阵＝初始姿势的变换矩阵×姿势变换后的矩阵。"蒙皮"模型的顶点会受到骨骼运动的影响，我们可以用将运动姿势变换矩阵×当前顶点相对于该骨骼的偏移向量×该骨骼对当前顶点的影响因子（即权重 Weight），用同样的方法对所有与当前顶点相关联的骨骼进行同样的计算，然后相加，就得到当前顶点的新位置。这样设置好了骨骼的关键帧，生成了骨骼的运动。

目前许多 3D 模型格式支持 Skeletal Animation，例如 Microsoft 的 .x、Half Life 的 MDL、ID Software 的 MD 5、MilkShape 的 MS3D 等格式。新版 3D Max 软件就采用 FK、IK 来控制角色的骨骼，就可以完成对双足动物动作的处理，这种工作模式对于创作双足动画角色的戏剧性动作非常有用，它可以把物体以工作轴心点和选取轴心点为轴心进行旋转。例如将一个角色摔在地上。这在以前的版本中还做不到。

2. 非规则物体的粒子系统

所谓非规则物体是指该物体是不规则的，它们的共性是没有固定的形状，是由成千上万个不规则的随机分布的粒子组成的。以前的图形学建模只能用几何体建模的方法来模拟研究对象的外形，例如在 3D Max 软件中，首先用三维软件塑造形体。模型师根据从不同角度绘制角色或物体的草图，然后在三维软件中制作角色模型，并制作出场景和道具模型。这种方法可以建造出人体、动物、桌椅等固定或相对固定形状的物体。

但是在动画制作中有时需要制作出火、云、水、森林、草原等非规则的物体或自然景观。如果在建造这些非规则物体的模型时，仍然使用传统的建模方法，那么制作消耗时间长，且制作出的物体很粗糙。粒子系统的出现就解决了这一难题。由计算机图形学发展出来的粒子系统是专门用于生成这种不规则物体的模型或图像的系统。粒子系统几乎可以模拟任何富于联想的三维效果：烟云、火花、爆炸、暴风雪或者瀑布。

在对不规则物体进行粒子建模时，需要根据不规则物体的属性进行相应的设置，每个粒子系统都有用于其中每个粒子的特定规则。粒子系统方法的基本原理是将大量的粒子图元集合在一起，通过获取不规则物体属性的变化来表现物体的物理特性。粒子的属性包括以下几个单元：形状、大小、颜色、透明度、位置及速度等。例如，许多系统通过在粒子生命周期中对粒子的阿尔法值即透明性进行插值直到粒子湮灭的方法，就可以制作出不规则物体透明度的变化。在制作过程中，也要抓住粒子的产生、运动、消亡三个阶段，在这三个阶段中，粒子的各种属性会随着时间的推移而发生相应的变化，才会产生出具有动态性和随机性的粒子。

在计算机系统上利用粒子系统进行不规则物体模拟，每一帧中都要进行以下的基本操作：①删除消亡粒子。②产生新的粒子。③为新生粒子设置初始属性。④移动系统中所有粒子，并改变它们的属性。⑤根据粒子属性进行渲染。一般而言，粒子的各种属性可以由不同的经验函数确定，并给予一定的随机分布特性。

一个粒子系统模型可用下述方法来描述。

定义粒子（Particle）为实数域上的一个 n 维向量，表示为：

$$P^n = \{\text{Attri}_1, \text{Attri}_2, \cdots, \text{Attri}_i, \cdots, \text{Attri}_n \mid n \geqslant 3, \, n \in \text{I}\}$$

其中 $\text{Attri}_1, \text{Attri}_2, \cdots, \text{Attri}_i, \cdots, \text{Attri}_n$ 是粒子的 n 个属性。一般包括粒子的空间位置、运动速度及加速度、大小、颜色、亮度、形状、生存期以及剩余生存期等。单个粒子是组成粒子系统的基本元素。

定义粒子映射为上述单个粒子到正整数集的映射，其中每一个粒子具有一个索引，表示为 I_t 到 P^n 的映射：

$$Q(t) = \{P^t: I_t \rightarrow P^n \mid I_t \subset J, \, n \geqslant 3, \, n \in I, \, t \in \text{R}\}$$

$W(i) = \text{P}_n$ 为索引为 i 的粒子的性质和状态。

定义粒子系统为粒子映射集的有限集合，表示为：

$$S(t) = \{Q(t) \mid t \in \{t_0, t_1, \cdots, t_m\}\}$$

S 表示粒子系统在时刻 $t_0, t_1, \cdots, t_m$ 的状态集合，$S(t_0)$ 是初始时刻粒子系统状态。

我们就用粒子系统模拟出了具有较强真实感的颜色变化和动态摇曳的火焰。火焰模拟是动画建模中运用最多的一种，其制作方法在这里简单介绍一下。

1）火焰的产生

首先来定义粒子的数量，设定为 110 个，粒子的数量决定了火焰的密度和大小。这样能生成较强真实感的火焰。其次是设置粒子的生存期，生存期设置为 2。再次是粒子的初始位置，火焰本身分为焰心、内焰和外焰。粒子的初始位置在火焰的燃烧中心位置和一个位置偏移量所定义的区域上。然后还要定义粒子的速度和加速度。在此设置速度为 10，加速度为 2。还要设置好粒子的初始颜色、消隐颜色和透明度，粒子的透明度在刚开始时设置为不透明。

2）火焰的燃烧

火焰燃烧的形态取决于火焰产生时对生存期和速度的设置。粒子的生存期随着帧数的增加不断的发生变化。笔者可以随机设置一个 delta 值，值为 3，系统每执行一帧就将每个粒子的生存期减去 3。这样就形成了火焰的不规则的边缘。

3）粒子的消失

粒子产生时被赋予了一定的生存期，该生存期随着帧数的增加而逐渐减小，当递减到零或小于零时，该粒子就会与背景融合而消失。

4）粒子的渲染

为了增强火焰的真实感，在渲染的过程中采用了纹理映射技术。就是为每个粒子贴上纹理图，加上颜色的混合处理，就可以生成如图5-16所示较为真实的火焰模型了。

粒子系统技术也被应用到了三维动画软件中，例如在 Maya 软件中，基于 Maya Nucleus 统一模拟框架的基础上，建立了另一个模块：Maya nParticles，又叫喷射的尾流效果。在制作粒子流时，该工具包提供了一个直观、高效的工作流程，包括流体、云、烟、喷雾和灰尘。该功能提供粒子和粒子之间的碰撞、粒子和nCloth 双向交互、强大的约束、云和"滴状斑点"硬件显示、预置渲染以及动态行为。

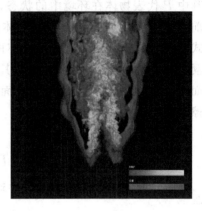

图 5-16　火焰模拟动画

Mental Ray 的渲染技术也有了更大的改进，它全面更新的渲染传递功能能够对渲染对象进行精确控制，并且使得更容易优化与合成软件包（例如 Autodesk Toxik）的集成。Mental Ray 渲染技术中新的渲染代理功能还能够用一个简单的低分辨率网格代替场景元素，只在渲染需要时加载预转换的数据就可以了。

同样在新版 3D Max 中，动画制作者通过先建立一些粒子，通过设置粒子的属性以控制每一个粒子，并产生新的粒子流来生成各种动画效果。还可以用专门的空间变形器来控制粒子系统和场景之间的相互作用，还可以通过控制粒子本身的可繁殖特性，使粒子在碰撞时发生变异、繁殖或者消亡。

3．基于物理的建模

传统三维动画建模是基于对规则物体（有一定的方向和形状）的建模，制作人员需要反复调整几何体的控制点才能改变物体的形状。如果模型复杂，那么控制点的数目也会大大增多，这种建模方式非常浪费时间且不直观。传统三维动画物体的运动是靠对网格设置关键帧来实现的，也就是通过人的手动设置来对物体的运动进行控制，这种运动方式就算制作再精准，还是与现实中的自然运动有一定差距，而且这种制作方式非常麻烦，稍有失误，物体的运动就会失真。20世纪80年代末，随着计算机图形学的发展，出现了基于物理的图形建模这一新技术。基于物理模型的动画技术是依据真实世界中物体的属性，如质量、转动惯量、弹性、摩擦力等，采用牛顿力学原理来自动产生物体的运动。这种建模方式是先确定物体本身的物理属性，以及运动时所受的约束关系，如外力等，然后利用牛顿力学的标准动力学方程式来自动生成该物体在某个时间点的位置、速度、形状等。

基于物理的建模方法大致可分为两种：即对刚体的建模和柔性物体的建模。所谓刚体，是指在虚拟环境中，物体的外形基本保持不变，只是在环境中发生位置和方向改变的物体。刚体建模的关键是依据物体的物理属性，应用力学方法计算出物体在不同时刻受到的合力和合力矩，由此建立物体的运动方程，来控制物体的运动。

223

刚体的运动状态变化可以表示为以下的初值问题：

$$\begin{cases} P = P(t,v,\omega,a,\varepsilon) & t > t_0 \\ P = P_0 & t = t_0 \text{ 时} \end{cases} \tag{5-1}$$

其中 P 代表物体在环境中的状态，一般是一个向量，描述了刚体的位置、方向等。t 是当前时刻，v 是物体的速度，ω 是物体的角速度，a 是物体的加速度，ε 是物体的角加速度。公式(5-1)为物体的运动方程或物体的状态变化方程。下面具体举例来说明，假设来研究一辆车在不同路面上的运动方程。其中定义 $G = mg$ 为重力，$F_{牵引}$ 为车辆的牵引力，N 为地面对车辆的支撑力，$f = \mu N$ 为地面与车辆之间的摩擦力，其中 μ 是车辆与地面之间的摩擦系数。

那么车辆所受合力为：

$$F = G + F_{牵引} + N + f \tag{5-2}$$

由此可建立与式(5-1)相同形式的物体运动方程：

$$\begin{cases} P = P_0 + \int_{t_0}^{t} \int_{t_0}^{t} \dfrac{G + F_{牵引} + N + f}{m} dt^2 & t < t_0 \text{ 时} \\[2mm] P = P_0 \text{ 且 } v = v_0 & t = t_0 \text{ 时} \end{cases} \tag{5-3}$$

这样就可以得出结果，在路况不同的情况下，摩擦系数也会不同，进而会导致物体的运动发生相应的变化。

所谓柔体是指在虚拟环境中，随着环境的改变，物体的外形、位置、方向等都会改变的物体。柔体建模一直是计算机图形学研究的热点。1986年，Weil首次讨论了基于物理模型的柔性物体的变形问题。它是模拟布料悬挂在钉子上的形态。接着 Feynman 提出了一个更完善的布料悬挂模型。此后，越来越多的研究者开始关注这方面的研究。本文在此介绍一种更被广泛应用的基于力的粒子——弹簧模型，基于力的粒子弹簧模型是从每个粒子的受力分析着手的，根据牛顿第二定律可得：

$$\mu \frac{d^2 r_i}{dt^2} = -\gamma \frac{dr_i}{dt} + \sum_{j \in N(i)} K_{ij} \frac{[l_{ij}^0 - \| r_i r_j \|] r_i r_j}{\| r_i r_j \|} + f_i \tag{5-4}$$

其中 r_i 是节点 i 的位置，μ 是节点 i 的质量，γ 是阻尼因子，$N(i)$ 是所有节点与节点 i 的相邻的节点，K_{ij} 是节点 i 和节点 j 之间的刚度，l_{ij} 是节点 i 和节点 j 之间弹簧的初始长度，f_i 是节点 i 所受的其他外力，如重力等。

由方程式可以看出，该粒子节点的形态位置都是通过它的相邻节点的状态算出来的，所以这是一个动态的粒子变形模型。

目前，基于物理的建模方式得到了广泛的运用，比如在三维建模、运动模拟、虚拟仿真，如动物及人的软组织器官、衣物等；还有在三维医学图像可视化方面，如三维分子结构的可视化、人体器官三维解剖影像等方面都有不错的应用。

4. 三维动画与动作捕捉

在三维人物的建模中，不仅要建造出人物的外在形态，更要求有关节的运动，以及关节带动关联的皮肤的运动。传统的计算机图形学建模，是先通过几何体建模，建模完成后，再给模型安装骨架，并与皮肤相关联。要知道皮肤网格的每个顶点都会被骨骼所影响。如果在建模过程中稍微出一点错，就会影响到皮肤的变形。运动捕捉技术在动画制作中就弥补了这一缺点,对于三维造型能力不强的制作人员有很大的意义,因为制作人员不需要再花费大量的时间去建模,也不再需要一点点手调模型的各个动作,提高了动画制作的速度。

科学家弗雷斯格尔发明的一种叫 Rotoscope 的技术被看成是动作捕捉的原始形式。动作捕捉技术是记录物体动态信息以供分析、回放以及传递的技术。它通过记录躯体部件的空间位置、角度、速度、加速度、冲量以及脸部和肌肉群的细致运动,得到相对精确的移动数据,然后把得到的数据应用于三维软件中的模型骨骼(Skeleton)以及面部的驱动点上,得到精确的移动,从而将真人动作表演转换为数字演员的动作表演。它是一种动画制作者用来逐格追踪真实运动的动画技术。

动作捕捉技术,从进行拍摄捕捉到预览常常只需几分钟,这大大提高了制片速度,降低了开支;它通过对演员、运动员和舞蹈家的动作进行捕捉,能使角色的动作表演更加自然,并能随时指出动作的不足,进行艺术上的控制;通过动作捕捉来的所有动作被捕捉后,系统就能根据角色不同年龄、大小、种族、服饰的人物自动记录。这样所有动作可以通过创建动作数据库进行存储,就积累了大量的数字图像素材。如电影《泰坦尼克号》中人物从船上跌下来的动作,《星际大战首部曲》中外星人的动作,《阿凡达》中纳美人及动物的运动等,都采用了运动捕捉技术。

一个动作捕捉系统包括:传感器、信号捕捉设备、数据传输设备、数据处理设备,典型的光学捕捉方法是,先在演员或动物身体的关键部位,如关节、髋部、肘、腕等位置均需要牢固贴上一些特制的标志或发光点,称为 Marker。然后用 6～8 个高速摄像机对它们进行包围式拍摄,拍摄只识别和处理这些标志。系统定标后相机连续拍摄表演者的动作,然后将图像序列输入到计算机中,再进行分析和处理,识别其中的标志点,并计算其在每一瞬间的空间位置,得到表演者的运动轨迹。这就保证了角色运动的精确度。

传统的动作捕捉技术存在很多缺陷。

(1)触点容易脱落,信号减弱。传统动作捕捉技术,例如光学捕捉技术需要在身上的关键部位贴上很多标记,这些标记就是采集信号的触点,但是动作表演人员在表演时,很容易出现脱落的现象,这就影响了信号的收集,这样制作出的动画往往出现动作不流畅或错误的现象。

(2)部分动作缺失,遮挡问题严重。传统的动作捕捉系统在进行捕捉时都是采用拍摄的方式,拍摄完成后导入到计算机中进行识别,但是拍摄时由于演员的动作多变,不可避免的发生遮挡现象,这就影响了信号的采集,导致了不良的捕捉效果。

(3)数据处理繁琐,为后期制作增加困难。由于动作捕捉的信号特别多,有时需要同时采集多个演员的信号,因此对于后期处理技术的要求很高。传统的捕捉系统数据处理非常繁琐,这就给后期制作带来了困难。

(4)表演者苦不堪言。传统动作捕捉技术是采用抠像的方式,演员需要穿上特制的绿色或蓝色的服装,有些服装不仅厚而且都是紧身衣,这些服装给演员的表演带来了极大的制约。

(5)捕捉场地装修繁琐。传统动作捕捉技术是采用抠像的方式,因此背景必须是特定的颜色。例如四周墙和房顶需要涂上深色亚光漆(无反射);地面用灰、蓝或黑色(不反射)地毯平铺防静电地板;严禁阳光直射,室内可视度低;独立性差,与其他的设备互相干扰;墙面要求高度 4.5m;需特定空间。这些因素不仅制作复杂而且花费也很高。

随着计算机硬件技术和软件技术的飞速发展,动作捕捉技术也有了很大的发展,它分为机械式动作捕捉、电磁式动作捕捉、超声波动作捕捉、光学式动作捕捉、视频动作捕捉。新一代的动作捕捉系统就弥补了传统捕捉技术的缺点,信号采集过程使演员身上无须穿着动作捕捉的服装,可以随心所欲的在捕捉摄像机前做动作,摄像机捕捉到的画面会由计算机实时生成图像,图像接着被合成三维数据云,然后计算机会将相邻的数据点三角化,进而形成人体的轮廓、动作。这样动作捕捉就算完成了,新一代动作捕捉系统还可以实时导入动画软件,可以对被填充的三维材质作进一步处理,这样不仅可以实时生成动画模型,而且捕捉到的动作任何细节都不会丢失。

新一代的动作捕捉系统具有很高的识别能力,它运用智能化的捕捉,能准确地分析动作,而不像传统运动捕捉系统那样只是简单地将"点"连接起来。正是这种智能化的捕捉,使得它能像人眼一样自然地跟踪整个人体。新一代的动作捕捉系统具有强大的后期处理功能,除了能立即产生针对最复杂运动的干净数据外,还能立即产生最全面的运动 3D 模型和材质。这就大大减少了产生 3D 作品的时间和费用,因而也大大增强了动画师的创造力。

目前新一代动作捕捉系统的代表是 Organic Motion 公司创建的 Stage 运动捕捉系统。它的信号采集是在表演者的周围装备 14 个视觉跟踪相机。多部相机大大提高了动作捕捉的范围和精度。它的扫描场地:$4m \times 4m \times 2.5m$,位移精度$>0.0001mm$,旋转的精确度$>0.01°$,可以扫描 21 个骨骼,且每个骨骼有 6 个自由度。

Stage 动作捕捉系统除了被应用于电影特效制作,还可用于检测神经肌肉紊乱患者的生物力学数据,其在在线游戏领域也有不错的发展。

5.6　常用的网页动画技术

由于网络的发展,静态页面很难引起人们的兴趣,制作人员希望用动态的效果来吸引用户的注意。由于网络带宽的限制,在主页上放置过大的动画文件是不现实的,因此,先后产生了 Java、Shockwave、Surestream、MetaStream 等网页动画技术。

网页动画受网络资源的制约一般比较少,所以在情节和画面上往往更加夸张起伏,致力于在最短时间内传达最深感受;网页动画具有交互性优势,更好地满足了受众的需要,它可以让用户的动作成为动画的一部分,通过单击、选择等动作决定动画的运行过程和结果。网页动画相对比较简单,一个爱好者很容易就成为网页动画的制作者。

Flash 是目前最为常用的网页动画制作软件,从简单的动画到复杂的交互式 Web 应用程序均可胜任,能够创建出各式各样丰富多彩的作品。Flash 动画采用矢量动画格式,具有文件容量小、图像质量好、传输速度快等特点。下面我们将简单介绍 Flash 软件的操作界面。

5.6.1　Flash CS5 工作界面

如图 5-17 所示,Flash CS5 操作界面由 6 个部分组成:菜单栏、工具箱、舞台、层选择、时间轴和面板区。

- 菜单栏:菜单操作是 Flash 动画设计中非常重要的部分,除了绘图以外其他绝大多数的命令都是通过菜单来执行的。它和其他的 Windows 应用程序一样,Flash 所有

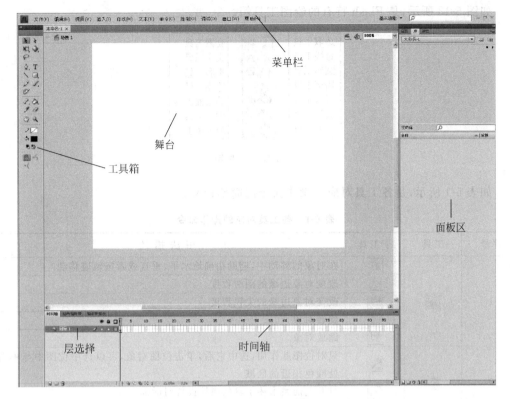

菜单栏

舞台

工具箱

面板区

层选择

时间轴

图 5-17　Flash CS5 操作界面

的操作命令在菜单中都能找到。例如,选择菜单【编辑】|【参数选择】命令,可以打开
【参数选择】对话框等。

- 工具箱:工具箱是 Flash 特有的绘图工具集合,提供了各种好用的工具,主要用于
  Flash 动画的原创,具体后面介绍。
- 舞台:舞台窗口是创作时观看作品播放效果的场所,也是对动画中的对象进行编
  辑、修改的唯一场所。
- 时间轴:时间轴是 Flash 中最重要的窗口,它决定了动画的组织形式,简单地说,所
  有的动画设计都是围绕着时间轴来展开的。
- 层:层在 Flash 中是很重要的。组成动画的元素必须以层为载体;可以根据需要创
  建很多层,在不同的层上创建的元素是互不干扰的,可以独立编辑和更改;众多层
  上的元素在舞台上组成一个完整而丰富的场面。
- 面板区:提供了各种功能面板,它们可以帮助动画设计者处理对象、颜色、文本、实
  例、帧、场景和整个文档。例如,使用【排列】面板可将对象彼此对齐或与舞台对齐;
  使用【库】面板来存储和组织在 Flash 中创建的各种元件。

5.6.2　Flash 工具箱

工具箱是动画创作的基础,用工具箱中的工具创建的图形对象是矢量动画的主要来源,除
了绘制工具外,还有一类工具是修改工具,它们一般与生成变形动画相关,学习时注意体会。

如图 5-18 所示,是 Flash 特有的绘图工具箱。

选取工具	套索工具
直线工具	文字工具
圆形工具	矩形工具
铅笔工具	笔刷工具
墨水工具	油漆桶工具
吸管工具	橡皮工具
手型工具	放大镜工具

图 5-18　工具箱

如表 5-1 所示,是各工具对应的操作命令的简单释义。

表 5-1　各工具对应的操作命令

序号	工具	子工具	用 法 描 述
1	选取工具		在对象的移动中,辅助精确地水平、垂直或者按轨迹移动
			改变对象边缘的圆滑程度
			改变对象边缘的尖锐程度
			旋转对象
			缩放对象
2	套索工具		只对位图起作用,选中它后,单击位图对象,可以选中位图中与单击处颜色相近的区域
			打开上面魔术棒工具的属性设置对话框
			设置多边形的选择区域
3	直线工具		定义待绘制图形线条的颜色
		1.0▾	定义待绘制图形线条的宽度
		Soli▾	定义待绘制图形线条的样式(虚线、实线、宽线、窄线等)
4	A	宋体▾	定义待输入文本的字体
		12▾	定义待输入文本的字号
		A	定义待输入文本的颜色
		B	定义待输入文本是否为粗体
		I	定义待输入文本是否为斜体
			定义待输入文本的对齐方式
			定义待输入文本的段落属性
		abl	新建文字域对象,该对象能实现动画运行时和用户的交互
5	O		定义待绘制图形线条的颜色
		1.0▾	定义待绘制图形线条的宽度
		Soli▾	定义待绘制图形线条的样式(虚线、实线、宽线、窄线等)
			定义待绘制图形的填充色
6	□		定义待绘制图形线条的颜色
		1.0▾	定义待绘制图形线条的宽度
		Soli▾	定义待绘制图形线条的样式(虚线、实线、宽线、窄线等)
			定义待绘制图形的填充色
			定义待绘制矩形角的弧度

序号	工具	子工具	用 法 描 述
7	✏	⌐	选择待绘制线条的类型（折线、弧线等）
		■ ∿	定义待绘制图形线条的颜色
		1.0 ▼	定义待绘制图形线条的宽度
		Soli ▼	定义待绘制图形线条的样式（虚线、实线、宽线、窄线等）
8	🖌	⊘	定义刷子的模式
		■ ■	定义刷子的色
		● ▼	定义刷子的大小
		● ▼	定义刷子的形状
		▣	锁定填充的位图
9	🖊	■ ∿	定义待绘制图形线条的颜色
		1.0 ▼	定义待绘制图形线条的宽度
		Soli ▼	定义待绘制图形线条的样式（虚线、实线、宽线、窄线等）
10	🖌	■ ■	定义待填充的颜色
		⊙ ▼	对待填充区域的宽容度设置
		🔒	锁定填充的位图
		⇄	调整梯度颜色填充的方向
11	📍		获得舞台中单击位置处的颜色
12	✐	⊙	定义擦除的方式
		✍	完全擦除对象
		● ▼	设置橡皮的宽度
13	✋		移动舞台区域
14	🔍	⊕	放大显示
		⊖	缩小显示

5.6.3　Flash 时间轴

时间轴是设计 Flash 动画的重要场所，几乎整个 Flash 动画的设计过程都是围绕时间轴展开的。如果你想制作出丰富多彩的动感十足的动画，那就要好好熟悉时间轴以及与时间轴相关的层和帧的概念。

通过拖曳时间轴上部蓝色的标题区，可以将时间轴从工作区中分离开，形成单独的控制面板，如图 5-19 所示。

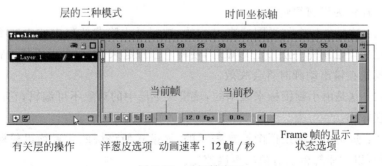

图 5-19　时间轴窗口

时间轴主要可分为左右两部分：左部分表示 Flash 动画中的各层以及完成对层的各种操作,右部分表示各层中的帧以及完成对帧的各种操作和显示有关帧的各种状态。

5.6.4 层和帧的概念

1. 层的概念

层(Layer)在 Flash 中是很重要的。用个比喻的说法,层好比是一张透明的纸,我们可以在上面进行绘画和编辑;组成动画的元素必须以层为载体;可以根据需要创建很多层,层与层之间的关系既是相对独立又是相互关联的,在不同的层上创建的元素是互不干扰的,可以独立编辑和更改;众多层上的元素在舞台上组成一个完整而丰富的场面。下面是有关层的一些属性和操作。

新建 Flash 文件时,自动创建名为 Layer 1 的层,如图 5-20 所示。以后再新建层时,系统将自动给后续的层命名为 Layer 2、Layer 3……双击层的名称所在位置,可以修改层的名称。层的名称是开发者自己对层的识别,在程序控制中并不起作用,因此我们可以给层起我们习惯的任何名称。

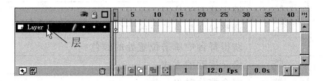

图 5-20　时间轴里的层

不同层中的元素在舞台上的显示顺序是有前后关系的:越靠上方,层的级别数越高,层中的元素就越显示更前面。我们可以通过用鼠标直接拖曳层的标题处,来改变它们的显示顺序。如图 5-21 所示,层有 4 种工作模式:当前工作模式、隐藏模式、锁定模式和线框模式。

熟悉和充分利用好这 4 种模式,会给我们的开发和调试工作带来许多便利,节省宝贵的时间。

当前编辑模式:这是由铅笔图标来表示的,说明使用者正在当前层进行绘画、调整、编辑等;鼠标在哪一层中的任何位置单击或者单击舞台上的某个对象,该层或该对象对应的层便被标记为当前编辑层。

图 5-21　层的模式

隐藏模式:这是由一个红叉图标来表示的,被标示为隐藏的层中的内容都不在舞台上显示。一般适用于绘制完一层中的对象后,便将它隐藏起来,以便毫无干扰地在其他图层中工作。隐藏模式在输出动画时将会失效。

锁定模式:这是由小锁图标来表示的,该模式下层中的对象不可编辑,它的设置可以避免不必要的误操作。

线框模式:这是由方形线框图标来表示的,该模式使该层的元素均以轮廓线的方式显示,这种设置可以加速舞台上对象的重绘速度。

除了上面介绍的对层的命名、改变显示层次顺序、改变显示模式外,与层有关的命令和操作还有：选择层、增加层、删除层、复制层、更改层的模式等。

在 Flash 里有三种类型的层：普通层、向导层和遮罩层。

普通层是组成 Flash 动画的各元素（包括声音）的载体，除此之外没有别的功能。

向导层是由普通层转化而来的，在该层上创建以及放置的元素在最终的输出动画中是看不见的。所以向导层是一种辅助层，它一般用于动画创建的对位等，因此通常将它放置于众多层的最底层，如图 5-22 所示是创建好的一个向导层。

有了 Mask 遮罩层的遮罩效果，使我们的动画制作又多了一分情趣。因为元素出场时，可以将它包装的更加神秘，一点一点展示出来。Mask 遮罩层往往包含两个作用层，如图 5-23 所示，⬇遮罩层：它的作用好比是一个打开的窗子，但是窗子本身是隐藏的，⬆背景层：它的作用好比是窗口外的风景。

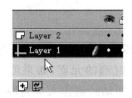

图 5-22　时间轴中的向导层

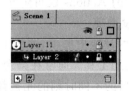

图 5-23　时间轴中的 Mask 遮罩层

这样一来我们想象一下，美好风景的展示当然要依赖窗子打开的状态了。如果将窗子的打开制作成动态的，那么风景的展示也将是动态的。

2.　帧的概念

在 Flash 动画中，层是由一个序列帧（Frame）组成的，它们从空间上组成了整个动画；而所有层的同一帧构成了动画的某一时刻，它们从时间上组成了整个动画。因此，帧是组成动画的基本单位。根据在动画制作过程中的不同要求，用不同类型的帧完成不同的功能，如图 5-24 所示。

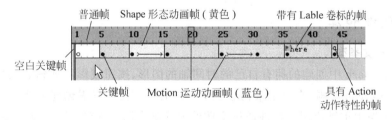

图 5-24　各种各样的帧

在动画时间轴里，主要有 7 种不同类型的帧，下面逐一介绍。

普通帧：它是生成 Shape 动画和 Motion 动画的前奏帧。在成为这两种帧之前，帧中的内容与它前面最近的一个关键帧（包括空关键帧）的内容是相同的。有一件事情需要注意，对这种帧进行操作也就是对它前面的关键帧进行操作。

关键帧：在 Flash 动画中，关键帧是定义变化的帧，关键帧之间的帧是通过 Tweening 自动生成的。以下是关键帧的一些特性：任何绘制的和引入的动画元素都以关键帧（包括空关键帧）为载体，任何 Label 标签和 Action 语句也都存在于关键帧中，两个相邻的关键帧是定义 Shape 形态和 Motion 运动动画的基础。

空关键帧：是里面没有内容的关键帧。

Shape 形态动画帧：由 Flash 自动生成，它前面最近的关键帧的 Tweening 区 Tweening 域中定义了动画形式是 Shape，从而在该区域形成变形动画效果。当然，不仅仅是定义属性那么简单，在此之前需要完成许多细致的工作（如打散、加变形暗示和变形等）。

Motion 运动动画帧：由 Flash 自动生成，它前面最近的关键帧的 Tweening 区 Tweening 域中定义了动画形式是 Motion，从而在该区域形成变形动画效果。也可以通过菜单命令 Insert-Create Motion Tween 直接创建 Motion 运动动画帧。

带有 Lable 卷标的帧：用于标示一个关键帧，在帧属性对话框的 Label 区的 Name 域中定义，该卷标的作用是方便后面 Action 中的引用（如定义跳转目的地等）。

具有 Action 动作特性的帧：是包含 Action 语句的帧，这些语句能完成一定的功能，在帧属性对话框的 Actions 区可定义 Action 动作特性。

3. 洋葱皮选项

Flash 中的洋葱皮选项，这些工具位于时间轴左下部，如图 5-25 所示，它们都是很好用的动画创作辅助工具。通常在舞台上我们只能看见一个时刻的元素，如果使用了洋葱皮工具，可以将前后的不同时刻的元素都展现在当前时刻，正如动画创作人员将厚厚的一叠绘制着图形的透明图纸对着光源，观察动态变化效果以及元素对位的操作一样，洋葱皮选项可以使动画的创作更加直观、方便。

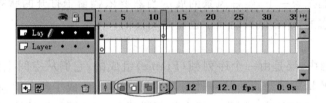

图 5-25　帧窗口中的洋葱皮工具

5.6.5　元件和库

1. 元件及其类型

元件是在 Flash 中创建的拥有自己的时间轴的图形、按钮或影片剪辑。实质上，元件本身就是一个小 Flash 动画，它被用来构建主 Flash 动画。元件只需创建一次，就可以在整个文档或其他文档中重复使用。元件通过实例的方式把自己插入到 Flash 动画中。实例是元件在舞台上的一个具体引用，一个元件可以在舞台上生成无数个实例，但是，在 Flash 文档中，实际只是保存了元件的内容，所以，当文档中存在许多相似的内容时，使用元件可以显著减小文件的容量。

在 Flash 中，有三种类型的元件：图形、按钮和影片剪辑。

图形元件：用于创建图形对象。

按钮元件：可以创建响应鼠标单击、滑过或其他动作的交互式按钮。与动画不动，按钮有自己特殊的时间轴，如图 5-26 所示，整个时间轴由【弹起】、【指针经过】、【按下】和【点击】4 帧组成，它们分别代表了按钮的 4 种状态。用户可以有选择地编辑其中的几种状态或者全部。

图 5-26　按钮元件的时间轴

影片剪辑元件：使用影片剪辑元件可以创建可重用的动画片段。影片剪辑拥有自己独立于主动画时间轴的多帧时间轴。可以将影片剪辑看作是主时间轴内的嵌套时间轴，它们可以包含交互式控件、声音甚至其他影片剪辑实例。也可以将影片剪辑实例放在按钮元件的时间轴内，以创建动画按钮。

2. 库的概念

在 Flash 中有三种类型的库：共享库、自带库和外部库。

共享库：通过选择级联菜单【窗口】|【共享库】下的各种命令，可打开相应的共享库。这是 Flash 自带的库元素的集合，它给初次使用 Flash 的人提供了若干现成的媒体元素。有效利用这些素材可以极大地提高开发效率。注意，系统库中的这些内容是不可更改的。

自带库：选择菜单【窗口】|【库】命令，可以打开当前 Flash 文档的自带库。每个 Flash 动画都自带一个库。在舞台上建立的元件（图片、按钮、影片剪辑）以及从外部文件引入的图形图像文件、声音文件、视频、QuickTime 动画等都存放在该库中。用户创建或者从其他 Flash 文档中引入的任何元件都会自动成为自带库的一部分。自带库中所有元件和素材也将在动画输出时一块打包到动画文件中。

外部库：在动画设计过程中，有时需要使用其他 Flash 文档库中的元件和素材，此时可以选择菜单【文件】|【以库打开】命令，把其他 Flash 文档作为外部库的形式打开。用户除了不能修改外部库中的内容外，可以自由使用库中的各种元件和素材，而且被使用的元件或素材将自动添加到自带库中，以便随动画一起打包。

图 5-27 所示为库窗口。

图 5-27　库窗口

5.7　数字动画的案例——《狮子王》

《狮子王》(*The Lion King*)是迪士尼公司的第 32 部经典动画片。本片从莎士比亚《哈姆雷特》获得灵感，利用了当时最先进的 2D 动画技术，并且配上宏伟的交响乐，融合非洲当地原始音乐，荣获 1994 年奥斯卡最佳原著音乐和最佳电影主题曲两项大奖，成为迪士尼动画里程碑作品之一。《狮子王》这股热浪随后席卷世界各地。此片配置了 27 种不同语言,在 46 个国家和地区都受到观众的热烈欢迎,在欧洲、拉美和非洲的 20 多个国家,该片成为历史上最受欢迎的英语影片,《狮子王》是电影史上唯一进入票房排名前十名的卡通片。

导演:Roger Allers、Rob Minkoff

配音:Jonathan Taylor Thomas、Matthew Broderick、Jeremy Irons

5.7.1 故事情节

当太阳从地平线上升起时,非洲大草原苏醒了,万兽群集,荣耀欢呼,共同庆贺狮王木法沙和王后沙拉碧产下的小王子辛巴的诞生,如图 5-28 和图 5-29 所示。

图 5-28　小王子辛巴诞生　　　　　　　图 5-29　辛巴惹人怜爱

然而木法沙的弟弟刀疤却对辛巴的出生仇恨不已,他认为如果不是辛巴,自己将会继承王位,因此在他心中埋下了罪恶的种子。

时光流逝,辛巴已经长成健康、聪明的小狮子了,可他的叔叔刀疤却一刻也没有放弃对他的嫉恨。一次,在刀疤的引诱下,辛巴和好朋友娜娜去国界外的大象墓地探险,三只受刀疤指使的鬣狗开始围攻辛巴,辛巴和娜娜害怕极了(图 5-30)。在这危急时刻,狮王木法沙突然出现了,他怒吼一声,吓得鬣狗们拔腿就逃(图 5-31)。辛巴和娜娜得救了。

图 5-30　鬣狗围攻辛巴　　　　　　　图 5-31　狮王木法沙救了辛巴

刀疤对辛巴被救十分恼怒,他阴险地决定杀掉木法沙,他向鬣狗们许诺等除掉木法沙和辛巴,自己当上国王后,就让他们顺理成章地进入狮子王国。

几天后,刀疤又引诱辛巴到了一个山谷,然后指使鬣狗们追击角马。大批角马朝辛巴狂奔过来(图 5-32),木法沙又及时赶到,救出辛巴,可自己却被弟弟刀疤推下了山谷。洪水般的角马群冲过去了,辛巴在死寂的山谷里发现了一动不动的父亲(图 5-33)。他心里悲痛而内疚,以为是自己害死了父亲。别有用心的刀疤极力怂恿辛巴逃走,同时又命令鬣狗们杀死他们。辛巴在荆棘丛生的掩护下逃脱了,鬣狗们向着辛巴逃远的背影尖叫道:"永远别再回来,回来就杀死你!"从此,刀疤登上了王位,并把鬣狗们引入了狮子王国。

图 5-32　大群角马向辛巴狂奔

图 5-33　辛巴发现父亲战亡

　　辛巴一路拼命地奔逃,直到再也跑不动了,昏倒在地上,两位好心的朋友——机智聪明的猫鼬丁满和心地善良的野猪彭彭救了他。丁满和彭彭教导辛巴要无忧无虑,不想过去,不想未来,也没有责任,只要为今天而活就可以了(图 5-34)。日子一天天过去了,辛巴长成为一头英俊的雄狮(图 5-35)。

图 5-34　辛巴得救

图 5-35　辛巴长成一头雄狮

　　一次偶然之间,辛巴和儿时的伙伴娜娜相遇了(图 5-36)。娜娜告诉辛巴,自从刀疤当上国王后,大家就处在水深火热之中,她要辛巴回到狮子王国,可辛巴没有答应。巫师拉法奇也找到辛巴,在他的劝说和父亲神灵的教导下,辛巴决定回狮子王国拯救子民(图 5-37)。

图 5-36　辛巴和娜娜相遇

图 5-37　辛巴决定回狮子王国

　　辛巴愤怒地向刀疤挑战:"我回来啦,你选择吧,要么退位,要么接受挑战!"狡猾的刀疤并不想投降,他不断以辛巴害死父亲为借口责骂辛巴,拖延时间。充满了内疚的辛巴滑下岩石。绝望的辛巴在听到父亲的真实死因后,产生了无穷的力量,他奋力跃起,将刀疤一下打倒在地,并将这个卑鄙的叔叔赶下了国王崖(图 5-38),刀疤成了鬣狗们的一顿美餐。辛巴终于获得了胜利。

　　这时,大雨倾盆而下,好像在滋润干涸已久的土地,辛巴在母亲和朋友们的欢呼和祝福声中,正式宣布执掌政权(图 5-39)。

图 5-38　辛巴战胜刀疤

图 5-39　辛巴宣布执掌政权

5.7.2　关于剧本

《狮子王》以莎士比亚文学名著《哈姆雷特》为故事原型,但并没有使用《哈姆雷特》中的角色,而是使用了原创角色来诠释《哈姆雷特》的故事内涵。影片一改原著的压抑、悲伤、沉寂的忧郁基调,在其中加入了辛巴父子的亲情、辛巴与娜娜的爱情、辛巴与丁满和彭彭的友情等元素,同时通过炫丽的色彩、动人的音乐、夸张的形态、幽默机智的语言和人性化的动作减弱了原著的悲剧性,它吸引人的地方在于影片所散发的时代气息。

影片的故事背景被设计在了生命力旺盛的非洲草原,围绕着一只生来就注定要成为万兽之王的小狮子辛巴的成长历程,对于辛巴与父亲间纯属男人式的情感、整个家族间的向心力与归属感进行了精彩的刻画;影片对于权力斗争、罪恶感与生命中应承担的责任等主题同样作了完美的诠释。《哈姆雷特》中的主题、角色、情节巧妙地嫁接进本片,这使故事的情节得以发生发展。全剧的第一次小高潮出现在辛巴等人在大象墓地被鬣狗围困,这集中体现了狮子与鬣狗之间的生存矛盾。第二次高潮是狮王为了救辛巴而被刀疤害死,这就是由最大的矛盾引起的。而当辛巴逃离国土,在另一个地方与彭彭和丁满无忧无虑地生活的时候,矛盾又不知不觉地产生了,那就是长大的辛巴是否该去击败叔叔,夺回王位,他始终在矛盾。这个矛盾可以说不同以前,它并非来自外部,而是来自主人公内部的心理世界。最后,影片让王子最终选择了回到故土,为王位而战。从整个故事的发生发展来看,这样设计是最合情合理的,不然影片就没有最大的高潮出现。同时,这样安排,也符合了观众的心理和期待。

在人物设定方面,首先确立了主人公辛巴的地位,然后其他角色都围绕和这一中心人物的关系来展开设计。在人物性格上,显得较为单纯。例如叔叔刀疤的残酷阴险、娜娜的善良勇敢、丁满的敏感多嘴,让观众能够做到爱憎分明。可以说,这样有意识地弱化了人性复杂的一面,符合了动画片特有的艺术风格。同时,在设定中,每个人物的性格、爱好、思想等又都是不一样的,特别是在一些组合形象的设计上,比如三只鬣狗

图 5-40　三只鬣狗

(图 5-40),在造型形态、体量、特征等方面都有意识地制造出差异和不同,强化了组合时的趣味性和戏剧效果,使得同一部影片不同的角色之间有了映衬和变化,避免了视觉上的混同。

作为一部美国动画片,幽默角色的设计是必不可少的。这点在很多影片中都有很明显

的体现,剧作者们总要设计一些插科打诨的角色,来增强片子的娱乐性。在《狮子王》中,彭彭和丁满就是这样的角色(图 5-41)。他们的出现使得辛巴复仇这种原本紧张压抑的情节插入了生动有趣、轻松诙谐的元素,充分体现了动画片在艺术表现方面得天独厚的优势。

影片对于一些小细节,如道具的设计等方面,也是精益求精的。通过对道具的描写来显示角色的身份、地位、特征等。如狒狒的手杖,它显示了该角色在片中是一个像国狮一样的人物(图 5-42)。他会法术,能占卜,并且具有聪慧的头脑,是整部动画片中一个睿智的代表。同时,影片将动物赋予了人类的行为和心理特征,借此来表达人类对自然的认识和对自我存在的剖析,这也是该片的一大特色。

图 5-41 彭彭和丁满 　　　　　　　　　　图 5-42 狒狒的手杖

5.7.3　美术设计

无论在色彩上还是从场景的设置和调度上,影片在视觉表现上都是相当成功的。

1. 场面调度

《狮子王》的试听震撼很大意义上来自动画的场面调度。例如全片开场,狮王木法沙和王后沙拉碧产下了小王子,所有动物都发出欢呼声,向着狮子王国的未来统治者跪拜(图 5-43),一束光穿过云层照射在荣誉石上(图 5-44),壮阔的画面让我看见了作者对动画大场面的控制力。

图 5-43 动物朝拜未来国王 　　　　　　　　图 5-44 阳光照在荣誉石上

2. 场景设计

影片设置了一系列促进剧情发展、加强故事矛盾和为主角提供心理暗示的场景。例如,木法沙被陷害的峡谷,幼年辛巴在逃离鬣狗追逐时的荆棘地(图 5-45),还有鬣狗居住的骷髅地(图 5-46),最应该注意的是辛巴成长的地理环境——热带雨林(图 5-47)。辛巴出生在广阔的大草原,却成长在一个草木繁密的地带,这为辛巴的成长提供了一个脱离儿时痛苦的安逸环境,而女友娜娜的出现,也恰恰在这样一个山水草木相间的地带,恰到好处的为主人公的感情发展提供了一个浪漫的环境。此外,在一些场景的设计上,还采用了一些戏剧化的效果,例如刀疤在自己的山洞中歌唱自己的欲望之声时,无数绚丽的烟雾喷射出来(图5-48),这种夸张、炫耀的气氛采用的是一种舞台的方式,这也是迪士尼通常使用的手段之一。

图 5-45 荆棘地

图 5-46 骷髅地

图 5-47 热带雨林

图 5-48 烟雾喷射画面

3. 色彩对比

影片运用了场景之间色彩氛围的对比方法,以体现冲突双方的各自特点。例如,木法沙统治时代繁荣昌盛的荣耀石,以暖绿色为主,强化蓬勃的生命力,给人以宏伟、振奋的感觉;而同样的石台,在刀疤的统治下则以灰色调为主,给人以破落、颓废的感觉。设计者另外再加入音乐、音效等一系列元素来烘托,对比就更加明显。

在最后刀疤与辛巴决战的时刻,干燥的草原突然变成了一片火海,这样的安排既加剧了战斗的气氛,同时也暗示了刀疤多年来的嫉妒之心和凶险野心,也咆哮出了辛巴愤怒的复仇之情。依然是这个场景,当刀疤死于火海之后,一阵倾盆大雨普降下来,大草原恢复了平静生机,此时的色彩由混浊变为清澈。

5.7.4　原创音乐

当影片刚开始时,相信很多人都会被这种有力的非洲节奏所感动,宏伟的交响乐融合非洲当地原始音乐,在影片中完美地烘托出扣人心弦、撼动人心的壮阔气势。在 1995 年第 67 届奥斯卡颁奖晚会上,《狮子王》凭借感人的音乐荣获最佳原创音乐和最佳电影主题曲两项大奖。

(1)"片头音乐"在一声具有非洲风格的呐喊声中开始,在非洲土语和声伴唱下引出了充满激情的主题歌——男声独唱《生生不息》。这首由艾尔顿·约翰亲自演唱的歌曲旋律动听,在激昂的情绪中包含着抒情。乐曲使用数码技术制作,基本上没有用常规乐器,但是动用了一支庞大的合唱队伍,显得气势宏伟。

(2) 辛巴想去遥远的大名胜墓地探险,他来到伙伴娜娜的住地,想约她一起去。辛巴和娜娜的母亲都同意了辛巴的要求,但是她们不放心两个孩子的安全,叫沙祖伴随他们。路上辛巴唱起了《我等不及当国王》,整首曲子旋律非常活泼,描写了辛巴的调皮以及想要快快长大不要受管束的愿望。全歌的旋律带着摇滚乐的风格,轻松而有趣。

(3) 在静静的夜晚,父子俩仰望满天的繁星。木法沙温和地对辛巴说:"你看夜空中闪烁的星星,他们就是那些死去的国王们。有一天,我也会到那上面去的,但我将永远俯视着你,指引你生活的方向。"映衬画面的是贯穿全片的主题音乐《荣耀大地》。

(4) 刀疤和鬣狗在一起密谋篡夺王位,并要谋杀木法沙。刀疤做起了当国王的梦,唱起了歌曲《准备》。这首歌带有一种狂妄和野性的情绪,这和刀疤阴险凶狠的形象是一致的。

(5) 片尾曲是由艾尔顿·约翰演唱的《今晚感受我的爱》。这首歌在此处是一次完整的体现。没有影片中的情节和效果声音的干扰,加上原汁原味的摇滚乐的伴奏,让观众领略到音乐的魅力。

5.7.5　动画技术概述

在制作《狮子王》的过程中,采用了二维手绘和三维计算机技术相结合的方式,用这种独特的制作方式,既节约了成本又达到了独一无二的艺术表现效果,为整个故事情节的阐述做了很好的帮助。随着计算机动画技术的发展,三维动画元素在动画影片中的地位越来越高,所占比例也日益增大。三维技术相比传统的手绘图稿,给人以更真实更震撼的效果,但另一方面,就目前而言,三维动画的制作成本是相当昂贵的,一个优秀的模型需要耗费极大的人力和物力。所以在具体的制作中,需要重点表现的角色和物体,或者说是经常出现的元素,以三维的方式制作,而一些出现频率不高的元素,例如某些过渡场景等,就直接使用手绘技术。

第6章 数字游戏的设计与开发

数字游戏这一新兴的媒介和产业正呈现出蓬勃的生机,以各种数字设备为平台的游戏如雨后春笋般涌现,占据了人们娱乐生活的极大部分,因此,数字游戏的设计与开发也成为热门。数字游戏设计流程以及开发技术包含了艺术、工程、计算机技术与网络技术等多方面的内容。

6.1 数字游戏的概念

6.1.1 数字游戏的概念

一般认为,游戏就是一个仿真的现实社会,是一种对现实社会的诠释。然而,游戏的目的不仅是单纯地对现实社会的模仿,而更多的是对其进行二度创造。游戏更像是对电影和小说的模仿,是对生活幻象的一种演绎。

数字游戏是指涵盖电脑游戏、网络游戏、电视游戏、街机游戏、手机游戏等采用了以信息运算为基础的数字化技术,基于数字平台的,脱离现实的、有规则的、有目的的、有挑战的,能够使玩家产生互动并能够吸引玩家持续进行的娱乐活动。

游戏通常包含以下几个要素。

(1)行为模式:任何一款游戏都有特定的行为模式,这种模式贯穿于整个游戏,而参与游戏者也必须依照这个模式来执行。如果一款游戏没有了特定的行为模式,那么这款游戏中的参与者也就玩不下去了。例如,猜拳游戏如果没有了剪刀、石头、布等行为模式,就不叫猜拳游戏了。不管游戏的流程有多复杂或多么简单,一定具备特定的行为模式。

(2)娱乐性:游戏的主要目的是给玩家带来娱乐性,它具有很强的娱乐功能。游戏使玩家产生互动,玩家在进行游戏时,无论是身体还是思想都会很自然地与游戏进行互动。

(3)互动性:游戏需要互动,它更像是另一种形式的社会性网络服务网站,提供玩家交流的平台。没有互动的游戏不能称作是游戏,玩家的参与使之成为游戏。游戏是虚拟的,但参与游戏的人却真实存在,这就使得游戏必须吸引玩家持续进行游戏活动,游戏是一种行为,玩家在进行游戏行为时所做的是一个持续的活动。

(4)规则:规则是游戏的基础构架,也是游戏不可缺少的重要元素。只有遵循规则才能使游戏继续,如果其中有一个人破坏规则或不遵守规则,则会被赶出游戏;若这个游戏不存在规则,就不会甚至不能称作游戏。同时,规则的好坏也直接影响游戏的游戏性。

(5)目的:任何一个游戏都需要有游戏目的,没有目的的游戏不会吸引玩家进行游戏。不同的玩家追求的游戏目的是不同的。游戏目的也需要满足不同玩家的需要,为玩家提供满足感和继续游戏的动力,因此游戏目的是游戏的重要元素。

（6）挑战性：游戏的另一个重要元素是挑战性。没有人会喜欢玩平淡无奇的游戏。正是因为有了挑战，才使得玩家不断深入地进行游戏，玩家在挑战游戏困难的同时，也会无意识的学到很多生活中的技能，例如组织能力、领导力、问题解决能力、人际交往能力、自信心等，玩中体验"成功"、"挫折"、"互助"，提供了玩家的满足感和成就感。

6.1.2　数字游戏的分类

数字游戏的分类通常有两种分类方式，即按照运行平台分类和按照内容分类。

按照运行平台分类，可以将数字游戏分为电视游戏、街机游戏、电脑游戏、手持终端游戏、网络游戏、手机游戏。

电视游戏：电视游戏是需要电视辅助才能进行的游戏。电视游戏需要有专门负责输入的游戏机，而电视作为显示输出设备，除此之外，还需要辅助设备，如手柄、摇杆等。玩家需要购买游戏机以及游戏软件，大多数游戏软件开发商，都会为同一款游戏开发很多软件游戏供玩家选择，电视游戏的含义包括游戏机和游戏软件。电视游戏最早在日本发展起来，由于价格便宜，种类多，难度适中，容易上手，设计也独特，因此普及很广。目前常见的电视游戏机有 Xbox、Xbox 360（图 6-1）、NDS、PSP、PS3 以及 Wii 等。经典的电视游戏也为大家所熟悉，如《超级马里奥》、《魂斗罗》和《坦克大战》等。现代电视游戏值得一提的是任天堂公司推出的 *Wii Sports*，这是一款体育主题的 Wii 主机游戏，共收录了网球、棒球、拳击、高尔夫球和保龄球 5 大运动，利用 Wii 的感应手柄玩家可以很自然地做出挥拍、挥棒、挥拳、挥杆和掷球的动作，体验到运动的乐趣，如图 6-2 所示。

图 6-1　Xbox 360 游戏机

图 6-2　Wii 全套游戏手柄

街机游戏：街机游戏是指以投币类大型游戏机为平台的游戏，如《雷电》、《街头霸王》等。街机游戏利用摇杆或者方向盘等各种体感控制器操作，一个游戏机对应固定的软件，生产商需要为游戏机量身定做配套软件程序，属于高端游戏机。街机游戏通常在商场和专业游戏厅可以见到（图 6-3）。街机游戏经历了一个漫长的过程，第一个广为流传的街机游戏是 *PONG*（图 6-4），为了让当时未接触过此类设备的普通大众能够快点上手，设计上显得非常简单，整个游戏就只有两支棍和一个球，一个 2D 的兵乓球游戏在当时却引领了一个时代的潮流。刚才提到《魂斗罗》也是较早的街机卷轴射击游戏，后被应用到多种平台上。《街头霸王》、《拳皇》等格斗类的街机游戏以及《侍魂》、《圆桌骑士》、《三国志》、《合金弹头系列》、《足球世界杯》等也都是街机游戏中经久不衰的游戏。

图 6-3　街机游戏机　　　　　　　图 6-4　街机游戏 *PONG* 游戏机

　　掌机游戏：掌机游戏是以 GameBoy(图 6-5)、PSP(图 6-6)等手持便携式设备为平台的游戏，是指使用专有的小型游戏机运行，可以随身携带的游戏软件。掌机游戏随着网络和计算机的发展，近几年得到了很大的扩充，甚至手机也具有了游戏功能。最早的掌机游戏特点是流程短小，节奏明快，这些游戏往往没有复杂的情节，并且画面声音也与同期其他平台游戏存在差距。后来随着任天堂 NDS 和索尼的 PSP 推出后，掌机游戏有了很大的改变。《俄罗斯方块》是经典的掌机游戏，作为家喻户晓老少皆宜的大众游戏，普及程度可以说是史上任何一款游戏都无法相比的。很多掌机游戏都是从其他平台中移植过来的，但是随着技术的发展，掌机游戏的画面和技术也能与电视游戏和电脑游戏相媲美。任天堂公司 NDS 上的游戏《赛达尔传说》、《任天狗》和索尼 PSP 上的《无限回廊》以及 *LOCK & LOAD* 等游戏，都受到了众多玩家的喜爱。

图 6-5　GameBoy 游戏机　　　图 6-6　Sony 公司 PSP 掌上游戏机

　　电脑游戏：电脑游戏是以计算机为平台的游戏，这里提到的特指单机电脑游戏，网络游戏后面会有定义，如图 6-7 所示。单机电脑游戏指玩家只需要一台计算机就可以进行的游戏，通常为人机对战的模式，大部分单机电脑游戏通过向玩家讲述一段曲折精彩的故事，将玩家带入到游戏中,使玩家有身临其境的感觉。电脑游戏画面细腻,情节丰富,深受玩家喜爱,如《仙剑奇侠传》、《半条命》、《星际争霸》(图 6-8)等。

图 6-7　电脑游戏

图 6-8　电脑游戏《星际争霸》

网络游戏:网络游戏简称网游,是以互联网或局域网为平台的多人游戏。网络游戏必须依托于互联网进行游戏,可以多人同时在线参与。网络游戏软件的主要部分运行在网络服务器上,终端用户无法得到它,而且用户数据也存储在服务器上。虽然一些单机电脑游戏也具有网络的特点允许用户通过局域网或服务器进行信息双向交流,但是用户数据并不保存在服务器上。网络游戏与单机电脑游戏相比,有信息双向交流、速度快、不受空间限制等优势,从根本上提高了游戏的互动性、仿真性和竞技性,是游戏玩家在虚拟世界里可以发挥现实世界无法展现的潜能。目前较为流行的网络游戏主要分为角色扮演类游戏,如《传奇》(图 6-9)、《魔兽》等,以及棋牌类桌面休闲游戏,如网络扑克(图 6-10)、象棋、五子棋等。

图 6-9　网络游戏《传奇》

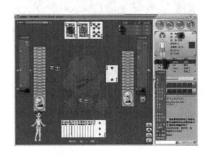

图 6-10　网络扑克

手机游戏:随着技术的发展,手机的功能已经越来越强大,成为了另一种便携式游戏机。手机不仅拥有庞大的用户群,覆盖率极高的网络功能可以使手机在一定的限制下进行多人在线联网功能。虽然手机与电脑相比,不是理想的游戏平台,但是由于它的便携性,使得选择手机游戏的用户越来越多。手机游戏主要分为文字类游戏和图形类游戏。文字类游戏就是通过系统的文字提示来进行相应的回复与操作完成游戏,如《电子宠物》(图 6-11),会以短信的方式来提示宠物的饥饿度为 50%、欢乐度为 70%,提示玩家通过回复 2 来喂食,或回复 6 来跟宠物玩等。图形类游戏与其他平台上的游戏类似,但都是短小精悍的游戏,方便玩家随时暂停,还不需要投入太多的精力,主要以休闲益智类游戏(如《数独》,图 6-12)和棋牌类游戏(如《五子棋》)为主。智能手机以及 3G 网络的普及,使得手机游戏的种类更加丰富,无论从游戏情节还是画面都有了飞速的发展。

243

图 6-11　手机游戏《电子宠物》

图 6-12　手机游戏《数独》

按照内容分类,可以将数字游戏分为角色扮演类游戏、冒险类游戏、动作类游戏、策略类游戏、体育类游戏、模拟类游戏、益智类游戏等。

角色扮演类游戏:玩家在游戏中扮演一个或多个角色,通过练级、发展剧情来完成游戏。这类游戏都有完整的故事情节,情境感比较强,玩家在虚拟空间按照特定的游戏规则来进行游戏行为。玩家在玩这类游戏时花费的时间较长,心思较多,因此这类游戏能够抓住玩家的心。角色扮演类游戏是数字游戏中最重要的一部分。角色扮演类游戏同时还结合了解谜、战斗、交易养成等多种系统元素,使得越来越多的玩家沉迷其中。角色扮演类游戏还分为回合制和即时制,回合制如《最终幻想》、《仙剑奇侠传》(图 6-13)等,即时制如《暗黑破坏神》、《创世纪》(图 6-14)等。

图 6-13　《仙剑奇侠传》

图 6-14　《创世纪》

冒险类游戏:冒险类游戏与角色扮演游戏有很多相似的地方,不同的是,玩家在冒险游戏中所扮演的角色是不变的或者不影响游戏进度的。冒险类游戏通常都有个故事主线贯穿始终,故事情节更具流畅性和悬念。冒险类游戏的画面在构成上更注重借用电影的镜头和剪辑技术,以达到刺激、恐怖和悬念的效果。冒险类游戏节奏慢,故事吸引人,要求玩家在短时间内迅速反应,作出正确判断,极大满足了玩家的好奇心和冒险欲望。这类游戏是中高年龄玩家的最爱。经典的冒险游戏如《神秘岛》(图 6-15)等。

动作类游戏:强调玩家的反应能力和手眼的配合。动作游戏的剧情一般比较简单,主要是通过熟悉操作技巧就可以进行游戏。这类游戏一般比较有刺激性,情节紧张,声光效果丰富,操作简单。这类游戏最早是电视游戏中最受欢迎的类型,玩家通过不断的训练达到某种技巧上的娴熟,培养一定的条件反射,然后在玩游戏时达到有意识或无意识的高超水平。提起经典的动作游戏,人们还是会想起《魂斗罗》、《双截龙》(图 6-16)等。

图 6-15 《神秘岛》

图 6-16 《双截龙》

策略类游戏：是考验玩家的谋划领导能力，玩家运用策略与计算机或其他玩家较量，以取得各种形式的胜利，如统一全国或开拓外形殖民地等。策略游戏有个共同准则是 4E，即探索(Explore)、扩张(Expand)、开发(Exploit)和消灭(Exterminate)。策略类游戏还分为回合制策略游戏和实时策略游戏。回合制策略游戏中，己方与敌方交替采取行动，节奏感比较缓慢，经典的回合制策略游戏有《斯巴达人》、《英雄无敌》系列、《三国志》、《苍狼传》等。实时策略游戏要求玩家在谋划的过程中也必须是实时的，一般是指玩家运用政治、经济、军事手段来实现国家统一和维护国家利益。一般通过资源采集、生产、后勤、开拓和战争来振兴本种族或国家，战胜其他种族或国家。在游戏中玩家可以运用各种军事手段来击败对方，敌我双方在时间上赛跑，使游戏更加紧张刺激。大多数实施策略游戏都遵循"采集→生长→进攻"三部曲原则。经典的实时策略游戏有《地球帝国 2》(图 6-17)、《全面战争》系列(图 6-18)、《太阳帝国的原罪》、《盟军敢死队》等。

图 6-17 《地球帝国 2》

图 6-18 《全面战争》

体育类游戏：是一种让玩家可以参与专业的体育运动项目的电视游戏或电脑游戏。该类别的游戏内容多以较为人知的体育赛事，如 NBA、世界杯足球赛为蓝本，将体育活动电子化。这类游戏内容框架更为玩家所熟悉，源于我们的真实世界。多数受欢迎的体育运动被收录成游戏，如足球、篮球、网球、高尔夫球、拳击、赛车、美式橄榄球等，大部分体育类游戏玩家以运动员形式参与游戏。随着技术的进步，体育游戏已经不再局限于"手指游戏"，玩家可以通过各种辅助器材在室内达到真正锻炼身体的目的。比较经典的体育游戏有：FIFA 系列（足球，如图 6-19 所示）、NHL 系列（冰球）、NBA 系列（篮球）、Virtual Tennis（网球，如图 6-20 所示）实况野球系列（棒球）、老虎伍兹 PGA 巡回赛系列（高尔夫球，如图 6-21 所示）、《极品飞车》系列（赛车，如图 6-22 所示）等。

图 6-19　FIFA 游戏截图

图 6-20　《网球》游戏截图

图 6-21　《高尔夫》游戏截图

图 6-22　《极品飞车》游戏截图

　　模拟类游戏：是通过电子游戏来模拟真实世界的食物。模拟游戏也可以分为美式模拟游戏和日式模拟游戏。美式模拟游戏通常将现实生活融入到游戏中，真实模拟现实场景，对数字依赖少，交互性更强，使用了更复杂的人工智能技术。玩家在游戏中处于造物主或领导者的地位，以俯视众生的态度来看待他所创造的世界和世界中的活动。游戏的乐趣来自于领导者的领导欲望和管理发展的成就感，这类游戏没有明确的目的，一般是开放式结局。经典美式模拟游戏有《模拟人生》（图 6-23）、《模拟医院》（图 6-24）等。日式模拟游戏一般为恋爱模拟类游戏，这类游戏都是复杂的数字式管理，通过各种数据来表达任务状态，经典的游戏如《心跳回忆》（图 6-25）等。这类游戏实际使用一个非常粗糙的数学模型和数字式管理来实现的，并没有使用任何高级的人工智能技术和认知模型。

图 6-23　《模拟人生》游戏截图

图 6-24　《模拟医院》游戏截图

　　益智类游戏：起源于儿童玩的拼图游戏，后来引申为各类有趣的益智游戏。这类游戏的主要目的是解决难题，该游戏一般是图形界面，玩家通过一定的逻辑推理或常识反应来解决问题。益智游戏是一种能够充分锻炼玩家大脑的游戏,提升玩家有关思考、观察、判断、应用和推理方面的能力。游戏本身短小,但耐玩度极高,最成功的代表作就是《俄罗斯方块》(图 6-26)。

图 6-25　《心跳回忆》游戏截图　　　　图 6-26　《俄罗斯方块》游戏截图

6.1.3　数字游戏的特征

数字游戏相对于传统游戏,更具有数据化、智能化、拟真化、黑箱性、网络化和窄带性等特点。

1. 数据化特征

数据化是数字技术的基本属性和特征。在信息技术的推动下,计算机能够迅速而准确地操作海量数据,瞬间将数以兆计的字节进行传输、存储、调用或归类。而数字游戏也同样继承了典型的数据结构,不仅具备一般的软件特性,而且具有更丰富的全息特性。如一部以世界古代历史为背景的游戏,就需要大量包含古代各个民族的历史资料,在游戏进程中,不同的历史阶段对应着不同的知识和科技,一部游戏,俨然是一部动态的世界历史缩影。

游戏学家 Katie Salen 说:"数字游戏具有良好的数据处理性能,可以大量地容纳文本、图像、视频、声音、动画、3D 内容以及其他形式的数据。实际上,正是数字游戏促使了计算机渲染性能的大幅度提高,其贡献远胜于其他的商业软件。"

数字游戏的数据化意味着游戏内容的丰富化、结构化和多媒体化,数字手段不但增强了游戏本身的趣味性,也促进了 IT 技术的不断发展。

2. 智能化特征

数字游戏的智能化特征来源于在游戏中对于人工智能技术的应用。将智能技术融入游戏机制,通过随机应变的智能来发展出各种新的游戏元素,如复杂多变的关卡,富有智慧的配角,普通人难以战胜的棋手,自我完善学习的机制等,使得游戏充满趣味和灵动。例如棋牌类游戏,内嵌的智能,让玩家有了永不疲倦的玩伴,可以不断挑战更高的难度和技巧。智能化也使得游戏的学习更为简单。数字游戏中,人工智能充当了传统游戏中的高手,作为规则的裁判,可以不断提示游戏的玩法,使游戏的规则更容易理解。

数字游戏中的人工智能技术,不仅体现在近乎完美的博弈思考,创造出可以乱真的物理碰撞,而且让游戏配角表现出生动灵活的智能,让虚拟对手发展出日渐高超的技巧,让游戏更易于上手,更富于挑战。

3. 拟真化特征

拟真化建立在数字游戏交互的即时性和场景的具象性之上。

即时交互是使游戏在直觉层面产生真实错觉的基础。在游戏里,游戏平台的运算过程是线性的,反馈也是渐进的,但其极快的处理速度弥补了这一缺点,游戏者几乎意识不到自己的指令传输过程:指令先经过外围设备的传输,接着被写入存储元件,进而被处理器读取运算,最终通过显示设备得到反馈。这一系列过程几乎是在玩家操作的一瞬间来完成的,游戏已经进入了下一个循环。

具象场景在视觉感知层面上营造幻觉。随着计算机图形技术的发展,游戏图像早已超越了像素画的表现形式。渲染引擎足以模拟出逼真的 3D 场景和光影效果,无论自然、人文、历史、科技,使玩家沉浸在虚拟空间的环境中,相信虚拟空间的存在以及游戏行为的合理性。

4. 黑箱性特征

为了增强数据的安全性和规范程序的编写,数字游戏在上市之前就被封装成各个模块。这使得普通玩家无法知道游戏内核的规则,即使是程序员,也需要通过反编译才能了解其中一二。传统游戏的规则和元件,几乎都是透明的,普通游戏者可以完全掌握其基本的工作原理和运转机制,进而自行修改游戏规则。例如,扑克的 4 种卡片被亿万玩家开发出了千变万化的游戏模式,至今还在不断创新。而数字游戏,则很难由开发者之外的人进行改进。许多游戏开发商只能不断推出补丁来完善产品。这种特性就叫做黑箱性。

黑箱性使得游戏开发的艺术部门和文案部门难以深入游戏核心,在保障游戏知识产权的同时,也带了一些新的设计问题。

5. 网络化特征

信息技术的发展促使数字游戏出现更多的网络化特征。从双人游戏到局域网游戏,再到因特网大型游戏社区,数字游戏的网络化经历了一个从无到有到繁荣的发展过程。仅以《魔兽世界》为例,仅在 2007 年初,该游戏在全球范围内的付费玩家已经超过了 800 万。来自各大洲的玩家,通过游戏,越过现实的边境,汇聚于虚拟的艾泽拉斯大陆上,互相协助,彼此交流,形成了特有的游戏语言和国际文化。

游戏的网络化也是当今全球化进程的一部分。网络使游戏跨越了地域的限制,将远隔天涯的人们联系到一起,网络也使得游戏融入了人与人的互动,玩家通过协作、竞争、交流等行为,提高了游戏的参与感。这种互动隐匿在虚拟形象的面具下,人们的交流更加自由而随性。

网络技术是数字游戏比传统游戏更加快捷和国际化,也挖掘了游戏占有玩家精神层次上的更大空间。

6. 窄带性特征

窄带性是指数字游戏的交互具有局限性,它不同于现实世界中的活动,在体验广度和维度上均受到一定的限制。在传统游戏中,参与者的感受是复杂而全方位的。如打球时,要关注对方球队的进攻与防守,还要注意自身的力量与技巧。而在数字游戏中,只有鼠标、手柄之类的辅助设备,无须单击按钮等动作,最大限度也就是通过辅助设备模拟真实的运动技能,但无法真实感受更全面真实的信息。因此,游戏的交互模式和体验范围都相对狭窄,单一的交互模式也会引起游戏者长时间保持相同的姿势,不利于身心健康。鉴于交互的窄带性,很多设计公司开始增加游戏交互的维度,如任天堂公司推出的 Wii,通过挥舞遥控器来将振动传递到游戏外设上,增加交互的触感,实现更为自然和多样的人机交互。

6.2 数字游戏的设计

6.2.1 游戏制作的基本流程

游戏制作的程序通常包括策划、设计、原型、开发、整合、测试等几个阶段,如图 6-27 所示。不同的创作团队面对不同类型的游戏,在制作阶段也会有不同的调整。

图 6-27　游戏制作基本流程

游戏策划一般来自公司的总编室,这是一个由各方面专家组成的团队,包括程序方面的专家、游戏分析专家等,专家分工较为详细。一个小组大约在十几个人,是对游戏开发过程中最高层面上的质量控制。他们结合市场调研情况以及对现有游戏的一些分析就会形成一些概念,概念的来源是多方面的,但是最后采用哪个概念,立项如何分配,是由总编室来决定。

游戏项目确立之后,就开始了游戏设计过程。游戏项目的制作人组成核心小组。这个核心小组包括主程序、创意总监和艺术总监三个核心人物。而后核心小组通过头脑风暴来讨论构思的可行性,如果可行,则研究如何支持这一构想,有哪些具体实现方案,并确定哪些是可行的,哪些在技术上有难度,形成任务表格来对构思进行筛选,最后确定游戏制作的核心思路。在游戏设计过程中,设计师需要设计故事情节,人物原型,游戏机制、关卡,游戏场景等。

游戏设计之后,核心组成员会制作一个演示版本(Demo),即制作一个游戏原型。这个演示版本通常是游戏中的一个关卡。这个关卡要求达到比较高的质量,包括美工、引擎等在这个原型里都要比较完善的体现。原型制作的过程中,会经过游戏制作人、出版商等相关方面的不断审核,不断提出改进意见。最终完成定稿的原型。

通过各方审核的原型一经确定,游戏制作团队就可以进入游戏开发阶段。开发团队包括了程序开发人员和艺术设计人员。在这个过程中,艺术设计人员将游戏原型按要求不断地完善。3D 建模师运用数学模型,为游戏角色与场景进行建模。人物塑造师、纹理设计师、动作设计师以及动画制作人员将游戏的艺术部分进行完善。而游戏最终是由程序人员编写一行行代码来实现的。游戏结构程序员将游戏的设计内容变为可运行的代码。人工智能程序员开发游戏中所需要的 AI 程序以及一些脚本的编写。用户界面程序员则通过用户控制器、游戏面板、HUD 元素以及外部菜单和指示菜单等来开发软件,将虚幻的游戏与用户端连接起来。

整合阶段是将所有内容进行合成,也就是 Alpha 阶段。程序与艺术合成,配以声音效果、音乐和画外音,最重要的是整个游戏要从头到尾都能玩通。游戏的最初版本就已经形成。

接下来就是游戏测试。测试部门开始大规模测试地图和关卡,有缺陷的地方进行修改,制作部门对游戏进行最后的调整、润色的同时,也根据测试报告对程序进行修改。经过测试之后的游戏,得以最终发布。

6.2.2　游戏设计概述

游戏设计是构思和规划一款游戏,并根据市场调研获得的数据,对游戏创意进行修改和调整,形成设计文档的过程。通俗地讲,游戏设计就是定义游戏可玩性的内容。游戏设计决定了玩家可以在游戏世界中的行为,并且定义了这些行为会在游戏的其余部分造成哪些不同的结果。游戏设计决定了游戏中胜利与失败的标准、用户可以控制游戏的方式、决定了游戏可以向玩家所传达的信息,并且可以决定游戏的难度。

游戏设计过程是说明游戏做成什么样的过程,游戏设计在整个游戏开发和运营过程中起着非常核心的作用。游戏的设计文档相当于电影剧本,它是游戏开发的基础,游戏的开发和运营都是围绕着游戏设计文档来进行的。

游戏设计过程需要注意保持内容的系统性和表达的明确性。在游戏的策划和设计过程中,对游戏的构成要素进行完整、全面的设计,就是内容的系统性。现在的游戏开发都是以团队形式进行,个人的力量很难完成从游戏创意到运营的整个过程。多人共同完成一项工作,那么内容的明确和各岗位的协调就显得至关重要。游戏设计师把自己对游戏的构思和设计清晰明确地表达出来,使每个参与游戏开发的工作人员都能够理解,这就是表达的明确性。

在一个游戏项目的设计过程中,通常包括以下分工。

游戏首席设计师,又称为游戏策划主管。负责游戏项目的整体策划,主要职责在于游戏核心概念和整体框架的设计,协调其他游戏设计成员的工作,如果需要,也会参与整个开发项目的管理和协调。

游戏系统设计师,又称为游戏规则设计师。主要负责游戏系统规则的编写,如战斗系统、交易系统、晋级规则等,这个工作通常需要与程序设计人员紧密联系。

游戏数值设计师,又称为游戏平衡性设计师。主要负责游戏平衡性方面的规则和数值的设计,承担各类数据的设定和管理,如武器伤害值、战斗的公式、资源配比值等。

游戏关卡设计师,主要负责游戏场景的设计以及任务流程、关卡难度的设计,其工作包括场景布局、地图结构、角色分布、AI 设计等。

游戏剧情设计,又称为游戏文案策划。一般负责游戏的故事背景、发展过程以及对话内容等文字性的设计。游戏的剧情设计需要有一定的文学基础,通常和关卡设计师配合设计关卡的运行。

游戏脚本策划,主要负责游戏中脚本程序的编写,与程序员的工作有相似之处,但又不同于程序员。游戏脚本策划通常还会负责游戏概念上的一些设计工作,通常是游戏设计的执行者。

6.2.3　游戏设计的元素

上面介绍了游戏设计过程中的不同分工,那么作为游戏设计的对象来说,游戏本身涵盖游戏概念设计、游戏核心机制、游戏故事情节、游戏的交互性 4 个方面,是游戏设计过程中需要考虑的 4 个元素。

1. 游戏概念设计

概念的提出,是一切设计活动的开始。在游戏设计中,概念设计是整个虚拟世界的创生之源,游戏主题、核心游戏性、设计焦点、游戏特色和游戏风格都由概念设计而来。游戏概念是一款游戏风格、玩法和主题等内容的纲领。游戏的概念设计中,需要对游戏背景,即游戏的时代、地点、人物、故事进行设计。在概念设计中要对游戏角色进行设定,不仅设计玩家角色,还要设计配角角色等。

游戏的概念应围绕游戏性展开。核心游戏性的差异会使得相同主题分化出不同的游戏设计子概念,造就不同风格的游戏体验。而核心游戏性的不断丰富则可以引导设计向正确的方向前进。游戏核心概念的设计原则可以归纳为创新性原则和游戏性原则两个方面。前者强调创造出一种与众不同的体验过程,而后者则着眼于提高游戏的体验质量。

2. 游戏核心机制

传统游戏中,游戏的核心机制就是游戏规则,是这个游戏进行的基础条件。在数字游戏里,游戏的核心机制变得复杂。数字游戏的核心机制定义了游戏世界动作的规则,用来描述游戏的基本玩法和运作方式,是游戏进行的基础。核心机制是游戏的中心和灵魂,如果游戏的核心机制不好,开发的游戏也差强人意。

核心机制就是将设计人员的设想转换成固定的规则集。这些规则可以由计算机解释,更准确地说,规则由开发人员来编写成游戏软件,这些软件又由计算机解释。核心机制的定义属于游戏设计的"自然科学"部分,它是通过构建游戏的抽象数学模型或计算模型来实现的。但是核心机制描述的是游戏的工作方法,而不是软件操作的方法,所以核心机制不是数字游戏开发的技术,而是一些规则集。

3. 游戏故事情节

每个游戏都有故事情节,故事是一个游戏天然所包含的一部分。故事情节的复杂性与深浅度取决于游戏本身。历险游戏本身就是一个故事,而更多的游戏是通过玩家的操作来讲述故事情节,甚至《俄罗斯方块》这样的游戏也有故事情节,它是通过玩家在玩游戏的过程中产生了故事。大多数游戏都是采用折中的办法,他们提供了背景故事或游戏的故事主线,而让玩家去自行创造和改变故事里的大部分细节,让玩家自己去参与,来使他在每个游戏里的故事经历都变得独一无二。

游戏的故事情节与传统故事不同,在游戏故事里,玩家是参与者,故事是细节的创造者,因此,游戏的故事描述是交互式的,这种交互式的描述更能激发玩家的兴趣。游戏故事的吸引力在于玩家尚未克服的挑战和他们的选择对故事的影响。

4. 游戏的交互性

游戏的交互性与计算机领域的交互并不相同。游戏中的交互性就是指玩家在游戏场景中看、听、做的方式,简单地说,就是玩家操作游戏的方式。技术的发展,极大增强了游戏的交互性。图形、动画、音效、音乐和动作接口等都是整体设计中不可或缺的元素。作为设计人员,不需要亲自创建一切,但是需要制定各部分间的交互是如何工作的,游戏开发团队会负责具体的工作。

游戏中的交互性,是用户接口的起点。用户接口用来定义游戏以适合你的胃口。一个好的游戏需要有好的用户接口。图形也是交互性中的重要组成部分。在设计游戏时,要避免以下两种情况:如果一个游戏花费了大部分时间来精心计算,模拟一些复杂的时间,却不愿花足够的时间来让玩家参与控制这个游戏的进程,我们就认为,剥夺了玩家享受游戏乐趣的权利;如果一个游戏只给玩家一个选择,则同样也剥夺了玩家享受游戏丰富性的权利。

数字游戏设计过程中,交互性不仅涉及游戏系统向玩家传递信息的内容和方式,也涉及玩家如何向游戏系统传递信息,简单地说,它涉及了玩家进行游戏的所有方式和游戏体验。

6.2.4　游戏设计文档如何编写

1. 游戏设计文档的组成

游戏设计的一个关键部分就是将设计传达给开发团队的其他成员。编写游戏设计文档是游戏设计者最重要的工作之一,也是一个团队沟通与执行游戏制作的准则。游戏设计文档又叫游戏策划文案(Game Design Document,GDD)。这是一个将游戏设计的内容文档化,编写成大家都能查阅的文案的过程。

当游戏概念被认可,在进行游戏设计过程中,随着制作规模越来越大,必须有一个书面的设计文档作为执行准则,每一事项均以设计文档的说明内容为准,即使进行修改,也需要先修订设计文档的内容,然后才能进行实际游戏制作内容的修改。游戏策划文档没有固定的格式,其最重要的目的是落实概念、制定计划、加强沟通和促进交流。在不同的制作团队中,设计文档的格式略有不同,但是通常会包括目录、概述、故事背景、游戏元素、游戏机制、游戏界面等主要章节,每个章节还可以进行进一步的细分。

以下是较为通用的游戏设计文档的组成,但不是每个文档必须包含以下内容。

(1) 文档目录:文档目录是设计文档中的重要组成部分,是人们用以查阅设计文档的最便捷方式。当开发团队成员在文档中查找某信息时,通过目录即可查找信息所在位置。

(2) 游戏概述:对于新加入团队的成员而言,游戏概述是理解这个游戏的良好出发点,包括游戏类型、游戏特色、故事背景、市场需求、游戏卖点、游戏对象、运行平台、主要操作方法等内容,主要用以描述游戏的基本情况。概述的篇幅建议控制为一页,不必进行深入刻画,应主要放在游戏特色及卖点方面,及介绍此游戏与众不同的地方。其目的是让读者在最短时间内了解这款游戏,留下鲜明的第一印象。

(3) 游戏机制:游戏机制部分,也称作"游戏操控"部分,是描述玩家在游戏中能够进行哪些活动,以及游戏如何运行的章节,主要包括游戏规则、得胜条件、操作方式、人机界面、人工智能等内容。这一部分的设计水平对于游戏性水平的高低影响很大,是游戏设计文档的"重头戏"。游戏机制部分需要经过认真考虑,深刻思考之后得出。因为游戏机制一般都很抽象,不容易表达。因此游戏机制部分的撰写难度最大,最能体现出策划者的水平高低,在编写时要注意逻辑严密、重点明确、设计合理、清晰易懂。一般游戏设计文档中,游戏机制部分的撰写顺序都是由浅入深,由简单到复杂,以玩家首次进入游戏的经历为线索,按照玩家游戏的大致顺序依次介绍游戏中可能出现的操作、规则和事件。

(4) 游戏元素:游戏元素是游戏中将要出现的所有对象的集合,是构建游戏的素材。游戏素材可以分为角色、物品和对象三类。

角色是指游戏中所有活动者的、非玩家操控的元素,例如玩家要对抗的所有敌人、遇到困难给予提示的先知,还有游戏中所有不同的 AI 主体。其中,游戏主角的描述需要非常详尽,从外貌、性格、特点到行为动机都要进行刻画;非玩家角色则可以相对粗略,由于篇幅限制,一些次要的怪兽等角色可以一笔带过。

物品也叫"道具",包括任何玩家能够使用或用某种方法操作的东西。玩家可能用到的武器、装饰也位列其中,同时还包括任何可以放到玩家物品清单里的东西,如盔甲、书籍或药品等。这些内容应该按照属性分门别类描述。

对象是指"交互物品",包括第三类出现在游戏中的各类实体,他们不是 AI 驱动的,玩家不能拾取,但能以某种方式操纵它们。这些包括门、开关、陷阱或其他能在游戏过程中操纵的东西,往往需要对它们的特殊机制加以描述。

游戏元素用来向游戏制作团队的艺术团队与编程团队提供信息,艺术团队根据描述画出概念草图,编程团队需要把游戏元素与游戏机制及 AI 部分结合起来,全面设计游戏的代码结构。所以在设计游戏角色、物品和对象时,也要考虑到美术师和程序员的工作,尽量按照逻辑顺序来排列物品,或将他们分类。

(5) 游戏进程:游戏进程部分,是游戏设计文档中最长的部分。在这一部分中,游戏设计者可以把游戏拆分成玩家经历的各种事件,并叙述他们如何发展变化。这一部分将指导艺术小组和关卡设计组创建游戏中各种类型的环境,关卡设计师依照这部分的文档内容设计各个关卡所包含的细节,并且把游戏的各个元素组合在一起。大部分的游戏进程是按照关卡来划分的,依照关卡顺序来组织文案是游戏进程部分最常见的形式。设计文档的作者应当详细描述玩家在每一关中将要面对的挑战、遇到的人物、发生的故事以及周遭的环境氛围,还应注明游戏界面是否有特殊要求等。

游戏进程的写作,就需要游戏设计文档的作者始终想象玩家在每一关中的感觉,并把这些感受用文字表述出来。

(6) 交互菜单:交互菜单包括游戏进行时的界面菜单和游戏之外的系统菜单两部分。一般来说,界面菜单与游戏机制关系紧密,设计玩家如何选取游戏元素,如何与游戏进行交互等操作性问题,因此有些设计文档中把交互菜单的描述放在游戏机制中介绍。系统菜单主要用以说明游戏之外的其他各种选项,例如玩家如何存储和装载游戏等。这些菜单对于游戏的实际运行影响不大。因此,这一部分通常分出来单写,包括菜单的分组、样式和层次等。这些内容主要用来指引玩家进入游戏,要简单明晰、尽量让玩家在最短时间内找到所需要的内容,能够便捷全面轻松地享受游戏带来的乐趣。

2. 游戏设计文档的细化

游戏设计文档从初步构思到腹稿、再到最终的工作文档,经历了若干个不同的发展阶段和反复修改。一般来讲,游戏设计文档分为三种,或者说游戏设计文档要经历三个发展阶段,即游戏构思文档、游戏概述文档、游戏脚本文档。

(1) 游戏构思文档,是有了最初的游戏想法后的第一步工作。其目的是表达游戏的基本精神。就像求职者的简历是为了获得面试一样,游戏构思文档的目的是使游戏构思得到团队的了解。在该文档中,游戏的主要想法要像简历一样,要简短,要生动,概要地描述游戏。游戏构思文档一般包含游戏的前提条件、游戏的预计用户、所属类型、独特卖点、目标平台以及整个故事情节。该文档还必须描述游戏博弈,即游戏者该做些什么,他将遇到什么样的场景或关卡,以及游戏流程的整体概述。你可以在该文档中包含创建该游戏将要使用到的特定技术,以及游戏可能要求的特定硬件。

(2) 游戏概述文档,该文档是将游戏构思文档细化的过程。它的作用是向那些已经对游戏感兴趣且还想进一步了解的人展示游戏的大致轮廓。在这个文档中,不必要涵盖游戏的所有细枝末节,因为它还不是游戏脚本文档。游戏概述文档可以是向潜在出版商或投资商推销的工具。如果正在组建开发团队,本文档也是向开发人员介绍游戏的一个好方法。

游戏概述文档比构思文档更详细,它需要回答构思文档遗留下来的那些没有回答的问题。概述文档主要介绍屏幕设计、主要人物背景、整个故事情节的简要描述以及所有其他有助于理解玩该游戏时的所见所感的内容。本文档还要包含对竞争对手的分析,并说明本游戏的独特之处。

(3) 游戏脚本文档,是游戏设计文档中最大也是最终的文档,用于记录游戏设计决策。游戏脚本是有关游戏结构与组织、游戏者的所做与所见(即游戏博弈)的最终参考。它还包含了游戏的故事情节、人物、用户接口和游戏规则。它必须解决游戏的所有问题(除技术问题外)。游戏脚本文档不包含技术设计。他只记录游戏的创意、概述和功能等内容,必要时应包含技术说明。但是,他并不包含游戏如何创建或用软件如何实现等内容。技术设计文档通常是基于游戏脚本文档,由游戏的主编程人员或技术指导编写。

3. 游戏设计文档写作注意事项

(1) 设计文档的写作风格应当简洁明确,做到文理通顺。

(2) 了解团队的实际能力,设计文档应与制作技术相契合,具备可行性。

(3) 在设计文档中尽量插入图片,以视觉化的方式阐述设计方案,但同时也不能忽略文字的归纳。

(4) 避免在设计文档中写入过于主观化和臆断的词汇,减少抒情和省略号等无用信息。

(5) 设计文档格式不重要,只需将相应信息有效传达给阅读文档的人便可。

(6) 设计文档应尽可能完整详尽,但同时也应当避免重复信息。

(7) 尽力让设计文档检索方便,并运用排版技巧使文档更易于阅读。

(8) 仔细描述文档中易混淆的内容,避免其他团队成员因无法领会而胡乱猜测。

(9) 在详细具体的同时,保留给其他相关艺术人员创意的自由度。

(10) 策划文档进入设计阶段后,应随时更新文档版本,并放在容易被找到的系统资源中。

(11) 游戏设计文档只是游戏创作的开端,设计师应参与、跟进项目的整个过程,才能构成为一个合格的游戏创作者。

(12) 设计文档可能会因某种不可预知的原因而导致多部分需要修改,遇到这种情况,应接受修改,并及时提供备选方案。

(13) 不要在文档上花费过多的时间,应关注实际问题的解决。

6.3 数字游戏的开发工具

在游戏开发之前,要决定的第一件事情就是使用哪种程序语言作为工具进行开发。毕竟程序是整个游戏软件的核心。如果只是写小游戏,可以使用自己熟悉的编程语言与编程工具,但是如果从事中大型游戏的开发,还要考虑商业盈利的可能性,那么使用哪些程序语言与开发工具,就可能成为左右成本与获利的关键。

1. 游戏常见的几种开发语言

早期的游戏编程入门语言主要以 Visual Basic 去实现,这是因为 Visual Basic 的事件处理规则最为直觉,初学者也可以轻易的掌握事件来设计游戏。但在实际游戏开发常见的程序语言则包括有 C/C++、C♯、Java 或 VB. NET 几种,还有一些常见集成开发环境,如

Visual C++、Borland C++、Borland JBuilder 等。

选用正确的整合开发工具,可以把有关程序的编辑、编译、执行与调试的功能集成到同一操作环境下,简化程序开发过程的步骤,让使用者只需透过此单一整合的环境,即可轻松撰写程序,因而对游戏开发进度有决定性影响。集成开发环境的选用,要根据程序语言本身的复杂度、程序语言本身的功能性与可使用的外部支持等来决定。例如,C/C++本身提供有标准函数库,且可调用操作系统本身所提供的一些组件功能(如 DirectX);对 Java 而言,提供有网络联机功能,使用它来设计网络联机程序会比使用 C/C++更方便;另外,在. Net Framework 架构下的程序语言开发工具,其特色可能同时包含 C/C++与 Java。

2. 游戏操作平台的考虑

玩家可能使用的操作系统,决定了游戏开发的操作平台。以目前用户端操作系统的占有率来看,以 Windows 操作系统为主的游戏占有市场很大份额。游戏本身也是程序,必须依赖操作系统才能运行,因此无法将 Windows 操作系统上的游戏直接拿来在 Linux 上运行。即使一开始在设计游戏时,就考虑了跨平台的可能性,也必须对它进行适当的修改与重新编译,制作这类游戏的成本也会随之提高。一些程序语言或工具所制作出来的游戏,其本身就已经限定在某个操作系统上运行,为了有效解决跨平台问题,现在有越来越多的游戏以 Web 版的方式发布,这些游戏的主要开发工具常是 Flash Action Script。此外,可以用. NET架构来开发新游戏,可以使游戏在 Windows 各平台不会发生运行问题。

3. 游戏工具函数库

随着计算机硬件的发展,管理计算机内部运行的操作系统,其运行能力也越来越强。早期的游戏开发是复杂而繁琐的过程。在当时,要想成功开发一套游戏,以 DOS 操作系统来说,必须要另外编写一套代码来控制计算机内部与外围设备的所有操作,如显示、音效、键盘等。

对游戏本身最基础的成像技术来说,如果没有一套完善的开发工具时,程序设计师就必须自己写一套能够与计算机沟通的底层链接库,而对于设计者来说,这是一件非常费时间、又花精力的辛苦工作。如果在计算机硬件与游戏程序代码之间加入了一个开发工具"函数库"为桥梁,一来可解决自行编写底层链接库的困扰,二来由于这些"函数库"都是由低级语言所编写,处理速度也比较快。为了解决与计算机之间这种较为底层的操作,绘图显卡厂商们共同研发了一套成像标准函数库 OpenGL,同时微软公司也自己开发了 DirectX 图形接口。实用工

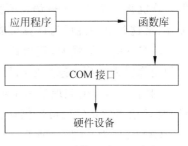

图 6-28　计算机应用程序与设备间的层次关系

具函数库是为了让用户能够更加容易地开发游戏,从图 6-28 中也可以看出成像标准函数库在游戏制作时所占的地位。

基本上用户想让程序代码与计算机直接沟通,可谓是困难重重。用户程序在与 CPU 沟通之前,还必须通过 COM 接口等重重关卡,而这种与 COM 接口直接沟通的程序却不容易编写。不过现在游戏开发者不必担心了,有两种工具可以用来直接对计算机的 COM 接口进行底层连接,即上面介绍的 OpenGL 和 DirectX。这两种开发工具可以很轻易地通过 COM 接口与 CPU、显卡或其他硬件设备直接沟通,而且把所有的细节,包括显示、音效、网

络等多媒体的接口也都包含进来，只要设置几个参数或命令即可轻松实现。

下面我们来分别介绍常用的游戏开发程序语言与工具。

6.3.1　C/C++ 程序设计语言

C 语言问世至今已有三十余年，早期的游戏在编写时大多以 C 语言搭配汇编语言来共同实现。C 是一个面向过程的程序设计语言，侧重程序设计的逻辑、结构化的语法，C++ 则以 C 语言为基础，它改进了一些输出输入的方法，并加入了面向对象的概念，如果要开发中大型游戏，建议多使用 C/C++ 来编写程序。C/C++ 属于高级程序语言，他们的语法更贴近人们的使用习惯，程序设计人员能以人类思考的方式来编写程序。其语法包括 if、else、for、while 等语句，以下是一小段 C 语言程序，读者可以初步了解它的编写方式，如图 6-29 所示。

```
# include < stdio. h >
int main (void )
{
    int int_num;
    printf ( "请输入一个数字:");
    scanf ("%d", & int_num);
    if ( int_num % 2 )
        puts ("您输入了一个奇数.");
    else
        puts("您输入了一个偶数.");
    return 0;
}
```

图 6-29　C 语言程序片段

即使没有学过 C 语言，从这段程序表面的语意来看，读者也大致可以知道该程序的作用，但计算机并不懂得 C/C++ 语言所编写的程序，所以这个程序必须经过"编译器"(Compiler)的编译，将这些语句翻译为计算机能够看懂的机器语言。

C/C++ 的功能强大，其指针(Pointer)功能可以让程序员直接处理内存中的数据，也可以利用指针来达到动态规划的目的，例如内存的配置管理、动态函数的执行。在需要规划数据结构时，C 语言的表现最为出色，在早期内存的容量不大时，每一个字节的使用都必须珍惜，而 C 语言的指针就可提供这方面的功能。

C++ 以 C 为基础，改进了一些输入与输出上容易发生错误的地方，保留指针功能与既有的语法，并导入了面向对象的概念。面向对象在后来的程序设计领域甚至其他领域都变得相当的重要，他将现实生活中实体的人、事、物，在程序中以具体的对象来表达，这使得程序能够处理更复杂的行为模式。另一方面，面向对象的程序设计在适当的规划下，能够在编写完成的程序基础上，开发出功能更复杂的组件，这使得 C++ 在大型程序的开发上极为有利，目前市场上所看到的大型游戏许多都是以 C++ 程序语言来进行开发的。

6.3.2　Visual Basic 程序设计语言

BASIC(Beginners' All-purpose Symbolic Instruction Code)，即"初学者的全方位符式指令代码"，是一种直译式高级程序设计语言，受到初学者的喜爱。随着计算机软、硬件设备的逐步成长，Windows 下操作的概念使得计算机与用户间沟通的操作界面大幅改进，因此微软公司在 1991 年时推出 Visual Basic 程序开发环境,将可视化概念导入传统的 BASIC 语言。

在这种直观式开发环境下,用户可直接通过窗体来建立程序的输入输出接口,而无须编写任何程序代码内容,并可描述接口中所有空间的外观、配置与属性。Visual Basic 严格来说并不只是程序设计语言,它与开发环境紧紧结合在一起,也就是说读者无法使用纯文本编辑器来编写 VB 程序并对其进行编译,而必须使用 Visual Basic 工具来完成程序开发。在 Visual Basic 的设计环境中包括许多工具栏与工作窗口,如图 6-30 所示。

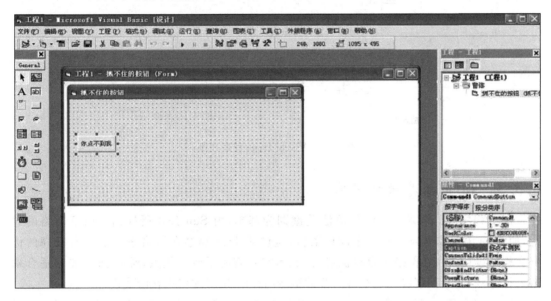

图 6-30　Visual Basic 设计环境

初学者可以用 Visual Basic,因为它最容易上手,然而所面临的第一个问题便是执行速度缓慢。而且简单的程序语言其功能通常有限,对于大型游戏而言,Visual Basic 的速度与功能就显得不足,而且只支持到 DirectX 8.0 的版本。

Visual Basic 属于高级程序语言,所以必须经过编译才能在计算机上执行,而且 Visual Basic 与 Windows 操作系统关系密切,它所提供的组件功能都是针对 Windows 操作系统量身打造的,所以 Visual Basic 所开发出来的程序,只能在 Windows 操作系统上运行,且必须将 Visual Basic 运行时所需的控件安装至操作系统中才能执行程序。而且 Visual Basic 还存在跨平台的问题。

Visual Basic 没有 C/C++ 中一些隐含易错误的语法,例如数据类型转换问题。如果程序设计人员忽略了数据类型转换问题,通常程序会自动转换处理,而且 Visual Basic 中没有指针,几乎所有的设置都可以使用默认值。另一方面,Visual Basic 的语法关键词比 C/C++ 更贴近于人类语意。以下即是一小段 VB 程序,如图 6-31 所示。

当程序语言越简易方便使用时,其"功能有限"的缺点就越发明显,Visual Basic 在设计中大型程序时,确实会让人觉得有所限制,虽然 VB 宣称其具有面向对象功能,但其实到了 6.0 以后的 Visual Basic.NET 中才具有较好的面向对象的功能。

257

```
Private Sub Form_KeyDown(KeyCode As Integer, Shift As Integer)
        '指定横向地图的区域进行贴图
    Form1.PaintPicture Picture1,0,10,w,h, _
        Xc - w / 2, 0, w, h, vbSrcCopy

    If KeyCode = 39 Then '如果按下向右键
        Xc = Xc + 10
    ElseIf KeyCode = 37 Then '如果按下向左键
        Xc = Xc - 10
    End If

    '判断是否遇到地图的左右边界
    If Xc < w / 2 Then
        Xc = w / 2
    ElseIf Xc > 1600 - w / 2 Then
        Xc = 1600 - w / 2
    End If
End Sub
```

图 6-31　Visual Basic 程序片段

6.3.3　Java 程序设计语言

　　Java 程序设计语言以 C++的语法关键词为基础,由 Sun 公司所提出。由于网络的兴起,使 Java 语言成为当红的程序设计语言,这说明 Java 程序在网络平台上拥有极高的优势。程序设计语言在网络平台有优势,就表示它具有跨平台的优点,所以 Java 非常适合拿来进行游戏制作,而事实上也早有一些书籍专门介绍 Java 如何用在游戏设计上。

　　Java 程序具有跨平台能力。所谓的跨平台,指的是 Java 程序可以在不重新编译的情况下,直接在不同的操作系统上运行,之所以可以跨平台运行,关键原因在于"字节码"(Byte Code)与"Java 运行时环境"(Java Runtime Environment)的配合。

　　Java 程序在编写完成之后,第一次使用编译器编译,会产生一个与平台无关的字节码文件(扩展名.class,字节码是一种贴近于机器语言的编码),这个文件若能在加载内存中运行,则计算机上必须安装具备 Java 运行的环境,Java 的运行环境与平台有关,会根据该平台对字节码进行二次编译,处理成该平台上可理解的机器语言,并加载到内存中加以运行。图 6-32 为 Java 程序的执行流程。

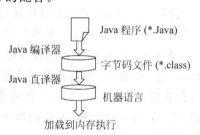

图 6-32　Java 程序的执行流程

　　Java 运行环境是建构于操作系统上的一个虚拟机,程序设计人员只要针对这个运行环境进行程序设计,至于运行环境如何与操作系统沟通则是程序运行环境自己的事,程序设计人员无须理会,程序设计人员只需要利用 Java 提供的类库与 API,避免使用第三方厂商提供的其他组件和操作系统程序,设计出来的程序基本上就可以达到跨平台的目的。整个设计过程如图 6-33 所示。

　　Java 程序若应用在游戏上可以有两种展现方式,一种是运用窗口应用程序,另一种是使用 Applet 内嵌于网页中。这两种展现方式的实质是相同的,因为 Applet 程序基本上也属于窗口应用程序,图 6-34 为使用 Applet 方式开发的游戏,图 6-35 为利用纯窗口的形式来展现。

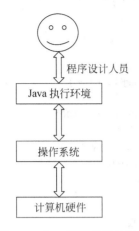

图 6-33　Java 程序的设计过程

图 6-34　Applet 开发的游戏

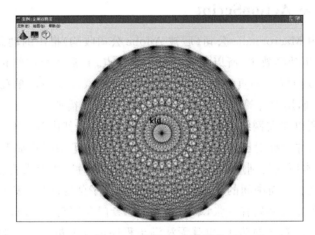

图 6-35　纯窗口应用程序

由于 Java 程序可以用 Applet 的形式内嵌于网页之中,用户浏览到使用 Java Apple 程序的网页时,会将 Applet 文件下载,然后有浏览器启动 Java 虚拟机运行 Java 程序,所以我们可以称 Java 程序是以网络来作为它的运行平台的。

Java 程序是以 C++ 语言的关键词和语法为基础的,目的在于使 C/C++ 的程序设计人员能快速入手 Java 程序语言,而 Java 也过滤了 C++ 中一些容易犯错或忽略的功能,例如指针的运用,并采用"垃圾收集"(Garbage Collector)机制来管理无用的对象资源,这都使得从 C/C++ 入手 Java 程序极为容易,且编写出来的程序更为安全,不易发生错误。图 6-36 所示是一段 Java 程序代码。

如果不详细观察一些细小地方,表面上这段程序与 C/C++ 语法一模一样,其实,Java 与 C/C++ 在语法上最大的不同点就在于 Java 程序完全以面向对象为中心,编写 Java 程序的第一步就是定义类(Class),若不考虑运行速度,Java 程序非常适合于大中型程序的开发。

```
Public static void main (String args[])
{
    ex1103 frm = new ex1103 ( ) ;
}

Private void check ( )
{
    For (int I = 0; I < p.length; i++)
    {
        if ( p[i].px < 0 || p[i].px > 400)
            p[i].dx = -p[i].dx;
        if ( p[i].py < 10 || p[i].py > 300)
            p[i].dy = -p[i].dy;
    }
}
```

图 6-36　Java 程序片段

6.3.4　Flash 与 ActionScript

　　Flash 是一套由 Macromedia 公司(后被 Adobe 公司收购)推出的动画设计软件,因为是采用矢量图案来产生动画效果,所以具有容量小的优点,非常适合网络传输。Flash 主要的舞台是网络,它可以内嵌于网页之中,也可以编译为 Windows 中可单独执行的.exe 文件,如需运行 Flash 动画,用户计算机中必须安装 Flash Player 播放器。

　　Flash 动画之所以能在网络动画领域独领风骚,是因为其图片文件容量很小,Flash 可以对图片进行压缩,并能针对已下载的图片加以播放,无须等到图片都下载完毕。

　　空间动画的基本原理是利用"时间轴",也就是在每个时间段上设置动画的起点与终点,并设置图片的移动轨迹,而中间的移动过程则由播放程序自行计算。因此,即使是复杂的轨迹运动,所用到的图片永远只有一张,本书第五章已专门介绍动画,在此不再赘述。

　　Flash 若只有动画制作的功能,也就无法满足程序设计人员对游戏制作的需求,而其可以完成游戏设计的主要原因在于它内置的编程语言——ActionScript,虽然 ActionScript 只是用来辅助动画的制作,但却使动画移动更具多样性。由于新版本的 ActionScript 语法内容越来越丰富,设计者可以通过编程为 Flash 影片加入与用户交互的功能,让 Flash 影片不再只有单向的播放功能,而能进一步向游戏、交互式应用、留言簿以及纯 Flash 页面设计迈进,使得 ActionScript 慢慢具有一个程序设计语言所需的各种基本要素,新版本的 Flash 更是在 ActionScript 中加入了面向对象的特性,使得 ActionScript 逐渐有走向程序设计应用的趋势。

　　由于用 Flash 设计出来的游戏画面精美,容量也小,所以 Flash 在小游戏的设计领域迅速走红,各式各样的游戏都纷纷以 Flash 的方式编写出来,一些早期在 DOS 下运行的经典游戏,甚至 SEGA、任天堂的游戏,都重新以 Flash 的方式复活在网络上,也有越来越多讲解 Flash 游戏设计的书籍问市。Flash 在游戏设计方面的定位是相当清楚的,2D 平面游戏都可以使用 Flash 编写,也可以适当的规划制作出闯关游戏、平面 RPG(Role Playing Game)游戏。

6.3.5 OpenGL

在一款广受玩家喜爱的游戏中,炫丽的 3D 场景与画面是绝对不可或缺的要素。当然,这必须充分依赖 3D 绘图技术的完美表现,包含了模型、材质处理、画面绘制、场景管理等工作。

Direct3D 对于计算机游戏玩家是相当熟悉的字眼。由于计算机上的游戏大多使用 Direct3D 开发,因此要运行计算机游戏,就必须拥有一张支持 Direct3D 的 3D 加速卡。所以 3D 加速卡说明中大多注明了支持 OpenGL 加速。

OpenGL 是 SGI 公司于 1992 年提出的一个开发 2D、3D 图形应用程序的 API,是一套"计算机三维图形"处理函数库,由于是各显卡厂商所共同定义的共同函数库,所以也称得上是绘图成像的工业标准,目前各软硬件厂商都依据这种标准来开发自己系统上的显示功能。在计算机绘图领域,OpenGL 就是一个以硬件微架构的软件接口,程序开发者可通过应用程序开发接口,再配合各图形处理函数库,在不受硬件规格影响的情况下开发出高效率的 2D、3D 图形。

OpenGL 可分为程序式(Procedural)与描述式(Descriptive)两种绘图 API 函数,程序开发者不需要直接描述一个场景,只需规范一个外观特定效果的相关步骤,而这个步骤是以 API 的方式去调用的,其优点是可移植性高,绘图功能强,可调用的函数和命令超过 2000 个。为了协助程序设计师方便地使用 OpenGL 来开发软件,还开发了 GLU 与 GLUT 函数库,将一些常用的 OpenGL API 再做包装,如图 6-37 所示。

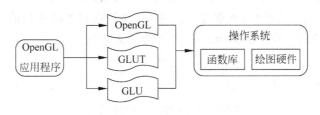

图 6-37　OpenGL 函数库

GLU(OpenGL Utility Library)实用库:GLU 是用来协助程序设计师处理材质、投影与曲面模型的函数库。

GLUT(OpenGL Utility Toolkit)工具库:GLUT 主要用于简化窗口管理程序代码的编写。不只是 Microsoft Windows 系统,还包括支持图形界面的其他操作系统,如 Mac OS、X-Window(Linux/UNIX)等,因此使用 GLUT 来开发 OpenGL 程序,可以降低移植到不同窗口形式的系统问题。另外,以 C++ 来编写窗口程序时,会使用 WinMain 函数来建立窗口。

OpenGL 本身不包含窗口控制命令、窗口事件及文件的输入和输出,上述这些函数都可以使用 Windows 里所提供的 API 实现,可是由于 Microsoft 并不积极支持 OpenGL,所以 Windows 平台上负责处理 OpenGL 的动态链接库 OpenGL32.dll,仅支持到 OpenGL v1.1。

编写 OpenGL 程序,必须先建立一个供 OpenGL 绘图用的窗口,通常是利用 GLUT 生成一个窗口,并取得该窗口的设备上下文(Device Context)代码,再通过 OpenGL 函数来进行初始化。其实,OpenGL 的主要作用在于,当用户想表现高级需求的时候,可以利用低级的 OpenGL 来控制。图 6-38 显示的是 OpenGL 如何处理绘图中用到的数据。

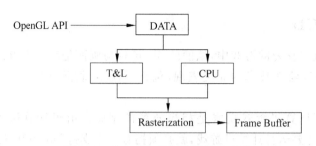

图 6-38　OpenGL 绘图数据处理过程

　　可以看出,当 OpenGL 在处理绘图数据时,它会将数据先填满整个缓冲区,这个缓冲区内的数据包含命令、坐标点、材质信息等,再等命令控制或缓冲区被清空(Flush)的时候,将数据送往下一个阶段去处理。在下一个处理阶段,OpenGL 会做坐标数据"转换与灯光"(Transform & Lighting,T&L)的运算,目的是计算物体实际成像的几何坐标点与光影的位置。

　　在上述处理过程结束后,数据会被送往下个阶段。在这个阶段中,主要工作是将计算出来的坐标数据、颜色与材质数据经过光栅化(Rasterization)技术处理来建立影像,然后将影响送至绘图设备的帧缓冲区(Frame Buffer)中,最后再由绘图显示设备将影像呈现于屏幕上。

　　例如,桌上有一个透明的玻璃杯,当研发者使用 OpenGL 处理时,首先必须取得玻璃杯的坐标值,包括它的宽度、高度和直径,接着利用点、线段或多边形来生成这个玻璃杯的外观。因为玻璃杯是透明的材质,可能要加入光源,这是将相关的参数值运用 OpenGL 将函数进行运算,然后交给内存中的帧缓冲区,最后由屏幕来显示,如图 6-39 所示。

图 6-39　OpenGL 的绘图处理过程

　　简单来讲,OpenGL 在处理绘图影像要求的时候,可以将它归纳成两种方式,一种是软件需求,另一种是硬件需求。

1. 软件需求

　　通常,显卡厂商会提供 GDI(Graphics Device Interface,绘图设备接口)的硬件驱动程序来提出画面输出需求,而 OpenGL 的主要工作就是接收这种绘图需求,并且将这种需求建构成一种影像交给 GDI 处理,然后再由 GDI 送至绘图显卡上,最后绘图显卡才能将成果显示于屏幕上。也就是说,OpenGL 的软件需求必须通过 CPU 的计算,再送至 GDI 处理影像,再由 GDI 将影像送至显示设备,这样才能算是一次完整的绘图显像处理操作。从上述成像过程不难看出,这种处理显像的方法在速度上可能会降低许多。若想提升显像速度,必须让绘图显卡直接处理显像工作。

2. 硬件要求

　　OpenGL 的硬件需求处理方式,是将显像数据直接送往绘图显卡,让绘图显卡去做绘图需求建构与显像工作,不必再经过 GDI,如此一来便能省下不少数据运算时间,显像的速度便可以大大提升了。尤其是在现今绘图显卡技术的提高与价格的下降成正比的时候,几乎每一张绘图显卡上都有转换与灯光的加速功能,再加上绘图显卡上内存的不断扩充,绘图显像过程似乎都不需要经过 CPU 和主存储器的运算了。

6.3.6 DirectX

在计算机硬件与软件都不发达的早期,要开发一款游戏或多媒体程序,是一件十分辛苦的工作,特别是开发人员必须针对系统硬件(如显卡、声卡或输入设备等)的驱动与运算,自行开发一套系统工具模块,来控制计算机内部的操作。

而现在的游戏开发,就不需要做这些硬件设备的设置了,因为 DirectX 提供了一个共同的应用程序接口,只要游戏本身是依照 DirectX 方式来开发,不管使用的是哪家厂商的显卡、声卡甚至是网卡,都可以被游戏所接受,而且 DirectX 还能发挥出更佳的声光效果,但前提是显卡和声卡的驱动程序都要支持 DirectX。

DirectX 由运行时(Runtime)函数与软件开发工具包(Software Development Kit,SDK)两部分组成,它可以让以 Windows 为操作平台的游戏或多媒体程序获得更高的运行效率,能够加强 3D 图形成像和丰富的声音效果,并且还提供给开发人员一个共同的硬件驱动标准,让开发者不必为每个厂商的硬件设备来编写不同的驱动程序,同时也降低了用户安装设置硬件的复杂度。

在 DirectX 的开发阶段,这两个部分基本上都会使用到,但是在 DirectX 应用程序运行时,只需使用运行时函数库。而应用 DirectX 技术的游戏在开发阶段中,程序开发人员除了利用 DirectX 的运行时函数库外,还可以通过 DirectX SDK 中所提供的各种控制组件来进行硬件的控制及处理运算。

现在微软公司也在紧锣密鼓开发新版的 DirectX,目的是为了让 DirectX SDK 成为游戏开发所必备的工具。在不同的 DirectX SDK 版本中,都具有不同的运行时函数库,但是 DirectX 的运行时函数库是可以向下兼容的。

DirectX SDK 由许多 API 函数库和媒体相关组件(Component)组成,表 6-1 列出了 DirectX SDK 的主要组件。

表 6-1　DirectX SDK 的主要组件

组件名称	用　途　说　明
DirectGraphics	DirectX 绘图引擎,专门用来处理 3D 绘图,以及利用 3D 命令的硬件加速特性来发展更强大的 API 函数
DirectSound	控制声音设备以及各种音效的处理,提供了各种音效处理的支持,如低延迟音、3D 立体声、协调硬件操作等音效功能
DirectInput	用来处理游戏的一些外围设备,例如游戏杆、GamePad 接口、方向盘、VR 手套、力回馈等外围设备
DirectShow	利用所谓的过滤器技术来播放影片与多媒体
DirectPlay	让程序设计师轻松开发多人联机游戏,联系的方式包括局域网络联机、调制解调器联机,并支持各种的通信协议

利用 DirectX SDK 所开发出来的应用程序,必须在安装 DirectX 客户端的计算机上才能正常运行。综上所述,DirectX 可被视为硬件与程序设计师之间的接口,程序设计师不需要花费心思去构想如何编写底层程序代码与硬件打交道,只需调用 DirectX 中的各类组件,

便可轻松制作出高性能的游戏程序。

6.4　数字游戏引擎介绍

汽车的发动需要汽车引擎,引擎就好比汽车的心脏,影响着车子本身的性能与速度,并决定着车子的稳定性和其他各种性能,车子的行驶速度与驾驶员的驾驶感受都是以引擎为基础的。与汽车引擎类似,游戏引擎在游戏中扮演的角色也是这样。玩家在游戏中所体验到的剧情、角色、美工、音乐、动画及操作方式等都是游戏引擎直接控制的。目前游戏引擎已包含图形、音效、控制装置、网络、人工智能与物理仿真等功能,游戏公司通过稳定的游戏引擎来开发游戏,可省下大量的研发时间。例如有些游戏引擎只负责处理 3D 图像,在开发过程中,如果拥有绘图引擎函数库,程序设计师就不需要浪费时间去处理繁杂的 3D 绘图与成像工作,可以专注于游戏程序的细节与性能设计。

对于商业游戏开发者,竞争日趋激烈的游戏产业,迫使他们使用游戏引擎来降低游戏研发成本以及复杂程度,并满足市场对于商业游戏在图像等方面日益增长的需求。最典型的例子就是游戏续集的开发,一个游戏的续集可能并不等于一个更为优秀的游戏,但是它往往可以为公司带来更多的商业利润,因为对游戏引擎的复用可以大大节约续作研发的成本,从而将一款游戏的商业价值发挥到极致。

游戏引擎可以看作是事先精心设计的链接库及对应的工具组合,游戏中的剧情表现、画面呈现、碰撞计算、物理系统、相对位置、动作表现、玩家输入行为、音乐及音效播放等操作,都必须由游戏引擎直接控制。经过不断发展变化,游戏引擎已经发展成一种有许多子系统共同构成的复杂框架系统,从建立模型、画面成像、行为动画、光影处理、分子特效、物理演算、碰撞侦测、数据管理、网络联机、以及其他专业性的编辑工具与套件等。它几乎可以涵盖整个开发过程中的所有重要环节,使得游戏可以得到更好的华丽界面与流畅度。

由于市面上的游戏引擎往往都伴随着昂贵的授权金,一般企业根本无法负担,几乎每一个成功的商业游戏背后,都有一个成熟的游戏引擎,商业游戏的引擎在技术上也始终走在行业最前端。

下面介绍一些世界顶级商业游戏引擎。

1. id Tech 4 引擎

id Tech 引擎又称为 Doom 3 Engine,由 id Software 公司研发并应用在 PD 游戏《毁灭战士 3》(图 6-40)中。该引擎由《毁灭战士》和《雷神之锤》的程序员兼设计师约翰·卡马克(John Carmack)开发,在游戏业界处于领先地位。使用 id Tech 4 开发的著名游戏有《毁灭战士 3》《雷神之锤 4》(图 6-41)等,该引擎在三维图形方面的应用程序接口采用的是OpenGL。

2. CryENGINE 2 引擎

Crytek 公司的 CryENGINE 是《孤岛惊魂》(*Far Cry*)采用的游戏引擎,CryENGINE 2则是在其基础上改进的全新游戏引擎,使用它研发的第一人称射击游戏《孤岛危机》(*Crysis*)在画面和物理模拟上都达到了很高水平,如图 6-42 和图 6-43 所示。

3. RAGE 引擎

RAGE 是 Rockstar Advanced Game Engine 的缩写,由游戏制造商 Rockstar 研发。它

是客户定制的视觉引擎,长处在于渲染精细的动画,特别是衣服纹理。RAGE 引擎的第一款游戏是获得了很高评价的《乒乓》,它具有高解析度的画面和尖端的动作系统,如图 6-44 和图 6-45 所示。

图 6-40　《毁灭战士 3》

图 6-41　《雷神之锤 4》

图 6-42　《孤岛惊魂》

图 6-43　《孤岛危机》

图 6-44　《乒乓》(1)

图 6-45　《乒乓》(2)

4. 弯刀引擎

弯刀引擎(Scimitar Engine)是由育碧(Ubisoft)研发用于《刺客信条》(*Assassin's Creed*)游戏的一款高端三维引擎。它改变了传统动作游戏路径有限、敌人反应固定的过关模式。使用该引擎开发的游戏,除了能灵活地展现各种动作外,还具有开放式的互动场景与完全自由的路线选择,并能为非玩家角色(Non Player Controlled Character,NPC)赋予更为真实的人工智能。

5. 起源引擎

起源引擎(Source Engine)由 Valve Corporation 研发,拥有高度集成的特性,基于 Shader 的渲染引擎具有口型同步和标签系统,以及功能强大而高效的物理模拟引擎,如

图 6-46 和图 6-47 所示,应用的作品有第一人称射击游戏《半条命 2》(*Half Life* 2)、解谜射击游戏《洞穴》(*Portal*)等。

图 6-46 《刺客信条》

图 6-47 《半条命》

6. 虚幻引擎

虚幻引擎(Unreal Engine)由 Epic 游戏公司研发,是在游戏业界广泛使用的商业游戏引擎之一。如图 6-48 和图 6-49 所示,第一人称射击游戏《虚幻竞技场 3》(*Unreal Tournament* 3)、《生化奇兵》(*BioShock*)、《战争机器》(*Gears of War*),动作类游戏《细胞分裂》(*Splinter Cell*)系列和大型多人在线角色扮演游戏(MMORPG)《天堂 2》(*Lineage* 2)等都采用了该引擎。

图 6-48 《生化奇兵》

图 6-49 《虚幻竞技场》

虚幻 3 游戏引擎(Unreal Engine 3)是一套为次世代游戏主机和装配有 DirectX 9 的计算机定制的游戏开发框架,提供了大量核心技术、内容创建工具,并且为高端游戏开发者提供了强有力的底层架构。虚幻 3 作为面向次世代游戏开发的专业游戏引擎,属于高端的商业引擎,其功能列表如表 6-2 所示。

表 6-2 Unreal Engine 3 引擎的功能列表

图像 API	OpenGL、DirectX	操作系统	Windows、Linux、Mac Os、Xbox 360、PS3
编程语言	C/C++	说明文档	完备
特点			
总体特点	面向对象的设计,插件系统,Save/Load 系统		
程序编写	• Unreal Script——用于编写游戏互动的脚本语言,并自动支持元数据(Metadata);支持各种灵活的文件格式;支持为关卡设计师在 UnrealEd 中显示程序中定义的属性值;基于 GUI 的脚本编译器;原语言支持多种在游戏编程中非常重要的概念,例如动态范围自动机(Dynamically Scoped State Machine)、定时脚本触发等 • 可视的 AI 编程工具帮助设计者完成游戏内部复杂的剧情交互设计、游戏事件触发器、可交互剧情动画等		

特点	
内建编辑器	• UnrealEd 自带可视物理建模工具,支持为模型和骨骼动画网络创建优化的碰撞检测体;可交互的物理模拟和内嵌调试器 • 关卡设计师可以在 UnrealEd 中看到 AI 路径并手动进行调整和修改 • UnrealMatinee——基于时间轴的剧情动画制作工具,设计师可以使用它通过排列动画帧,移动包括摄像机在内的各种物体来制作游戏内可交互或不可交互的剧情动画,还可以触发游戏内容和 AI 事件 • UnrealEd 内嵌的可视化声音编辑工具使设计师可以完全掌握音效的处理。音效的参数被放置于与程序代码相独立的另一块区域中,设计师可以通过它控制包括游戏、剧情动画、动画帧在内的各种音效
物理模拟	基础物理、碰撞检测、刚体、交通工具物理模拟
光照	Per-Vertex(逐顶点)、Per-Pixel(逐像素)、Volumetric(体积光照)、Light Mapping(光照贴图)、Gloss Maps(高光贴图)、Anisotropic(各向异性)
阴影	Shadow Mapping(阴影贴图)、Projected Planar(平面投射阴影)、Shadow Volume(体积阴影)
贴图	Basic、Multi-Texturing(复合贴图)、凹凸贴图、Mipmapping、Volumetric、Projected、Procedural:支持当前所有贴图技术
Shaders	顶点、像素、高级
场景管理	普通、BSP、Portals、LOD
动画	反动力学、关键帧动画、骨骼动画、面部动画、动画混合
网格	Mesh Loading、Skinning、Progressive、Tessellation、Deformation
特效	环境贴图、光晕、广告板、粒子系统、景深、动态模糊、天空、水、火、爆炸、贴花、雾、天气、镜面
地形	渲染、GLOD、Splatting
网络系统	用户服务器模型、点对点模型
声音视频	2D 音效、3D 音效、流媒体
人工智能	寻路算法、决策选择、有限自动机、可编程逻辑

6.5　数字游戏设计模板与案例

6.5.1　游戏设计文档模板——Chris Taylor 模板

封面　游戏名称,副标题,宣传画面(可选),公司版权,作者,版本,日期

目录

游戏名称(**Name of Game**)

设计历程(**Design History**)

　　版本 1.0(Version 1.0)

　　版本 2.0(Version 2.0)

　　版本 3.0(Version 3.0)

游戏概述(**Game Overview**)

　　游戏哲学(Philosophy)

267

游戏哲学 1(Philosophical Point #1)

游戏哲学 2(Philosophical Point #2)

游戏哲学 3(Philosophical Point #3)

基本问题(Common Questions)

这个游戏是什么？（What is the game?）

为什么做这个游戏？（Why create this game?）

这个游戏在哪里发生？（Where dose the game take place?）

我要操作什么？（What do I control?）

我有几个角色可以选择？（How many characters do I control?）

要点是什么？（What is the main focus?）

与同类游戏有什么不同？（What's different?）

特色设置（Feature Set）

特色概述(General Features)

联网特色(Multi-Player Features)

编辑器(Editor)

玩游戏(Game Play)

游戏世界（The Game World）

概述(Overview)

世界特色 1(World Feature #1)

世界特色 2(World Feature #2)

物质世界(The Physical World)

概述(Overview)

关键场所(Key Location)

游历(Travel)

比例(Scale)

对象(Object)

气候(Weather)

白天和黑夜(Day and Night)

时间(Time)

渲染系统(Rendering System)

概述(Overview)

D/D 渲染(D/D Rendering)

视角(Camera)

概述(Overview)

视角描述 1(Camera Detail #1)

视角描述 2(Camera Detail #2)

游戏引擎(Game Engine)

概述(Overview)

游戏引擎描述 1(Game Engine Detail #1)

水（Water）

碰撞检测（Collision Detection）

照明模式（Lighting Models）

概述（Overview）

照明模式概述 1（Lighting Model Detail ♯1）

照明模式概述 2（Lighting Model Detail ♯2）

世界规划（The World Layout）

概述（Overview）

世界规划描述 1（World Layout Detail ♯1）

世界规划描述 2（World Layout Detail ♯2）

游戏角色（Game Characters）

概述（Overview）

创建角色（Creating a Character）

敌人和怪物（Enemies and Monsters）

用户界面（User Interface）

概述（Overview）

用户界面描述 1（User Interface Detail ♯1）

用户界面描述 2（User Interface Detail ♯2）

武器（Weapons）

概述（Overview）

武器描述 1（Weapons Details ♯1）

武器描述 2（Weapons Details ♯2）

音乐总谱和声音效果（Musical Scores and Sound Effects）

概述（Overview）

CD 音轨（Red Book Audio）

D 音效（D Sound）

音效设计（Sound Design）

单人游戏模式（Single Player Game）

概述（Overview）

单人游戏模式描述 1（Single Player Game Detail ♯1）

单人游戏模式描述 2（Single Player Game Detail ♯2）

故事（Story）

游戏时间（Hours of Game-play）

胜利条件（Victory Conditions）

多人游戏模式（Multi-Player Game）

概述（Overview）

最大玩家数（Max Players）

服务器（Servers）

定制（Customization）

互联网(Internet)

游戏站点(Gaming Sites)

持续(Persistence)

存档和读档(Saving and Loading)

角色描述(Character Rendering)

概述(Overview)

角色渲染描述 1(Character Rendering Detail ♯1)

角色渲染描述 2(Character Rendering Detail ♯2)

世界编辑(World Editing)

概述(Overview)

世界编辑描述 1(World Editing Detail ♯1)

世界编辑描述 2(World Editing Detail ♯2)

其他杂项资源(Extra Miscellaneous Stuff)

概述(Overview)

其他需要的

XYZ 附录(XYZ Appendix)

对象附录(Objects Appendix)

用户界面附录(User Interface Appendix)

网络附录(Networking Appendix)

角色描述和动画附录(Character Rendering and Animation Appendix)

故事附录(Story Appendix)

6.5.2 游戏设计文档模板——Courtesy William Anderson 模板

封面　游戏名称,开发团队,文档作者,版本号,日期等

目录

前言

声明

产品概述

游戏故事

角色概述

玩法介绍

游戏目标

游戏启动

启动流程

启动部分系统介绍

游戏介绍插图

游戏启动界面

操作设置

音乐和声音设置

画面调节设置

故事插图欣赏

读取进度

游戏设计

游戏界面

玩家角色

玩家操作

玩家能力和技能

物品和道具

增加点值的物品

提升能力的物品

游戏视角

游戏力学系统

非玩家角色

剧情角色

敌方角色

玩家世界

游戏世界地图

等级描述

特殊技能

特殊人物

特殊危险

对手等级

次要守关角色（Sub-Boss）

主要守关角色（Boss）

游戏结尾设计

玩家胜利

玩家死亡

玩家退出

产品技术信息

引擎必需特性及功能

引擎次要特性及功能

设计规则及注意事项

设计要求

界面设计

等级设计

等级技能设计

角色人工智能设计

故事讲述者人工智能设计

一般敌人人工智能设计

特殊等级敌人人工智能设计

次要守关角色人工智能设计

守关角色人工智能设计

美术需求

角色美术设计(含 PC 和 NPC)

操作界面设计(游戏进程中的操作设计)

物品美术设计

环境及关卡美术设计

技能及相关特效美术设计

系统菜单设计(游戏外系统界面)

故事插图美术设计

音乐和声音

游戏背景音乐

玩家角色音效

非玩家角色音效

可收集物品音效

普通技能音效

特殊技能音效

角色配音

普通敌人音效

小型守关角色(Sub-Boss)音效

守关角色(Boss)音效

故事背景音乐和音效

项目需求

项目组成员需求

开发硬件及设备需求

开发软件需求

6.5.3 《保卫星河》网络游戏简要策划书

目录表(略)

一、游戏简介

《保卫星河》是一款科幻类型的 MMORPG 游戏,在一个遥远的星球里,发生了战乱,在这里决定命运的是高超的技艺和发达的科技。玩家将以各种身份在这个世界中开拓,以求星际和平或是称霸星球的梦想!……

二、游戏特色

1. 真实的虚拟世界

在游戏中一切模仿于现实。游戏中有昼夜和天气变化。在游戏中,玩家感觉到的是另外一种人生!

2．逼真的三维效果

任务的表情、动作、战斗时的招式，刻画的细腻而真实，角色鲜活。此外，地图中的各种科幻场景、建筑也制作得清晰、逼真。

3．激烈的战场

星河危机把玩家带入激烈而残酷的战场。这里有原子武器雷霆的呼啸，也有冷兵器血腥的厮杀，还有蜂拥的士兵和枪林弹雨的战场，玩家只有依靠勇敢和技巧来生存，实现自己的梦想。

4．宏大的地图

游戏地图很宏大，险峻的山谷、广阔的平原、荒凉的大漠、寒冷的冰原……山川、江河、大海各种地形应有尽有，这些地图给玩家带来更多的乐趣。

5．简捷的操作系统

略。

三、游戏背景

在遥远的星河里，曾经是一个美丽的星球，那里的人们拥有高超的记忆和无穷的智慧，那里的科技高度的发达，那里的生活和谐又幸福。然而，在这一切美好的表象之下，却有一些不安的因素在涌动。这个星球里最强大的帝国凭借其强大的科技和武装力量，想要称霸全球；在星球的另一边，Juma 将军正在囤积军队和装备，想要开始他的独裁政治……

随着一个巨大陨石的降落，仿佛给这个美丽的星球造成了一个巨大的伤疤，一个野蛮的异性种族侵入这个星球，他们带来的不止是瘟疫和灾难，还有无尽的掠夺和杀戮。随着环境和气候的变化，星球上的一些生物也发生了变异，变得更加危险。星球上的野心家们也趁乱世进行着他们的计划，帝国军、Juma 将军和其他一些军阀势力联合成了轴心集团……美丽的星球不复存在了，人们仅剩的还有希望和梦想，秉着这个信念，人们纷纷拿起武器，保卫自己的家园，星球上所有热爱和平和自由的国家和民族成立了自由解放联盟，他们的目的很清楚，恢复世界的和平，收复自己的星球。未来的道路是如此的艰难，但是，他们不会放弃！

四、游戏元素

1．游戏角色

（1）角色模型

游戏在角色模型分为玩家角色和非玩家角色。模型采用真实的 3D 立体人物，生动而逼真。

自身角色模型有性别、身材、容貌、毛发的区别，并能更换服装道具。而非玩家角色则是固定模型。

（2）创建角色

玩家进入游戏后要选择自己的角色外形。角色模型按性别各有不同，其中，皮肤和毛发的颜色可以用调色盘随意选择。发型选择在游戏中亦可以更改。容貌和身材有以下一些类型，如表 6-3 所示。脸部装饰有眼罩、眼影、胡须、伤疤等。

表 6-3　角色模型表

男角色		女角色	
容貌	身材	容貌	身材
英俊	修长	清纯	娇小

男角色		女角色	
冷酷	健朗	妩媚	曼妙
可爱	魁梧	端庄	柔弱
深沉	标准	妖艳	健美
⋮	⋮	⋮	⋮

（3）职业和阵营的选择

玩家选择完角色外形后可以进行职业和阵营的选择（具体职业介绍略）。

玩家将有两个阵营可以选择，分别是轴心集团和自由解放联盟，两个阵营之间自然敌对，不同阵营之间可以直接进行战斗。

（4）角色属性

角色属性如表 6-4 所示。

表 6-4 《保卫星河》游戏角色属性表

	生命值	角色的最基本属性，表示角色生存、受伤、死亡的属性。游戏中可使用技能或道具恢复生命值
	能量值	就是角色的法力值，在本游戏中，所有超自然现象都由一种星球能量引起，这种能量可以形成各种法术和其他效果
	体力值	角色奔跑、跳跃以及做各种生活技能时所消耗的数值。可以使用道具和通过休息模式恢复
基本属性	移动速度	角色以一定移动速度为基本移动单位。在游戏中，移动的模式和速度可以进行调整。一般情况下，角色都是在跑步的模式。如果玩家想要缓慢行走的话，那么就可以开启走步这个模式。角色的移动速度会由于交通工具、装备与使用技能的不同而改变
	攻击速度	角色在战斗时普通攻击或者使用技能的频率，游戏中攻击速度取决于你选择的角色模型和一些特殊的装备
		⋮
	攻击	角色对目标造成的伤害强弱程度
战斗属性	防御	角色所承受伤害量的能力
	闪躲	角色躲避攻击的概率
	命中	角色在攻击时命中目标的概率
角色的伤害和死亡		角色在游戏中战斗、高处跳跃、火烧、机关等，都会造成一定的伤害或死亡。主要伤害有轻伤、重伤和死亡三种状态
		⋮

2. 任务设定

具体任务设定略。

3. 游戏地图

游戏地图是一个科幻的星球，从白雪遍地的冰原到大漠风沙的荒原，拥有高科技类型的建筑模型，发达的城市，样式繁多，颜色鲜艳，3D 效果逼真让玩家处处感受到新鲜刺激。在游戏的右上角显示雷达地图，雷达地图显示角色所在地的地形和角色与非玩家角色的指示。

游戏地图的地形十分复杂,有平原、山地、森林、江河湖海、大漠、沼泽、关口等。

具体地图介绍略。

4．游戏道具

（1）装备类

每个游戏都不可缺少装备,《保卫星河》的装备也是很重要的一项,装备可以增加玩家的攻击、防御、速度等。装备有武器、护甲、首饰等。装备类道具的获得方式有两种,一种是任务奖励,一种是玩家自己打造或购买。

武器类道具：略。

护甲类道具：略。

首饰类道具：略。

（2）道具类

游戏道具种类繁多,有恢复的药品和食物,也有生活技能所必需的材料道具,还有任务道具、交通工具等。

药品类道具：略。

食物类道具：略。

生活类道具：略。

交通类道具：略。

其他类道具：略。

五、游戏机制

1．游戏操作设定

（1）键盘造作列表

键 盘 按 键	功 能	描 述
W	控制角色向前运动	略
S	控制角色向后运动	略
A	控制角色向左运动	略
D	控制角色向右运动	略
⋮	⋮	⋮

（2）鼠标操作列表

鼠 标	左 键 双 击	右 键 单 击
放置在可对话 NPC 身上出现对话气泡图标	后开始对话	无
在和平状态下是一个小的鼠标箭头	无	无
⋮	⋮	⋮

2．游戏界面

游戏界面可以通过文字描述,但通常会用一些概念图来更加直观的表示。本游戏包括以下界面,具体描述省略。

游戏登录界面

选择人物界面

创建人物界面

游戏主界面

人物属性界面

人物技能界面

装备及仓储界面

好友及行会界面

商品购买界面

3. 游戏的技能

（1）攻击技能

角色属性在游戏中的成长主要是以技能等级的提高而决定的，角色生命值、体力值、攻击力、防御力、移动、攻击速度等都是根据装备和所学的技能不断增加。攻击技能的动画效果尽量做到以动作姿势为主，光影为辅，达到真实的效果。攻击技能根据兵器的种类而决定，每种兵器都有相对应技能，而这些技能的动作姿势不同。兵器技能有主兵器技能、辅兵器技能、被动技能等。技能进入高级阶段时开始分段，段越高，动作姿势越复杂，攻击力越强。

主兵器技能：

兵　器	攻击技能	动作姿势	效　果
光束枪	射击	主要姿势：连射，平射	使敌方单体受到一定伤害
⋮	⋮	⋮	⋮

辅兵器技能：

兵　器	攻击技能	动作姿势	效　果
匕首	突刺	主要姿势：扎，刺	使近距离敌方单体受到伤害
⋮	⋮	⋮	⋮

被动技能：

名　称	效　果
强壮	使角色最大生命值增加
⋮	⋮

（2）生活技能

游戏中生活技能也占相当重要的位置。生活技能能够制造各种游戏道具，生活技能在NPC处学习。

厨艺：厨艺技能用来烹饪、制作食物。

渔业：渔业技能能够使用鱼钩渔网捕捉鱼类材料道具。

狩猎：狩猎技能通过射杀或捕捉获取动物的皮毛、血肉或其他物品。

⋮

4．游戏规则

（1）角色基本行为

角色基本行为有移动、战斗、装备使用道具。移动功能有行走、奔跑、快跑、坐下、仰卧、进食、跳跃、游泳等。此外，角色有很多表情动作，例如大笑、难过、愤怒等。

（2）基本规则

交流：游戏中玩家以文字模式互相交流，分为当前、区域、好友、公会、私聊等聊天频道。

当前频道：在玩家周围小范围内的其他玩家均可收到消息。

区域频道：在同一地图内的玩家均可收到消息。

好友频道：当玩家发送出消息后，只有玩家的好友才能看到消息。

公会频道：玩家发送消息后，只有公会内的成员才能看到。

私聊：私聊是一个玩家对另一个玩家发送信息，以对话框的形式出现，其他人无法看见。

交易：玩家与NPC、玩家与玩家之间都可以进行交易。玩家交易由一方发起，当两方都确定后，交易结束。如有一方不同意，则交易失败。

仓库：由于包裹空间有限，玩家的游戏币和物品都要在仓库存储，仓库可以存储一切物品，也包括游戏币，有很大空间。

贸易：玩家所获得的物品想要出售，或者要购买一些物品，这些都涉及贸易功能。玩家想要出卖物品，就要到拍卖行。拍卖行不仅有出卖物品的功能，还有收购物品的功能。

（3）玩家互动规则

组队：玩家可与其他玩家组成队伍，最高人数上限为5人。队伍之间可组成队伍联盟。一个队伍联盟最多可容纳8个队伍。组成队伍攻击NPC或者怪物所获得经验将减少，而物品掉落可设置，可由队伍随意拾取，也可由队长一人拾取。队伍联盟中有联盟队长分配。队长的功能有添加、删除队员，分配物品。队长也可以相互转让，在战争中不可组队。

信件：信件可通过驿站转交给另外一个玩家。送NPC则需要知道他喜欢什么，送玩家则不一样，当礼物到玩家手中时，他可以选择喜欢或不喜欢，如果喜欢的话，友好度会根据礼物的价值大大提升。所以说送礼可大幅度增加玩家之间友好度。礼物可以当面交给玩家，也可以通过信件转交。

PK：游戏中PK的方式比较独特，共有三种PK模式，PK的模式分为切磋、战斗和仇杀。

① 切磋：玩家向另外一个玩家发送切磋请求，对方同意后进入切磋状态。当一方生命值为0时即是落败，切磋结束。而结束后的生命值全部恢复原状。

② 战斗：战斗比较残酷，不需要邀请，只要开启战斗模式，便可攻击所有开启战斗模式的其他玩家。

③ 仇杀：最残酷的模式就是仇杀。仇杀一旦开启，便可以攻击所有不受保护的玩家，但相对的，自己一旦死亡将受到加倍的处罚。

5．游戏时间

游戏时间与现实时间转换：现实时间2小时＝游戏事件1天。其中有昼夜之分，根据时间不同，自然场景也不同，颜色也跟着变化。

6．游戏音乐

略。

六、人工智能

1．NPC 角色

NPC 和玩家的关系及其重大。游戏中他们扮演军官、士兵、商人、平民等各种角色融入玩家的生活和战斗中。

略。

2．怪物

游戏中到处是残酷的战争,怪物们分布在地图中各个角落。怪物的模型多种多样,有人类的贼匪杀手,也有凶猛的动物和奇形怪状的不明生物。

略。

3．游戏 BOSS

BOSS 分布在各地图的险要处,死亡后并有一定时间才能再次出现。每个 BOSS 都是非常强大的,并且都有各自的绝技。当和 BOSS 进入战斗后,此范围将不可以 PK。但是有些 BOSS 反而在人越多的时候越凶猛,人少反而变得平和。有的 BOSS 会对一些技能产生出极强的抵抗力,有的在战斗中发出信号召唤其他同类帮助,有些会用技能把角色迷惑住,让玩家自相残杀……

七、游戏的用户群

近年科幻游戏开始流行起来,以战争科幻为题材的作品有很大市场。玩家追求逼真,新奇的科幻世界的体验。此类游戏适合大量的青少年玩家和中年人,包括学生和上班族。它可以让一些狂热者振奋,并且这款游戏的诞生,也可以带动一些新玩家和对网络游戏失去信心的老玩家……

6.5.4 《植物僵尸对抗赛》网络游戏策划书

一、游戏概述

植物大战僵尸原本是一个单机的游戏,本方案将其改变成了网络版的,创作思想来自于单机版植物大战僵尸,在单机版的基础上进行人性化的扩展,共享化,网络化,社区化。

1．游戏风格

2．游戏流程

(1) 游戏下载并安装。

(2) 双击桌面上的游戏图标,进入加载界面。

(3) 载入界面结束的时候系统自动弹出游戏系统主页,进入下一步。

(4) 玩家注册账号,选择游戏服务器。

(5) 玩家登录,进入游戏大厅。

(6) 选择游戏模式,玩家可以进入禅境花园养花,也可以进入僵尸工厂训练僵尸,也可以去游戏的商城购买道具。

(7) 开始游戏。

3．游戏特色

(1) 多种养成类型(可以养成僵尸,可以养成植物)。

(2) 多种战斗方式。

(3) 透明的战斗公式,自定义战斗公式。自定义游戏玩法。

（4）更新的公会系统。

二、系统设定

1．阵营选择

玩家可以选择植物阵营或者僵尸阵营，各种植物的获得可以通过禅境花园中获取，各种僵尸的幼苗可以通过僵尸工厂训练获得。

2．禅境花园系统

（1）简介与玩法说明

禅境花园是玩家种植各种战斗过程中所需要的植物的地方。玩家种植得到的植物可以换取一定的金币，也可以用大量的植物来兑换植物的装备，当然也可以用换来的金币在商城的游戏币兑换专区购买植物的特殊装备和修饰装备，相同的，借鉴开心农场的成功经验，可以加大量的好友进来，用好友不在线的时候来窃取好友的劳动成果，窃取不慎的话也有可能被主人忠实的狗逮住哦！

如果玩家选择了植物阵营，禅境花园是一个修养自己植物的地方，玩家可以通过这里来养成自己以后战斗过程中所需要的所有植物。植物也可以换取大量的游戏币。玩家通过卖出自己种植的植物来获取花园币，花园中唯一的货币交易就是通过花园币来完成。植物种子分为低、中、高、三个级别，玩家可以去种子大爷那里购买植物的种子，超高级的种子需要去商城在线购买。玩家也可以将自己种的植物来兑换战斗过程中植物的装备和僵尸的装备。同时，玩家可以通过"偷菜"方法从好友花园里获取植物。

（2）道具栏分析

光线管理器：可以对不同的植物照射不同的光线，光线的影响直接影响植物的变异率，变异程度越高，植物的最大产出果实率越高。

铲子：可以铲除主人不想要植物和花盆。

水壶：可以用来增加植物的生长速度，对植物的最大产出量有一定的影响。

肥料：有极大的概率来增长本植物的最大产出量，并且对植物的生长速度有一定的影响。

杀虫剂：可除掉植物在成长过程中的害虫，也有较大的概率把对植物有益的益虫杀掉。

播放器：可以再短时间内增加植物的愉悦指数，愉悦指数可以增加植物的成长速度和缩短植物的生长周期。

蜗牛：可以捡取植物在生长过程中掉落部分成熟的果实和特殊宝箱（宝箱内可以开出大量的金币，有极小的概率开出植物的极品装备）。商城中含有特殊巧克力，可以增加蜗牛的移动速度和捡取成功率。

（3）禅境仓库

仓库分为两栏，一栏存放系统的任务道具，一栏存放玩家道具。

整理：仓库自带整理按钮，可以依照植物的类别进行自动分类，解决了玩家寻找植物而浪费时间的问题。

开启远程仓库：需要消耗一定量的金币来开启，为懒玩家而又愿意花钱的玩家提供了快速开启仓库的机会。

花园币：一种交易货币，玩家可以通过花园币去商城购买 RMB 玩家购买的装备。

游戏币：货币的一种，可以交易其他玩家的道具。

（4）偷菜系统

略。

（5）种子商城（种子大爷）

禅境花园里面种的所有的植物，甚至活动中意想不到的种子都在种子商城中获取。玩家所有的种子按照辅助类型可以分为三种：攻击类、防御类、状态类。具体说明略，这里的演示版本只介绍简要的几个植物，如表 6-5 所示。

表 6-5 种子的种类

普通种子	
攻击类	• 窝瓜：可以砸死一个僵尸，不论什么系列的普通僵尸，对 BOSS 级别僵尸免疫伤害 • 寒冰射手：可以减速僵尸的移动速度，对其造成一定的伤害 • 豌豆种子：可以攻击普通的僵尸，对其造成一定的伤害 • 西瓜太郎：可以攻击普通的僵尸，对其造成一定的伤害
防御类	• 坚果墙：可以抵御僵尸的物理侵蚀，对金系僵尸的防御能力提高
状态类	• 夜色玫瑰：对周围的植物造成治疗效果，使本系列的植物变成治疗状态
高级种子	
攻击类	• 高级窝瓜：可以砸死一个僵尸，不论什么系列的普通僵尸，对 BOSS 级别僵尸免疫伤害 • 高级寒冰射手：可以减速僵尸的移动速度，对其造成一定的伤害 • 高级豌豆种子：可以攻击普通的僵尸，对其造成一定的伤害 • 高级西瓜太郎：可以攻击普通的僵尸，对其造成一定的伤害
防御类	• 高级坚果墙：可以抵御僵尸的物理侵蚀，对金系僵尸的防御能力防御力提高
状态类	• 高级夜色玫瑰：对周围的植物造成治疗效果，使本系列的植物变成治疗状态
活动种子	
• 这里的种子主要是游戏在进行每天的活动和资料片更新以及版本更新提供一系列的具有纪念意义的种子，节日活动种子包括在内	

3. 僵尸工厂系统

（1）简介与玩法说明

僵尸工厂用来产生选择僵尸阵营的玩家的角色。玩家可以在这里训练"金、木、水、火、土"五个系列的僵尸。玩家可以把自己培养的僵尸放到自己的僵尸背包里面，战斗过程中进行选择战斗，也可以去僵尸博士那里去购买好的僵尸幼苗。

（2）道具栏简析

僵尸的成长离不开培养液的培养，也需要养料的供给和提高培养速度的道具。这里就简要的介绍几种最基本的道具。

氧气增加剂：增加培养液里面的氧气的含量，一定程度的保持培养液的新鲜程度，以便提高僵尸的成长速度和成长质量。

半成品脑髓：供给僵尸食用的物品，可以补给僵尸的饥饿度，以免僵尸降低成长速度和成长质量，甚至饿死。

僵尸培养液：主要是提高僵尸成长的环境，培养液要随时更换，培养液质量的好坏直接影响所有僵尸的成长速度和成长质量。

某种光放射器：可以按照培养液里面缺少的光线来手动调节培养液所需的光线进行照射，主要是提高培养液的质量，一定程度的增加僵尸的成长速度和成长质量。

灰太狼牌泡泡：可以娱乐僵尸,增加成长速度和成长质量,单体愉悦度增加满格可以影响周围的僵尸,提高周围僵尸的当前愉悦度的50%。

（3）僵尸仓库

同理的,僵尸仓库和植物仓库在一个快捷键调用出来,每个玩家都能扮演植物和僵尸两个角色,在僵尸工厂里面培训的僵尸可以暂放到此背包里面。功能与普通游戏的仓库是一样的,更多功能等待研发。

整理：可以按照僵尸的类别进行自动分类。

兑换装备：打开兑换僵尸装备的界面。

开启远程仓库：在战斗过程中可以用一定的费用开启远程仓库,来搬救兵。

僵尸币：僵尸中的一种通行货币,可以用来僵尸交易。应该还有其他用处。

游戏币：通常可以通用购买商城里面的道具和购买其他植物装备和僵尸装备。

（4）僵尸博士

说明：僵尸博士,僵尸家族中拥有博士学位的僵尸,非常聪明善于经商,卖一些僵尸和奇特的僵尸,威力无穷! 僵尸类型如表6-6所示。

表 6-6　僵尸种类

普通僵尸	
攻击类	行走僵尸：最基本的僵尸,可以对普通的植物造成损坏,移动速度较低,攻击力一般,他们比较善于群攻
防御类	泡泡僵尸：足够高的防御力,可以在前方当肉盾,看起来血量挺高的,我不入地狱谁入地狱
状态类	空中飞尸：善于治疗的一种僵尸,精通五行元素,可以挽救即将死亡的僵尸,也可以在战斗过程中给自己的队友加 BUFF 和血哦! 大战绝对少不了的
高级僵尸	
攻击类	略
防御类	略
状态类	略
活动僵尸	略
其他僵尸	略

（5）偷僵尸系统

道具栏介绍

毒素：可以通过影响僵尸培养液的质量来间接的降低好友正在训练的僵尸的成长速度。

半成品脑髓：可以喂养好友的僵尸,增加个人好友之间的友好度和增加个人的魅力值。

僵尸网子：有一定的概率捞取已经成熟的僵尸,极大概率地造成看家狗的警觉咬人效果。

281

僵尸魅惑剂：可以魅惑其他僵尸,不阻碍偷窃,同样的也降低本池子的所有僵尸的成长速度和成长质量。

培养液净化剂：清除池子里面的杂物,可以提高僵尸培养液的总体质量。

叉子：可以单个叉取僵尸，叉取需要一定的技巧。

4. 战斗系统

植物大战僵尸的战斗系统借鉴各大网游的经典元素，取其所长，补己所短。玩家可以在战斗之前根据玩家的喜好来扮演不同的战斗角色（植物和僵尸两大阵营）。

战斗方法：以 PVP 为主，PVE 为辅。

战斗角色：植物（Plants）和僵尸（Zombies）。

房间设定：玩家在进入游戏的战斗界面的时候，可以根据玩家的战斗技巧情况来选择新手入门阶段、初级阶段、LV1 阶段、LV2 阶段、专业阶段。

选择完了游戏难度，玩家就可以选择游戏的战斗模式，分为个人模式、组队模式过关模式和其他模式（保龄球模式、打地鼠模式、时空幻境模式、老虎机模式、俄罗斯模式、宝石迷阵模式、连连看模式）。

玩家也可以选择创建新的房间，自己作为房主来邀请您的好友和其他玩家来进行战斗。

房间的选择，首先玩家选择了游戏大区→游戏服务器→游戏战斗模式→游戏广场名称→游戏房间名称。

最后玩家就可以开始游戏了，当然在默认的情况下可以选择快速加入游戏。新的战斗模式在新的战斗回合。开始游戏吧！

5. 装备道具系统

略。

6. 任务系统

略。

7. 交互系统

略。

8. 植物属性系统

略。

9. 僵尸属性系统

略。

三、数值分析

略。

四、界面设定

略。

第 7 章 网络多媒体技术与设计

　　在信息社会,网络是各种媒体的主要载体。随着网络技术的不断发展,以及网络用户的不断增加,各种多媒体技术在网络上的传播变得更为顺畅、便捷,其影响的范围也在不断扩大。现在,网络已经成为一个媒体的综合展示平台,能够整合像视频、Flash 动画等各种多媒体技术,而且其本身的功能也在不断地增强。

　　在这里,所说的网络主要是指万维网,下文所提到的网络多媒体技术也都是围绕此展开。平时大家所提到的"上网",其所访问到的各种网页(即 Web 页面)和网站,也都是属于万维网的范畴。所以,在讲解各种网页开发技术之前,有必要对万维网做个简单的介绍。

7.1 认识因特网和万维网

7.1.1 关于因特网

　　因特网(Internet)又称国际计算机互联网,是目前世界上影响最大的国际性计算机网络。其准确的描述是:因特网是一个网络的网络,它使用 TCP/IP 网络协议把各种不同类型、不同规模、位于不同地理位置的物理网络连接成一个整体。它也是一个国际性的通信网络集合体,融合了现代通信技术和现代计算机技术,集各个部门、领域的各种信息资源为一体,从而构成网上用户共享的信息资源网。它的出现是世界由工业化走向信息化的必然和象征。

1. IP 地址

　　在 Internet 上有千百万台主机,为了使连入 Internet 的众多计算机主机在通信时能够相互识别,Internet 中的每一台主机都分配有一个唯一的 32 位或 64 位(IPv6 地址,使用还不是很广泛)地址,该地址就是 IP 地址,也称为网际地址。通过 IP 地址就可以访问到每一台主机。32 位 IP 地址由 4 部分数字组成,每部分数字对应于一个 8 位的二进制数字(即每个数可取值 0~255),各部分之间用小数点分开,如某一台主机的 IP 地址为:166.111.118.15。Inter NIC(Internet 网络信息中心)统一负责全球 IP 地址的规划、管理。

　　IP 地址有固定和动态之分。固定 IP 地址是长期固定分配给一台计算机使用的 IP 地址,一般是特殊的服务器才拥有固定 IP 地址,这样可以保证客户端能随时访问到这台服务器。而动态 IP 地址是指由服务器动态分配一个临时的 IP 地址给需要上网的计算机,普通人一般不需要去了解动态 IP 地址,这些工作都是由计算机系统自动完成的。对于经常移动的笔记本电脑来说,使用动态 IP 地址上网比较方便,不需要在每次改变网络的时候去手动设置 IP 地址。另外,使用动态 IP 可以在一定程度上缓解 IP 地址紧张的局面。

2. 域名和域名解析

　　IP 地址比较适合机器与机器之间进行识别。对于人来说,IP 地址就非常难于记忆,因此在因特网上多用域名来标识一个服务器或一个网络系统的名字。域名即网址,全世界接入 Internet 的计算机通过域名就可以准确无误地找到它。在全世界,不允许也没有重复的域名。

域名有国内和国际之分,由顶层和子域组成,用"."间隔开。顶层有几种类型,EDU 代表学校或教育机构,COM 代表商业性机构或公司,ORG 代表非盈利的机构或组织,NET 代表从事相关网络服务的机构或信息中心,GOV 代表政府部门。如果是本国国内域名还应在顶层中加入国家代码,如中国是 CN。子域指的就是所要申请注册的公司或机构的特征部分,可以用 26 个英文字母(不分大小写)和 10 个阿拉伯数字以及横杠组成,长度不能超过 26 个字符,如清华大学的域名为 tsinghua. edu. cn。

虽然人们能够通过域名来找到相应的服务器和网络系统,但并不是说主机之间能通过域名相互认识,它们互相只认 IP 地址,域名与 IP 地址之间是一一对应的,在使用域名寻找相应的主机时,需要先把域名解析成对应的 IP 地址,这种转换工作称为域名解析。

域名解析是由专门的域名解析服务器,即 DNS 服务器来完成,整个过程是自动进行的,例如,如果有人要访问清华大学音视频资源库的网站 www. av-tsinghua. com. cn,在 IE 的地址栏输入该地址并按回车键,DNS 服务器就先会把域名译为 IP 地址 166. 111. 118. 14,然后 IE 才能与该服务器建立通信连接。

3. 服务器

计算机接入因特网主要是为了共享资源和信息,在 Internet 上,主要是通过客户机/服务器的网络模式来实现资源和信息的共享的。在这种模式中,服务器是实现共享的关键。

这里所说的服务器指的是软服务器,即提供某种服务的软件系统,它代表了客户端共享资源和信息的一种方式,例如,WWW 服务器提供万维网服务,通过它,用户可以浏览各种超媒体信息资源;FTP 服务器提供文件传输服务,通过它,用户能实现文件共享。

这种软件系统可以安装在普通计算机上,也可以安装到专门为运行它而设计的硬服务器上。这种服务器是一种高性能的计算机,它的高性能主要体现在高速度的运算能力、长时间的可靠运行、强大的外部数据吞吐能力等方面。一般来说,因为服务器需要为很多的客户端提供服务,所以最好选用专门的服务器来运行服务软件系统,如 WWW 服务器。

另外,一台计算机(包括硬件意义上的服务器)上可以安装多个软件服务器,如同时安装 WWW 服务器、FTP 服务器和 SMTP 服务器等。

4. Internet 提供的服务

下面介绍一些 Internet 所提供的比较常见的服务。在 Internet 上,比较常见的服务有:远程登录服务、文件传输服务、电子邮件服务、WWW 服务、新闻讨论组和电子公告牌。

- 远程登录服务:远程登录就是用户通过 Internet 注册到网络上的另一台主机,分享该主机提供的资源和服务,感觉就像在该主机上操作一样。而用户的机器则作为该主机的虚拟终端,也就是说用户的机器仅仅是作为一台虚拟终端向远程主机传送击键信息和显示结果。例如,可以用远程登录的方式使用 Internet 上的某台大型机处理用户的海量数据。

- 文件传输服务:在 Internet 上有许多极有价值的信息资料,这些资料放在 Internet 各网站的文件服务器上。用户可用 Internet 提供的文件传输协议服务将这些资料从远程文件服务器上下载到本地主机磁盘上。相反,用户也可以使用文件传输协议将本地机上的信息通过 Internet 上传到远程某主机上。例如,用户可用文件传输协议应用程序将匿名文件服务器上的软件或资料下载到本地机上使用。

- 电子邮件:电子邮件可以使用户不用纸张,方便地写信、发信、收信、读信和转发邮件,还可以以附件的形式传输数据文件、订阅电子杂志、发布电子新闻等。

- WWW 服务:万维网(World Wide Web,WWW)是目前 Internet 上最为流行、最受欢迎的一种信息检索和浏览服务。这是 20 世纪 90 年代初 Internet 上新出现的服务。它遵循超文本传输协议(Hyper Transfer Protocol,HTTP),它以超文本(Hypertext)或超媒体(Hypermedia)技术为基础,将 Internet 上各种类型的信息(包括文本、声音、图形、图像、影视信号)集合在一起,存放在 WWW 服务器上,供用户快速查找。通过使用 WWW 浏览器,一个不熟悉网络的人只需几分钟就可以开始漫游 Internet。电子商务、网上医疗、网上教学等服务一般都是基于 WWW、网上数据库和动态网页技术来实现的。

- 新闻讨论组:它是为用户在网上交流和发布信息提供的一种服务。存放新闻的服务器叫做新闻服务器,各服务器之间没有直接的联系,不同的新闻服务器讨论的题目可从几十到几千个不等。Internet 上的用户可对某个新闻服务器上的讨论话题发表见解。

- 电子公告牌:英文名是 Bulletin Board System,即 BBS,它是与新闻讨论组类似的一种服务。用户可以通过这种服务发布信息、获取信息、收发邮件、与人交谈、多人聊天、就某个问题表决。这种服务在青年学生中比较受欢迎。

7.1.2 关于万维网

万维网也可以简称为 Web,是目前 Internet 上最为流行、最受欢迎的一种信息检索和浏览服务。这是 20 世纪 90 年代初 Internet 上新出现的服务,它遵循超文本传输协议,以超文本或超媒体技术为基础,将 Internet 上各种类型的信息(包括文本、声音、图形、图像、视频)集合在一起,为用户提供快速的信息检索和浏览。

WWW 在 20 世纪 90 年代初诞生于欧洲粒子物理实验室(CERN)。由于用户在通过 Web 浏览器访问信息资源的过程中,无需再关心一些技术性的细节,而且界面非常友好,因而 Web 在 Internet 上一推出就受到了热烈的欢迎,走红全球,并迅速得到了爆炸性的发展。

1. 万维网的工作原理

WWW 中的信息资源主要由一篇篇的 Web 文档,或称 Web 页、网页等,为基本元素构成。这些 Web 页采用超级文本的格式,即这些 Web 页中可以含有指向其他 Web 页、自身内部特定位置或其他资源的超级链接。在这里,可以将链接理解为指向其他 Web 页或资源的"指针"。链接使得 Web 页或相关资源交织为网状。这样,如果 Internet 上的 Web 页和链接非常多的话,就构成了一个巨大的信息网,这大概就是发明者将其命名为"布满世界的蜘蛛网"的原因。

当用户从 WWW 服务器取到一个文件后,用户需要在自己的屏幕上将它正确无误地显示出来。由于将文件放入 WWW 服务器的人并不知道将来阅读这个文件的人到底会使用哪一种类型的计算机或终端,要保证每个人在屏幕上都能读到正确显示的文件,必须以某种各类型的计算机或终端都能"看懂"的方式来描述文件,于是就产生了 HTML。HTML 对

285

Web 页的内容、格式及 Web 页中的超级链接进行描述,而 Web 浏览器,如 IE、Firefox(火狐)等的作用就在于读取 Web 网站上的 HTML 文档,再根据此类文档中的描述,组织并显示相应的 Web 页面。

2. 万维网中的几个重要概念

下面来了解一下万维网中的几个重要概念,以加深对万维网的认识。

1) 超文本和超媒体

WWW 主要依赖超文本作为与用户交互的基本手段。所谓超文本就是用户在阅读超文本信息时,可以从其中的一个文档跳到另一个文档,文档之间是按非线性方式组织的。也就是说,用户在浏览信息时,不必按章节从头到尾阅读,而可以在文档中跳来跳去。这种信息的组织方式与人脑组织信息的方式相似,非常适合人的思维习惯。

超媒体与超文本只有一点差别:超媒体文件不仅链接到其他文本文件,而且还能链接到声音、图像和视频文件,图像本身也可以链接到其他的图像、声音、视频和文本文件。超媒体包括超文本、多媒体以及它们之间的关联。

2) 统一资源定位器

设计 WWW 的目的之一就是用一种标准的方法访问 Internet 上各种类型的文档,为此开发了一种工具,叫做统一资源定位器(Uniform Resource Locator,URL)。URL 完整地描述了 Internet 上超媒体文档和各种资源的地址,在 WWW 浏览器的地址栏输入 URL 地址就可以访问到它所指向的资源。

下面是一个完整的 URL 地址:

一个完整的 URL 地址由 4 部分组成:访问协议、服务器地址、端口以及路径和文件名。

- 访问协议(Protocol):指出 WWW 浏览器使用何种协议来访问地址指向的资源。例如,"http"表示使用超文本传输协议来访问 WWW 服务器,"ftp"表示使用文件传输协议来访问 FTP 服务器。
- 服务器地址(Host):指出资源所在服务器的域名或 IP 地址,以便浏览器能找到资源所存放的主机。
- 端口(Port):一台主机可以提供多种服务,客户端具体要访问哪种服务都是通过指定端口来识别的。但是,并不是一定要指定端口才能访问服务器上的资源,因为每种服务都有它所指定的缺省端口,例如,WWW 服务的缺省端口是 80;FTP 服务的缺省端口是 21。如果浏览器访问的是 80 端口的 WWW 服务,那就不需要指定端口号。上面的 URL 地址访问的是 100 端口的 WWW 服务,所以需要指定端口号。
- 路径和文件名(Path):指明某资源在服务器上的位置。一般来说,要访问的资源会存储在服务器的一个指定目录中,这里提供的路径和文件名是以该目录为根目录的相对路径,它通常的格式是:\目录\子目录\文件名。例如,如果网站的内容存放在"c:\wwwroot"目录下,那么上面的 URL 地址访问到的 Web 页在服务器上的存放位置是"c:\wwwroot\djzx\index. htm"。与端口一样,路径并非总是需要的。如果没有指定路径,浏览器将访问服务器所指定的缺省资源。

使用 URL 地址既可以定位本地主机上的资源(通过使用主机名 Localhost 或 IP 地址 127.0.0.1),也可以定位来自 Internet 任意主机的资源。地址的访问方式可以分为绝对方式和相对方式,绝对方式的地址是一个完整的 URL 地址,如上面的例子;相对方式的地址只包括当前目录以后的路径和文件名,例如,访问上面的 URL 地址后,如果希望继续访问"djzx"目录下的"next.htm"文档,只需要访问路径"next.htm"就可以了。

3) 超文本传输协议

当在浏览器的地址框中输入一个 URL 或是单击一个超级链接时,浏览器就会通过超文本传输协议,把 Web 服务器上的网页代码下载下来,并显示成漂亮的网页。

HTTP 是建立在 Internet 的基本协议 TCP/IP 上的更为高层的协议,用来从 WWW 服务器传输超文本到本地浏览器。该协议可以使浏览器更加高效,使网络传输减少。它不仅保证计算机正确快速地传输超文本文档,还确定传输文档中的哪一部分,以及哪部分内容首先显示(如文本先于图形)等。

HTTP 协议是基于请求/响应模式的(相当于客户机/服务器模式)。一个客户机与服务器建立连接后,发送一个请求给服务器,请求方式的格式为:统一资源标识符(URL)、协议版本号,后边是 MIME 信息,包括请求修饰符、客户机信息和可能的内容。服务器接到请求后,给予相应的响应信息,其格式为一个状态行,包括信息的协议版本号、一个成功或错误的代码,后边是 MIME 信息,包括服务器信息、实体信息和可能的内容。

HTTP 协议的整个请求/响应过程与打电话订货的过程相似,首先,客户会打电话给商家,告诉他需要什么规格的商品,然后,如果有货的话,商家会把货发给客户,如果没有货,商家会告知缺货。

HTTP 是一种无状态协议,也就是说,Web 服务器将 Web 页面的每次访问都当作相互无关的访问来处理,服务器不保留前一次访问的任何信息,即使访问就发生在当前访问的几秒钟之前。HTTP 的这种无状态特点对记录学生学习网络课程的过程比较不利。

但是,通过使用 HTTP Cookie 能够记录客户端的状态信息,从而记录学生的学习过程。HTTP Cookie 是存储在用户浏览器上的小文件,它保存了用户的状态信息,当用户再次访问服务器时,浏览器会把 Cookie 中保存的用户信息连同请求一起发送给服务器。尽管如此,有些事情 Cookie 还是无法解决,如判断用户是否在线,以及记录用户的在线时间等。

4) 超文本标记语言

HTML 是一种描述文档结构的语言,这里所说的文档指的是 Web 页面。HTML 语言使用描述性的标记符(称为标签)来指明文档的不同内容,例如,使用＜table＞标签来描述表格。标签是区分文档各个组成部分的分界符,用来把 HTML 文档划分成不同的逻辑部分,如段落、标题和表格等。标签描述了文档的结构,它向浏览器提供该文档的格式化信息,以传送文档的外观特征。

用 HTML 语言写的页面是普通的文本文档(ASCII),不含任何与平台和程序相关的信息,它们可以被任何文本编辑器读取。

5) WWW 浏览器

WWW 浏览器是用来浏览 WWW 网站的客户端程序,现在比较流行的浏览器有 Internet Explorer(IE)和 Firefox(火狐)。

3. 常见的 WWW 服务器

这里所说的 WWW 服务器是用来提供万维网服务的软件系统,下面将介绍两种最为常见的 WWW 服务器。

1) Apache 服务器

Apache 是一个开放源代码项目,所以它是完全免费的,而且源代码完全公开。这个项目的目的是,在各种操作系统平台上,如 UNIX、Linux 和 Windows 等,为大家提供一个符合最新 HTTP 协议标准的、安全的、高效的、扩展性强的 HTTP 服务器。

根据 Web 服务器调查公司 Netcraft 的调查,自从 1996 年 4 月以来,Apache 就是 Internet 上最受欢迎的 WWW 服务器,直到现在,在市场占有率方面,Apache 一直处于领先地位。Apache 是 Linux 和 UNIX 平台下 WWW 服务器的首选。现在 Apache 的最新版本是 2.2.19。如果大家想了解更多的关于 Apache 服务器的内容,可以访问它的官方网站 www.apache.org。

2) IIS

另外一个比较常见的 WWW 服务器就是微软公司开发的信息服务器,英文全称是 Internet Information Server,简称 IIS。因为是微软公司的产品,所以被捆绑到了自己的操作系统中,像 Windows XP Professional、Windows 2000、Windows 2003、Windows Vista 和 Windows 7 中都带有 IIS。

因为信息服务器已成为 Windows 系统的一部分,两者之间已经结合得比较完美,所以 Windows 平台下首选 IIS。另外,IIS 提供了一个非常友好的图形界面管理工具,称为 Internet 服务管理器,使得监视配置和控制 Internet 服务非常方便直观。

7.2 HTML、CSS 和 JavaScript

熟悉完万维网,接下来,一起来学习组成万维网中的各种网页(Web 页面)是使用什么技术开发出来的。

HTML、CSS 和 JavaScript 都是用来设计 Web 页面的。如果把这三种技术结合在一起,通常称之为 DHTML,即动态 HTML 语言,其中的 D 是 Dynamic 的意思。DHTML 是基于客户端的,也就是说,利用 DHTML 技术所制作的 Web 页面完全由浏览器来解释执行并显示,WWW 服务器所做的工作仅仅就是把这个页面原封不动的传送给它。

在网页制作中,三种技术分别担当了不同的职责:HTML 描述网页中的内容,CSS 格式化网页中的内容,JavaScript 使网页中的内容动起来。

7.2.1 HTML 描述网页中的内容

超文本标记语言是万维网上最流行的用来编写网页的语言。HTML 文件的其中一个重要性是它能通过超链接(Hyperlink),将网络上的文档互联起来,使用者就可以轻易地从一个网页跳到另一个网页来浏览资讯。

基本上,HTML 语法通常是有头有尾的,如定义超链接的标签对<a>和</a>,当然也会有例外的,如
。HTML 标签是不区分大小写的,例如,<Head>、<hEAd> 或
。但大家要记着,每一个标签要用"<" 和">"包着,如此才能被浏览器识别。

从制作网页的职责来看，HTML 语言给网页添加各种内容，例如，<table>和</table>标记将给网页加入一表格，这些内容是组成网页的基本元素。但是，用 HTML 定义的这些内容是静态的。

用 HTML 定义的网页有一个基本结构。完整的网页是由<html>开始，最后以</html>结束，表示它是一个 HTML 页面。而一个网页又分为两大部分。

- head(文件头)：这部分是网页的操作资料，放在标签对<head>和</head>之间。
- body(主体)：这部分是网页的主体，也是在浏览器窗口中显示的内容，以<body>开始，</body>结束。

下面是一个简单的例子：

```
< html >
    < head >
        < title > Test </title >
    </ head >
    < body >
        Testing!
    </ body >
</ html >
```

在上面的例子中，在文件头里定义了网页的标题；在主体内容里输入了文本"Testing!"。最终，该例子将在浏览器的标题栏显示"Test"，在浏览器窗口中显示"Testing!"，如图 7-1 所示。

另外，只靠标签定义的内容过于单调，因此可以给标签定义属性来丰富内容的外观，例如，<body>标签中有 bgcolor(背景颜色)、text(文本颜色)等属性。在上面的例子中，可以给<body>标签加入一个 bgcolor 属性，定义网页的背景色为蓝色，代码如下：

```
< body bgcolor = " ♯0000FF">
    Testing!
</ body >
```

此时网页的显示效果将如图 7-2 所示。

图 7-1　例子的显示效果

图 7-2　定义了背景色的网页的显示效果

7.2.2 CSS 格式化网页中的内容

层叠样式表(Cascading Style Sheet,CSS)是一系列格式规则,它们控制网页内容的外观。使用 CSS 样式可以非常灵活并更好地控制确切的网页外观,从精确的布局定位到特定的字体和样式。

样式可以定义在 HTML 文件的标签里,也可以作为外部附件制作成单独文件,此时一个样式表可以用于多个页面,甚至整个站点,因此具有更好的易用性和扩展性。总的来说,CSS 可以完成下列工作。

- 弥补 HTML 对网页格式化功能的不足,如段落间距、行距等。
- 设置字体变化和大小。
- 设置页面格式的动态更新。
- 进行排版定位。

CSS 有如下一些特点。

- 精确控制页面中的每一项内容,如字体大小、行距等。
- 是对 HTML 语言处理样式的最好补充。
- 分离内容和格式,把格式的管理集中起来,极大地提高了制作和维护网页的工作效率。

通过使用以下三种方式,可以把 CSS 添加到网页中。

1. 内联式样式单

内联式样式单利用标准 HTML 文档中的现有标记,并把特殊的样式加到那些由标记控制的信息中。下面是它的一个例子(下划线部分)。

```
< html >
< head >
    <title>内联式样式</title>
</head>
< body bgcolor = "♯FFFFFF">
    < p style = "font - size:18pt">
        这是使用内联式样式的一个例子。
    </p>
</body>
</html>
```

使用内联式样式单没有体现 CSS 内容与格式分离的特点,不提倡使用。

2. 嵌入式样式单

嵌入式样式单是指利用<style>标记和它的对偶</style>控制单个页面。下面是它的一个例子(下划线部分)。

```
< html >
< head >
    <title>嵌入式样式</title>
</head>
< style >
    BODY{background:♯0000FF;color:♯FFFF00}
```

```
    H2{font - size:18pt;color: #FF0000;background: #FFFFFF}
    .c1{font - size:12pt;text - indent:0.5in}
</style >
< body >
    < H2 >这是使用"H2"样式的例子。</h2 >
    < br >
    < P class = "c1">这是使用"c1"样式的例子。</P >
</body >
</html >
```

使用嵌入式样式单可以把单个页面的样式进行集中管理。

3. 外部(链接)样式单

外部(链接)样式单是一种保存在外部文件中的主控样式单,它的语法与嵌入式样式一样,外部文件用.css 作为后缀名。使用样式的所有 HTML 文档需要链接到该文件。下面是它的一个例子(下划线部分)。

```
外部样式单文件 test.css:
    BODY{background: #0000FF;color: #FFFF00}
    H2{font - size:18pt;color: #FF0000;background: #FFFFFF}
    .c1{font - size:12pt;text - indent:0.5in}
```

```
使用外部样式单 test.css 的网页:
    < html >
    < head >
        < title >链接式级联样式单</title >
        < link rel = stylesheet href = "test.css" type = "text/css">
    </head >
    < body >
        < H2 >这是使用"H2"样式的例子。</h2 >
        < br >
        < P class = "c1">这是使用"c1"样式的例子。</P >
    </body >
    </html >
```

使用外部(链接)样式单可以把整个或多个网站的样式进行集中管理,能极大地提高工作效率。

7.2.3 JavaScript 使网页中的内容动起来

使用 HTML 和 CSS 设计的网页存在一定的缺陷,那就是它只能提供一种静态的信息资源,缺少动态的可交互的内容。JavaScript 的出现,可以使得信息和用户之间不仅只是一种显示和浏览的关系,而且实现了一种实时的、动态的、可交式的表达能力。

JavaScript 是一种基于对象(Object)和事件驱动(Event Driven)并具有安全性能的脚本语言。使用它的目的是与 HTML 一起实现在一个 Web 页面中与 Web 客户进行交互,从而可以开发客户端的应用程序。它是通过嵌入或调入标准的 HTML 中实现的。它的出现弥补了 HTML 的缺陷,它是 Java 与 HTML 折中的选择。

JavaScript 把整个浏览器窗口和 HTML 所定义的网页内容看作一个个的对象,这些对象都具有一定的属性,并能执行一定方法。通过修改对象的属性或者调用它们的方法,

JavaScript 能使整个浏览器和网页"动起来"。下面是一个使用 JavaScript 修改网页中某段文本内容的例子。

```
< html >
< head >
</head >
< body >
    < a href = "＃" onclick = "t1.innerText = '这是新内容!'">改变文本内容</a>
    < p >
    < p id = "t1">现在是旧内容!</p>
    </body >
</html >
```

其中,"onclick"表示单击事件,即当单击"改变文本内容"超链接时,执行里面的 JavaScript 脚本;"id"用于标示 HTML 标签,使得 JavaScript 能找到它所定义的页面内容;于是就可以利用"t1"的 innerText 属性来更新文本段落中的内容为"这是新内容!"。

7.3 使用 ActiveX 控件技术在网页中添加各种媒体

通过使用 ActiveX 控件技术,网页设计师能够在 Web 页中插入各式各样的媒体和应用,如流媒体、Flash 动画和 Applet 等,以制作出声形并茂,有着超强动感和交互性的主页。例如,在网络课程中,经常需要在网页中插入流媒体和 Flash 动画,以生动地展现教学内容。下面的内容将讲解如何在网页中插入流媒体视频和 Flash 动画。

7.3.1 HTML 中的<object>标签

对于那些最初不被浏览器所支持的媒体和应用,如流媒体,<object>标签给浏览器提供它们相关参数信息,从而使得浏览器能够加载和播放它们。利用<object>标签的各种属性和<param>标签,与媒体和应用相关的各种参数传递给了浏览器,如图 7-3 所示,"classid"属性指定了 Flash 动画播放插件的标识号,它告诉浏览器,这是一个 Flash 动画,两个<param>值对设定了动画的源文件和播放质量。除此之外,还可以设定许多别的<param>值对来定义 Flash 动画的外观和播放状态等。

```
<object classid="clsid:D27CDB6E-AE6D-11cf-96B8-444553540000">
  <param name="movie" value="button1.swf">
  <param name="quality" value="high">
</object>
```

图 7-3 利用<object>标签在网页中插入 Flash 动画

在 HTML 语言中,尽管<applet>和<embed>标签也能做<object>标签类似的一些事情,但最终的趋势是<object>标签将集成其他类似标签的所有功能,所以,HTML 规范建议大家使用<object>标签。

HTML 4.0 规范允许<object>标签的嵌套,这样一来,浏览器就有了选择的机会:如果在客户端的操作系统里没有某个插件的话,它就可以选择显示替代的内容。如图 7-4 所示,如果操作系统不能播放 MPG 视频的话,浏览器将显示静态图片 prodstill.jpg。

目前,在 Dewamweaver 等网页制作工具中,有可视化的界面来设置上面提到的各种参数,但是,了解源代码的结构有助于加深对操作界面的理解,在必要的时候,还可以直接编写代码,加快设置各种参数的速度,以及插入一些在 Dreamweaver 等编辑工具中不易实现的代码。

```
<object data="proddemp.mpeg" type="application/mpeg">
  <object data="prodstill.jpg" type="image/jpeg">
     The all-new Widget 3000!
  </object>
</object>
```

图 7-4   <object>标签的嵌套使用

7.3.2   在网页中插入 ASF 流媒体视频

在微软的视窗操作系统中,媒体播放器(Microsoft Media Player)能够用来播放 ASF 媒体文件,并支持流式播放。利用媒体播放器中的播放控件,可以把 ASF 流媒体插入到网页中。这个播放控件提供了许多的属性、事件和方法来控制流媒体的外观和播放,同时,还可以以此来与页面中的其他对象发生交互,表 7-1~表 7-3 分别列出了该播放控件中比较常用的一些属性、方法和事件,关于它们更为详细的内容可参见相关开发文档。

表 7-1   播放控件的部分属性

属性	权限	描 述
AllowChangeDisplaySize	读/写	返回或设置一个布尔值,以决定用户能否改变显示窗口大小
AnimationAtStart	读/写	返回或设置一个布尔值,以决定在播放流内容之前是否播放一个动画序列
AudioStream	读/写	返回或设置一个长整型数,以指示音频流的数量
AutoRewind	读/写	返回或设置一个布尔值,以决定影片播放完以后是否返回到开始
AutoSize	读/写	返回或设置一个布尔值,以决定是否使播放窗口的大小自动调整到媒体尺寸的大小
AutoStart	读/写	返回或设置一个布尔值,以决定是否一打开媒体文件就自动播放它
Bandwidth	只读	返回一个长整型值来指示当前播放影片的带宽
ClickToPlay	读/写	返回或设置一个字符串型值,以指示当单击播放窗口时能否使影片暂停或播放
CurrentMarker	读/写	返回或设置一个长整型值来指示当前当标记序号
CurrentPosition	读/写	返回或设置一个长整型值来指示影片的当前位置
CursorType	读/写	返回或设置一个长整型值来指示设置鼠标形状
DefaultFrame	读/写	返回或设置一个字符串值来指示控制所影响的目标框架窗口
DisplayMode	读/写	返回或设置一个显示模式常量来决定播放控件的外观
DisplaySize	读/写	返回或设置一个显示尺寸常量来决定播放窗口的大小
Duration	只读	返回一个双精度值来指示影片当前的播放时间
FileName	读/写	返回或设置一个字符串值,以定位要播放影片的源文件
MarkerCount	只读	返回一个长整型值以指示文件中标识的数量
OpenState	只读	返回一个长整型值以指示内容源的状态
PlayState	只读	返回一个长整型值以指示已打开影片的播放状态
ShowControls	读/写	返回或设置一个布尔值来指示控制面板是否可见
Volume	读/写	返回或设置一个长整型值来确定音量大小

293

表 7-2　播放控件的部分方法

方　　法	描　　述
Open	打开一个选中的影片
Pause	暂停影片的播放
Play	开始或继续播放影片
Stop	停止播放影片
StreamSelect	选择一个媒体流

表 7-3　播放控件的部分事件

事　　件	描　　述
Buffering	当控件开始或结束缓冲时出现
Click	当用户在控件上单击时出现
Disconnect	当控件与服务器断开连接时出现
EndOfStream	当影片播放结束时出现
KeyDown	当有键按下时出现
KeyUp	当有键释放时出现
MarkerHit	当影片播放到一个标记时出现
OpenStateChange	当控件改变打开状态时出现
PlayStateChange	当控件改变播放状态时出现
ScriptCommand	当一个同步的命令或 URL 被收到时出现

ASF 流媒体是通过媒体播放器中的播放控件插入到网页中去的，所以，在插入它之前，必须知道这个控件的 Classid，同时，最好还知道 Internet 上下载这个控件的 URL 地址。下面，将使用 Dreamweaver 编辑器进行插入操作，其过程如下。

1. 新建网页文档

打开 Dreamweaver，在常用工具栏的更改标题的文本框中，把页面的标题设为"netshow"。然后，按 Ctrl＋S 快捷键，把该文档取名为"asf.htm"并保存。

2. 插入"边框"表格

希望给播放窗口加一个浅色的"边框"，所以，插入一个单行单列的表格，其各项设置为：宽度（Width）为 175 像素点（Pexels），边框（Border）为 0，边距（Cell Padding）为 0，间距（Cell Spacing）为 6，即就是边框的宽度，背景色（Bg Color）为浅蓝（♯CCCCFF）。

3. 插入 ActiveX 控件

把鼠标放入单元格内，单击插入面板中媒体类（Media）里的【插入 ActiveX 控件】按钮，这时，一个 ActiveX 控件就插入到了单元格里。

4. 设置控件参数一

接下来，需要做的事情是设置这个控件的各种属性和参数。在属性面板中，如下设置各项参数：控件的宽度（W）为 175 像素点，高度（H）为 189 像素点，ClassID 为 CLSID：22D6F312-B0F6-11D0-94AB-0080C74C7E95，控件下载的 URL 地址为 http://activex. microsoft.com/activex/controls/mplayer/en/nsmp2inf.cab♯Version＝5,1,52,701。

5. 设置控件参数二

上面的设置的属性只是告诉了浏览器插入的是一个媒体播放器的播放控件，并设置了播放窗口的大小,为了使控件能播放媒体文件 math013.asf,还需要设置一些参数。单击属性面板中的参数 Parameters 按钮,打开播放控件的参数设置对话框,如图 7-5 所示,设定如下 5 个参数和相应的值,其中各项参数的作用请参见表 7-1。

6. 文档显示效果

单击 OK 按钮,完成设置。保存文档,同时,按 F12 快捷键,浏览器中观看的播放效果如图 7-6 所示。

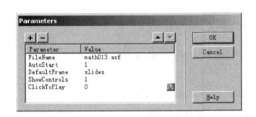

图 7-5 控件的参数设置对话框

图 7-6 页面中正在播放的 ASF 流媒体

7.3.3 在网页中插入和控制播放 Flash 动画

Flash 是 Macromedia 公司出品的用在网页中的动态的交互式多媒体技术,由于它制作的动画丰富多彩,体积小,可边下载边播放,还可加入声音等众多优点,因此,Flash 已逐步成为了事实上的 Internet 上交互式矢量动画标准。现在,Flash 动画的应用已经非常广泛,许多教师也正试图用它来制作演示动画和网上的交互式课件。

实质上,Flash 动画也是通过 Flash 播放控件插入到网页中去的。因为 Dreamweaver 和 Flash 都是 Macromedia 公司的产品,所以两者的结合非常紧密。网页设计师在页面中使用 Flash 动画的时候并不需要知道该控件的 Classid 和下载这个控件的 URL 地址,因为在插入 Flash 的时候,Dreamweaver 已经把这些参数设置好了。除此之外,还可以在 Dreamweaver 中定义行为来控制 Flash 动画的播放,其操作过程如下。

1. 新建网页文档

打开 Dreamweaver,新建文档,并在常用工具栏的更改标题的文本框中,把新文档的标题设为 Control Flash。然后,按 Ctrl+S 快捷键,把该文档取名为 flashhtm 并保存。

2. 插入排版表格

插入一个单行单列的表格,用来放置 Flash 动画,其各项设置为:宽度(Width)为 550 像素点(Pexels),边框(Border)为 0,边距(Cell Padding)为 0,间距(Cell Spacing)为 4。

3. 插入 Flash 动画

把鼠标放入单元格内,单击插入面板中媒体类(Media)里的【插入 Flash 动画】按钮,将打开一个文件选择对话框。找到并选择 sea.swf,并单击 OK 按钮,这时,选中的 Flash 动画就插入到了页面中。设置此 Flash 的名称为 FMO(在最左上角的没有任何属性标识的文本框中设置),其余各项属性不变。

4. 设计控制面板

在动画表格的下面插入一个 1 行 3 列的表格,用来放置控制 Flash 动画的链接文本,其各项设置为:宽度(Width)为 550 像素点(Pexels),边框(Border)为 0,边距(Cell Padding)为 0,间距(Cell Spacing)为 4。并设置各单元格的宽度,分别为:183 像素点,183 像素点和 184 像素点,对齐方式都为居中。并在三个单元格里分别插入文本"播放"、"暂停"和"跳到第 30 帧"。

5. 编辑控制链接

选中文本"播放",在属性面板中,把它的链接属性设为"♯",即空链接。再次选中文本"播放",单击行为面板中的【新建行为】按钮,并从下拉菜单里选择 Control Shockwave or Flash 选项,将打开控制 Shockwave 和 Flash 动画设置对话框,如图 7-7 所示,按图所示进行设置,然后,单击 OK 按钮完成设置。

图 7-7 控制 Shockwave 和 Flash 动画设置对话框

重复上面的步骤,完成对文本"暂停"(Stop)和"跳到第 30 帧"(Go to Frame 30)的设置。保存文档,并按 F12 快捷键,在浏览器中观看的播放效果如图 7-8 所示。

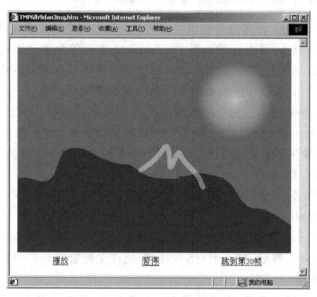

图 7-8 页面中的 Flash 动画

7.4 交互式主页技术

通过上面的学习,大家了解了 DHTML,知道 Web 文档如何把各种媒体技术整合在一起,制作内容丰富多彩的各种页面和网站。但是,DHTML 也存在严重缺陷。平时,大家上网,最常做的一件事情是"注册用户",因为 DHTML 是基于客户端的,也就是说,利用 DHTML 技术所制作的 Web 页面完全由浏览器来解释执行并显示,WWW 服务器所做的工作仅仅就是把这个页面原封不动的传送给它,所以,DHTML 无法完成把用户注册信息存入服务器端。这时,就需要用到交互式主页技术,它能帮助开发出网上的各种交互平台,如网络学堂、微博、社交网站等。

7.4.1　几种常见交互式主页技术

现在,最常用的三种动态网页技术是 ASP(Active Server Pages)、JSP(Java Server Pages)、PHP(Hypertext Preprocessor)。ASP 是微软公司的技术产品,PHP 是一个开放源代码项目,而 JSP 是基于 SUN 公司所开发的 Java 语言上的一种 Web 开发技术。

下面,将从难易程度、开发成本、安全性、数据库支持、应用环境 5 个方面来比较这三种技术。

1. 难易程度

ASP 以 VBScipt 脚本语言作为其主要的开发脚本,VBScript 是在 Visual Basic 基础上设计的一种脚本语言,简单易学,非常适合想学习程序设计初学者。

PHP 和 JSP 都大量借用了 C 语言的语法,并引人了面向对象的程序设计概念,所以学习的难度比较大,尤其是 JSP 中使用的 Java 语言,是完全面向对象的,而且运用了很多的专业程序设计的概念,所以学习 JSP 相对还要难一些。

2. 开发成本

由于简单易学,并有 VB 程序员作为基础,所以 ASP 的程序员很多,劳动力成本也较低,而且能从网上找到大量的 ASP 源代码,减轻开发的工作量。ASP 的发布是通过 IIS 服务器,主要的费用是购买微软的操作系统的花费。

PHP 程序员的基础也比较广泛,开发的费用也不高。值得一提的是,发布 PHP 程序有一个黄金的免费组合——Linux+Apache+MySQL。

能做 JSP 的程序员也非常的多,但开发的劳动力成本要相对高一些。发布 JSP 可以选择免费的服务器,如 Tomcat、Resin 等,但性能不是很好;但如果选择企业级的应用服务器,如 Weblogic、Websphere 等,它们的费用就相当昂贵,根据版本不同,费用可以从几万到几百万。

3. 安全性

由于 ASP 与 Windows 系统进行了捆绑,所以 Windows 本身的所有问题,如安全性、稳定性等,都会一成不变的也累加到它的身上。另外,由于 ASP 使用了 COM 组件,虽然 COM 组件使得 ASP 十分强大,但同时也会引发大量的安全问题。如果使用 COM 组件不注意,那么外部攻击就可以取得相当高的权限而导致网站瘫痪或者数据丢失。

PHP 本身存在安全漏洞,大家有时能够在网上看到对 PHP 安全漏洞的描述。但总的来说,PHP 是开发源代码项目,安全漏洞自然会比 ASP 少很多,而且,PHP 能够选择比较安全的操作系统,如 Linux。

JSP 的实质是 Java 语言。Java 在设计的时候就去掉了 C 语言中的不安全因素,而且制定了很多安全机制,是非常适合 Internet 的编程语言。而且,Java 是跨平台的,所以 JSP 也可以选择一个安全稳定的操作系统平台来运行。

297

4. 数据库支持

ASP 与数据库的连接非常方便,通过使用 ODBC(Qpen DataBase Connectivity),能使用标准的方法与支持 ODBC 的数据库相连。

PHP 有许多与数据库相连接的函数。但 PHP 提供的数据库接口支持彼此不统一,例如对 Oracle、MySQL 和 Sybase 的接口,彼此都不一样,这是 PHP 的一个弱点。

JSP 提供了与数据库相连接的统一接口 JDBC(Java Data Base Connectivity)。

5. 应用环境

ASP 是 Microsoft 开发的动态网页语言,所以继承了微软产品的一贯传统——只能运行于微软的服务器产品 IIS 和 PWS(Personal Web Server)上。UNIX 下也有 ChiliSoft 等插件来支持 ASP,但是 ASP 本身的功能有限,必须通过 ASP+COM 的组合来扩充,UNIX 下的 COM 实现起来非常困难。

PHP 可在 Windows、UNIX、Linux 的 Web 服务器上正常运行,还支持 IIS、Apache 等通用 Web 服务器,用户更换平台时,无须变换 PHP 代码,可即拿即用。

JSP 同 PHP 类似,几乎可以运行于所有平台。如 WinNT、Linux、UNIX。Windows 下 IIS 通过一个插件,例如 JRUN 或者 ServletExec,就能支持 JSP。著名的 Web 服务器 Apache 已经能够支持 JSP。

总之,ASP、PHP、JSP 三者都有相当数量的支持者,由此也可以看出三者各有所长。正在学习或使用动态页面的朋友可根据三者的特点选择一种适合自己的语言。

7.4.2 了解 ASP

下面,以 ASP 为例来认识一下交互式主页技术的工作原理。

1. ASP 的 4 个重要特征

一个 ASP 页面有如下 4 个重要特征来使之具备很强的通用性。

- ASP 可以包括服务端脚本,可以使用 VBScript 和 JavaScript 来创建 ASP 页面。利用服务端脚本,ASP 可以创建动态内容的网页,例如,可以让网页在一天的不同时间显示不同内容。

- ASP 提供了一些内嵌(Built-In)对象。利用这些对象,可以使脚本的功能更加强大。例如,通过 Request 对象,可以接收用户在网页表单中提交的信息,并在一个脚本中来响应它。

- ASP 可以用另外的元素来扩展。ASP 本身就是来源于相当数量的标准服务端 ActiveX 元素,这些组件允许 ASP 做诸如依据浏览器能力进行不同显示以及在浏览器内包含计数器的工作。标准的 ActiveX 组件非常有用,另外,也可以轻松创建属于自己的附加 ActiveX 组件,从而扩展 ASP 的功能。

- ASP 可以和 SQL Server、Oracle 等数据库进行挂接,这极大地增强了 ASP 的功能,在线商务以及在线沙龙等各种非常高级的、动态更新的站点都需要数据库的支持。ASP 主要是通过 Active Data Object(ADO)与数据库进行连接的。

以上 4 个特性对 ASP 进行了限定,即 ASP 是由服务器端脚本、对象以及组件拓展过的标准主页。通过使用 ASP,主页可以包含动态内容。

2. ASP 是如何工作的

如图 7-9 所示,IIS 响应一个 ASP 页面请求的过程如下。

(1) 用户在浏览器的网址栏中输入指向 ASP 页面的 URL 地址,并按回车键触发请求。

(2) 浏览器将这个 Active Server Pages 的请求发送给 IIS。

(3) 服务器接收该请求,并由于其.asp 的后缀意识到这是个 Active Server Pages 要求。

(4) IIS 服务器从硬盘或者内存中找到正确的 ASP 文件,并将这个文件提交给脚本解释器(ASP.DLL)去解释执行。

(5) ASP 页面将会从头至尾被执行,并根据命令要求生成响应的静态主页。

(6) IIS 把生成的 HTML 主页响应给浏览器。

(7) HTML 主页将会被用户浏览器解释执行并显示。

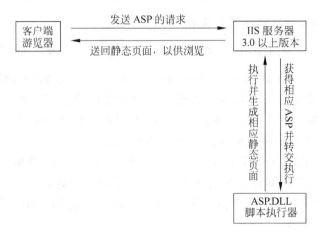

图 7-9　ASP 的工作过程

提高:

为了清晰地说明问题,上面的过程进行了很大的简化,一个 ASP 页面并不一定每一次都重新编译解释,如果再次接收以前的那个请求而且没有任何变化,ASP 会从缓存中提出结果而不是再次运行。

对于服务器来说,ASP 与 HTML 有着本质的区别,HTML 是不经任何处理送回给浏览器,而 ASP 的每一个命令都首先被用来生成 HTML 文件,因此 ASP 允许生成动态内容。

另一方面,对于浏览器来说,ASP 和 HTML 几乎是没有区别的,仅仅是后缀为.asp 和.htm的区别,当用户在客户端提出 ASP 的请求后,浏览器接收的是 HTML 格式的文件。因此它适用于任何浏览器。

3. 如何添加脚本到 ASP 页面中

ASP 主要就是 Scripts 脚本环境,大家可以将 VBScript 和 JavaScript 结合到自己的 ASP 页面中。同样,可以在 ASP 中很好地利用其他的脚本语言,任何一个可以和 ActiveX Script 标准兼容的脚本语言引擎都可以用于 ASP,如 Perl。

有两种方法可以把脚本集成到 ASP 页面中。

- 利用<％和％>。
- 利用微软的 HTML<Script>拓展对象。

最简单的结合脚本的方法是利用＜％和％＞，任何在这对符号中的内容都被认为是脚本。下面是个例子：

```
<html>
    <head><title>ASP Script 示例</title></head>
    <body>
        这是个
            <% for I = 1 to 10 %>
                非常,
            <% next %>
        非常长的句子。
    </body>
</html>
```

该 ASP 页面执行后在浏览器上显示为：

这是个非常,非常,非常,非常,非常,非常,非常,非常,非常,非常,非常长的句子。

这段脚本利用 VBscript 的 For…Next 循环生成了 11 份"非常"的拷贝。

ASP 的默认脚本语言是 VBscript,也就是说,如果使用的是 VBscript,在使用＜％和％＞时不需要做任何事情来说明使用何种语言。不过,如果需要限定的话,有以下三种方式。

- 使用 IIS 管理器来限定所有 ASP 页面的默认语言。
- 在每一个单独的 ASP 页面中的最上面一行利用＜％@ LANGUAGE＝"script 语言"％＞来指定针对这个单独 ASP 页面所使用的脚本语言。
- 利用微软的 HTML＜Script＞拓展对象,＜script＞的 Language 属性可以用来限定使用哪一种语言。

4. 如何将对象和组件集成到 ASP 页面中

ASP 包括了大量内嵌对象和可安装的 ActiveX 组件。这些对象以及组件都可以用来拓展 ASP 的功能。那什么是对象和组件呢?

一个对象是典型的具有方法、属性或者集合的东西,其中,对象方法决定了可以用这个对象做什么事情,如 Response 对象的 Write()方法;对象的属性可以读取出来,也可以进行设置,以了解对象状态或者设置对象状态。对象的集合是由很多不同的和对象有关系的键和值的配对组成的。

举一个日常的例子,书籍"ASP 教程"是一个对象,这个对象包含的方法决定了可以怎样处理它,例如,去读它,送人作为礼物,当作敲门的工具,甚至撕得粉碎,只要愿意。对象的属性可以帮助了解这本书,如书的页数、作者等。

ActiveX 组件和 ASP 内嵌对象十分类似,不过,二者之间也存在着明显的差异,首先,一个组件可能包含不止一个对象;其次,在使用组件之前,需要明确地创建一个它的实例。

1) 内嵌对象

在 ASP 中,提供了 6 个内嵌对象。

- Application 对象:用来存储一个应用中所有用户共享的信息。例如,可以利用 Application 对象在整个站点的不同用户间传递信息。
- Request 对象:可以用来访问所有从浏览器到服务器间的信息。例如,可以利用 Request 对象接收用户在表单中的提交信息。

- Response 对象：用来将信息发送回浏览器。例如，可以利用 Response 对象将脚本语言结果输出到浏览器上。
- Server 对象：提供了许多 Server 端的应用函数。例如，可以利用 Server 对象控制脚本运行的超时限制，也可以利用 Server 对象来创建其他对象的实例。
- Session 对象：用来存储一些普通用户在其滞留期间的信息。例如，可以用 Session 对象来储存一个用户访问站点的滞留时间。
- ObjectContext 对象：可以用来控制 ASP 的执行。这种执行过程由 Microsoft Transaction Server(MTS)来进行管理。

内嵌对象不同于正常的对象。当使用内嵌对象编写脚本时，不需要先创建一个它的实例。在整个网站应用中，内嵌对象的所有方法、集合以及属性都是自动可访问的。

下面是使用 Response 对象的 Write 方法输出响应结果的一个例子。

```
<HTML>
    <HEAD><TITLE>ASP 实例</title></head>
    <body>
    <%
        Response.Write("你好,张三!")
    %>
    </body>
</html>
```

2）组件

与上面所讨论的内嵌对象一样，ASP 组件一样可以用来拓展脚本的功能，组件与内嵌对象所不同的是它通常用来去实现特定的任务，而且在使用前必须先创建其中对象的一个实例。

下面是使用文件系统对象创建一个文本文件的例子。

```
<%
Set MyFileObject = Server.
            CreateObject("Scripting.FileSystemObject")
Set MyTextFile = MyFileObject.
            CreateTextFile("c:\mydir\test.txt")
MyTextFile.WriteLine("ASP 教程文件操作示例!")
MytextFile.Close
%>
```

要创建并且写入一个文本文件，应当使用 FileSystemObject 和 TextStream 对象。首先，需要创建一个 FileSystemObject 对象的实例，然后，再利用该对象的 CreateTextFile()方法创建一个 TextStream 对象的实例，最后利用 TextStream 对象的 WriteLine()方法来写入文本内容于文件中。

7.5 AJAX 和 RIA

基于 Web 的应用很容易部署，由于浏览器无处不在，而且无须下载和安装新的软件，用户只需单击一个链接就能运行你的应用程序；同时，基于浏览器的应用也不用考虑用户所使用的操作系统是什么。因此,随着 Web 技术的不断发展,其所能展示的手段和功能的不断丰富,人们也已经把 Web 作为首选发布平台,如社交网站、微博、视频共享网站、网盘、电子邮件系统等。

但是,尽管 Web 应用有用户面广、容易部署等优点,与暴风影音、迅雷、Word 之类的桌面应用相比,给人的用户体验不是太好。因为,最初万维网实际上是为了科学家们和学术机构间交换文章和研究成果而设计,是一种简单的请求/响应模式,所以当用户发送一个新的页面请求,就算跟前面的页面内容只有很少的改动,服务器也会发回整个文档,而且要重新绘制整个页面。由此可以看出,如果页面数据量大,而且在网络状况又不好的情况下,用户每请求一个新的页面,都会等待非常长的时间。

因此,开发一个类桌面应用一直是 Web 开发工程师的梦想,随着 AJAX 和 RIA 技术的出现,这种梦想已经成为容易实现的现实。

7.5.1　AJAX

AJAX 全称为 Asynchronous JavaScript and XML(异步 JavaScript 和 XML),是一种创建交互式网页应用的网页开发技术。严格地讲,AJAX 不是一种单一的技术,而是有机地组合使用一系列相关技术,如 JavaScript、XML、DOM 等的技巧。它使用 HTML+CSS 来表示信息(文档内容),使用 JavaScript 操作文档对象(Document Object Model,DOM)进行动态显示及交互,使用 XML 和 XSLT 进行数据交换及相关操作,使用 XMLHttpRequest 对象与 Web 服务器进行异步数据交换。在整个技术框架中,JavaScript 起到主线的作用,它把其他技术串在一起,而 XMLHttpRequest 对象是关键组件,它使 JavaScript 直接与服务器直接通信成为可能,这样,浏览器就可以在不重新加载页面的情况下更新部分网页数据和内容。

早在 1998 年,微软的 Outlook Web Access 小组编写了允许客户端脚本发送 HTTP 请求的第一个组件,并且迅速地成为 Internet Explorer 4.0 的一部分,Outlook Web Access 也成为第一个应用了 AJAX 技术的商业应用程序。2005 年 2 月,Adaptive Path 的 Jesse James Garrett 最早创造了这个词,在他的文章 *AJAX: A New Approach to Web Application*(《AJAX:Web 应用的一种新方法》)中,Garrett 讨论了如何消除胖客户(或桌面)应用与瘦客户(或 Web)应用之间的界限。之后,当 Google 在 Google Labs 发布 Google Maps 和 Google Suggest 时,这个技术才真正为大家所认识,并且一发不可收拾。

1. XMLHttpRequest 对象

XMLHttpRequest(XHR)是 AJAX 技术体系中最为核心的技术。XMLHttpRequest 最早在 IE 5 中以 ActiveX 组件的形式实现。由于只能在 IE 中使用,所以大多数开发人员都没有用 XMLHttpRequest,直到后来,Mozilla 1.0 和 Safari 1.2 把它采用为事实上的标准,情况才有改观。因此,一些低版本的浏览器是不支持使用 AJAX 技术的。

与其他对象一样,如 7.3.2 节所介绍的 Microsoft Media Player 控件对象,XMLHttpRequest 对象也提供了一系列的属性和方法,如表 7-4 和表 7-5 所示,以实现相关状态的读取设置,以及与服务器间的通信及数据交换。

表 7-4　XMLHttpRequest 对象的属性

属　　性	描　　述
onReadyStateChange	无论 readyState 值何时发生改变，XHR 对象都会激发一个 onReadyStateChange 事件。其中，onReadyStateChange 属性接收一个 EventListener 值——向该方法指示无论 readyState 值何时发生改变，该对象都将激活
readyState	请求的状态。有 5 个可取值：0＝未初始化，1＝正在加载，2＝已加载，3＝交互中，4＝完成
responseText	包含客户端接收到的 HTTP 响应的文本内容。当 readyState 值为 0、1 或 2 时，responseText 包含一个空字符串。当 readyState 值为 3 时，响应中包含客户端还未完成的响应信息。当 readyState 为 4 时，该 responseText 包含完整的响应信息
responseXML	服务器的响应，表示为 XML。这个对象可以解析为一个 DOM 对象
status	描述了 HTTP 状态代码（200 对应 OK，404 对应 Not Found 等），其类型为 short。而且，仅当 readyState 值为 3 或 4 时，这个 status 属性才可用。当 readyState 的值小于 3 时试图存取 status 的值将引发一个异常
statusText	HTTP 状态码的相应文本（OK 或 Not Found 等）

表 7-5　XMLHttpRequest 对象的方法

方　　法	描　　述
abort()	停止当前请求
getAllResponseHeaders()	把 HTTP 请求的所有响应首部作为键/值对返回
getResponseHeader("header")	返回指定首部的串值
open("method", "url")	建立对服务器的调用。method 参数可以是 GET、POST 或 PUT；url 参数可以是相对 URL 或绝对 URL。这个方法还包括三个可选的参数
send()	向服务器发送请求
setRequestHeader("header", "value")	把指定首部设置为所提供的值。在设置任何首部之前必须先调用 open()

下面是一段代码，展示了 XHR 对象如何从服务器请求一个 XML 文档，服务器返回文档并显示。

```
var xmlHttp;

//非 IE 浏览器及 IE 7(7.0 及以上版本)，用 xmlhttprequest 对象创建
if(window.XMLHttpRequest){
  xmlHttp = new XMLHttpRequest();
//IE(6.0 及以下版本)浏览器用 ActiveXObject 对象创建
}else if(window.ActiveXObject){
  xmlHttp = new ActiveXObject("Microsoft.XMLHttp");
}

xmlHttp.open("GET","http://localhost/book.xml", false);
xmlHttp.send();
alert(xmlHttp.responseText);
```

304

可以看到，XMLHttpRequest 的使用方法非常简单。首先，创建一个变量 xmlHttp 来保存这个对象的引用。接下来，就是创建 XHR 对象的实例。由于 XHR 在 IE 5 和 IE 6 中是以 ActiveX 组件的形式存在的，因此其创建方法与在非 IE 浏览器和 IE 7 以上版本是不一样的。为了使程序能兼容各种浏览器，所以需要对使用的浏览器进行判断，并使用相应的方法来创建 XHR 对象实例。最后，就是使用创建的对象打开链接（open 方法），发送请求（send 方法），并使用 responseText 属性提取返回的 XML 文档。

2. AJAX 交互过程示例

前面学习了 XMLHttpRequest 对象，大家可能想知道一个典型的 AJAX 交互过程是怎样的？总体上讲，这个过程与标准 Web 客户中所用的标准请求/响应方法有很大不同，如图 7-10 所示，显示了一个完整的 AJAX 交互过程。

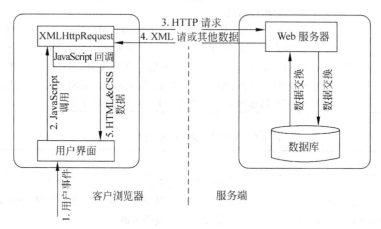

图 7-10 AJAX 交互过程

（1）用户在浏览器端触发一个 AJAX 事件，如 HTML 文档的 onClick、onChange 事件都可以用来触发 AJAX 事件。下面的代码就是使用超链接的 onClick 事件来执行邮件发送任务：

```
< a href = " # " onClick = "sendEmail();">
```

（2）接下来，在执行邮件发送任务的 JavaScript 函数中，JavaScript 脚本会创建 XMLHttpRequest 对象的一个实例，使用 open()方法建立调用，并设置 URL 及所希望的 HTTP 方法（GET 或 POST 等）。然后，请求实际通过一个 send()方法调用触发。具体代码使用方法可参见前面对 XMLHttpRequest 对象的介绍部分。

（3）向服务器做出请求。可能调用 servlet、CGI 脚本，或者任何服务器端技术。

（4）这时，服务器会根据用户的请求做出相应的事情，包括访问后台数据库，甚至另外一个系统，并把获取的 XML 或其他数据返回到浏览器。

（5）最后，JavaScript 会从 XMLHttpRequest 对象中读取返回的数据，并通过 DOM 来操作用户界面中的 HTML 对象和 CSS 样式，从而完成整个交互过程。

3. AJAX 的优缺点

AJAX 技术的出现引发了 Web 应用的深刻变革，其带来的好处也显而易见，主要体现在以下几个方面。

（1）节省带宽资源。

传统模式相对于 AJAX 模式在性能上的最大区别就在于传输数据的方式。在传统模式中，数据提交是通过表单(Form)，获取数据是整页的 HTML＋CSS，以及图片视频等内容，而 AJAX 模式只是通过 XMLHttpRequest 向服务端提交希望提交的数据，并通过 XML 返回需要的少量数据或者 HTML＋CSS 片段，这样相对于传统模式来说无疑节约了很多带宽资源。

（2）可以开发出类桌面化 Web 应用，提升了用户体验。

AJAX 默认采用异步模式，提高了页面的处理速度，尤其页面的局部刷新功能（即页面无刷新，在页面内与服务器通信），这样做的最大好处就是提高了用户体验度。

（3）减轻服务器工作负担。

通过使用 AJAX 技术，可以把以前一些服务器负担的工作转嫁到客户端，利用客户端闲置的能力来处理。

（4）易于部署。

AJAX 是充分利用了基于标准化的并被广泛支持的技术，不需要在浏览器端下载任何插件或者小程序。

但是，为什么 AJAX 相对于传统模式有着那么多优越性却没有完全取代传统模式，成为最优开发模式呢？这不由得想起了 AJAX 的不足，以及它与生俱来的缺陷，世界上并没有完美的事物，同样 AJAX 也并不是一项完美的技术，它的缺点体现在以下几个方面。

（1）浏览器支持。

对于 XMLHttpRequest 对象的支持，IE 是在 5.0 版本才支持的，Mozilla、Netscape 等浏览器支持 XMLHttpRequest 则更在其后，所以说使用较老版本的浏览器访问 AJAX 页面是不可能得到正确结果的。

（2）增加了开发难度及成本。

这个问题就是在 Internet 历史长河中一直存在并一直没能解决的问题——浏览器之争。对于各个浏览器阵营来说，各行其道已经不是一两年了，程序员在客户端脚本开发中顾此失彼也是常有的事，为了兼顾 AJAX 应用能在各个浏览器中都能正常运行，程序员必须花费大量的精力来比较各个浏览器之间的差别来使得 AJAX 应用能够很好地兼容各个浏览器。实际上，这是浏览器兼容客户端脚本的问题，但 JavaScript 是 AJAX 的重要组成部分。这使得 AJAX 开发的难度高出普通 Web 开发很多，也是许多程序员对 AJAX 望而生畏的原因之一。

（3）改变了用户使用浏览器的习惯。

最显著的一个改变就是在 AJAX 中前进和后退按钮的失效，虽然可以通过一定的方法，如添加锚点，解决使用浏览器"前进"和"后退"的问题（Gmail 在这一点上似乎做得不错），但相对于传统的方式却麻烦了很多，对于大多数的程序员来说宁可放弃"前进"、"后退"功能，也不愿意在繁琐的逻辑中去处理这个问题。

另外，AJAX 也违背了 URL 资源定位的初衷。例如，给出一个 URL 地址，如果采用了 AJAX 技术，也许用户 A 在该 URL 地址下面看到的和用户 B 在这个 URL 地址下看到的内容是不同的，这个和资源定位的初衷是相背离的。

（4）对搜索引擎的支持不好。

通常搜索引擎都是通过爬虫程序来对互联网上的数以亿计的海量数据来进行搜索整理

的,可惜与 Flash 应用在搜索爬虫上遇到的问题类似,爬虫程序现在还不能理解人们那奇怪的 JavaScript 代码和因此引起的页面内容的变化,这使得应用 AJAX 的站点在网络推广上相对于传统站点明显处于劣势。

(5) 安全问题。

AJAX 技术就如同对网站数据建立了一个直接通道,这使得开发者在不经意间会暴露比以前更多的数据和服务器逻辑。AJAX 的逻辑可以对客户端的安全扫描技术隐藏起来,允许黑客从远端服务器上建立新的攻击。还有 AJAX 也难以避免一些已知的安全弱点,诸如跨站点脚步攻击、SQL 注入攻击和基于 Credentials 的安全漏洞等。

7.5.2　RIA

RIA 是 Rich Internet Applications 的缩写,即富互联网应用,它是具有高度互动性、丰富用户体验以及功能强大的客户端。RIA 技术允许人们在因特网上以一种像使用 Web 一样简单的方式来部署客户端程序。无论将来 RIA 是否能够如人们所猜测的那样完全代替 HTML 应用系统,对于那些采用胖客户端技术运行复杂应用系统的机构来说,RIA 确实提供了一种廉价的选择。

RIA 既具有桌面应用程序的特点,如在无刷新页面之下提供快捷的界面响应时间,提供通用的拖放式的用户界面特性以及在线和离线操作能力等,也具有 Web 应用程序的特点,如立即部署、跨平台、采用逐步下载来检索内容和数据以及可以充分利用被广泛采纳的互联网标准等。

而传统网络程序的开发是基于页面的、服务器端数据传递的模式,把程序的表示层建立在适合于文本的 HTML 页面之上。因此,对于要求多次提取网页来完成一项事务处理的复杂应用系统来说,如一些医药和财务领域的系统,这往往导致交互速度低得无法接受。

相比之下,RIA 能利用相对健壮的客户端描述引擎,这个引擎能够提供内容密集、响应速度快和图形丰富的用户界面。除了提供一个具有各种控件(滑标、日期选择器、窗口、选项卡、微调控制器和标尺等)的界面之外,RIA 一般还允许使用 SVG(Scalable Vector Graphics,可伸缩向量图)或其他技术来随时构建图形。一些 RIA 技术甚至能够提供动画来对数据变化做出响应。此外,RIA 还能将数据缓存在客户端,从而可以实现一个比基于 HTML 的响应速度更快且数据往返于服务器的次数更少的用户界面。

如图 7-11 所示,其给出了一个典型的 RIA 体系结构。XML 通常被用作数据传输的格式,有时也被用来描述窗体的布局。在很多实例中,客户端可以保持与数据源的连接,这样服务器能够实时地对客户端数据进行更新。一般来说,在 RIA 应用中,对一个数据库的访问可以通过 Web 服务的调用来完成。

图 7-11　RIA 体系结构

目前，比较流行的 RIA 解决方案有 Adobe 公司的 Flex 和微软公司的 SilverLight。下面，将以 Flex 为例来介绍 RIA 的技术体系是如何运行的。

Flex 最初由 Macromedia 公司在 2004 年 3 月发布，是基于其专有 Flash 平台的，它涵盖了支持 RIA 开发和部署的一系列技术组合。

Adobe 公司收购 Macromedia 后，Flex 已作为一个高效、免费的开源框架向广大程序员开放。在 Flex 框架下，开发人员能构建具有表现力的 Web 应用程序，这些应用程序可以利用 Adobe Flash Player 和 Adobe AIR 实现跨浏览器、桌面和操作系统的统一部署。

作为一个技术框架，Flex 包括以下几方面的内容。

(1) 描述应用程序界面的 XML 语言(MXML)。

MXML 是一种描述 Flex 应用程序构造的 XML 语言。每个 MXML 文件应该以一个 XML 声明开始；和其他 XML 语言一样，MXML 还包含元素(标签)和属性，对大小写敏感；此外，描述应用程序的 MXML 文件必须有一个位于其他元素之外的 Application 元素。如下面的 Flex MXML 程序代码就定义了一个文本标签——Hello World。

```
<?xml version = "1.0"?>
< mx:Application xmlns:mx = "http://www.macromedia.com/2003/mxml">
    < mx:Label text = "Hello World!"/>
</mx:Application >
```

(2) 一个 ECMA 规范的脚本语言(ActionScript)，用来处理用户的业务逻辑和构建数据模型。

ActionScript 是一种类似 JavaScript 和其他 ECMA 规范的面向对象的脚本语言。如果大家使用过 JavaScript、Java、C♯等其他面向对象的语言，会发现它们的语法很相似。用户可以在 MXML 文件中嵌入 ActionScript 代码，也可以从独立的外部文件导入代码。

(3) 一个基础类库。

Flex 既包含按钮、文本框、容器等可见的组件，也包括了远程服务对象和数据模型等的不可见组件。这些组件可以通过 MXML 语言直接在程序界面中使用。

(4) 运行时服务。

Flex 提供了多项运行时服务，如历史控制和远程服务连接对象等。以开发的角度看，这些服务都是对类库的调用。

(5) 一个由 MXML 文件生成 SWF 文件的编译器。

Flex 编译器会在收到一个浏览器访问 MXML 文件的请求后，自动编译生成相应的 SWF 文件，并返回给浏览器。编译好的 SWF 文件将被缓存，直到修改了源 MXML 文件。

由此可见，一个 Flex 应用程序是由 MXML 语言编写的 MXML 文件。在该程序文件中，可以使用指定标签，如<Label>，把基础类库中的各种组件组织成程序界面；使用 ActionScript 脚本语言来添加用户互动和连接数据服务；然后，编译器会把 MXML 文件编译成 SWF 文件，供浏览器显示执行(确切的说，是浏览器中的 Adobe Flash Player 来执行程序)。

从最终浏览器端执行的程序来说，Flex 应用程序实质上是一个 Flash 动画。这时，大家就会有疑问了，那为什么会有 Flex 的产生？传统的程序员在开发动画应用方面存在困难，Flex 平台最初就是因此而产生。Flex 试图向程序员们提供其已经熟知的工作流程和编程模型来改善 Flash 应用程序的开发。

另外,虽然 Flex 和 Flash 有众多的相似点,但也存在很多不同。

(1) 尽管都使用 ActionScript,但是使用的库并不完全相同,更合适的说法是两者使用着两套具有极大"功能重叠"范围的库。

(2) Flash 偏向的是美术动画设计师人员,所以更容易发挥特效处理的优势,Flex 偏向开发人员,所以容易做出具有丰富交互功能的应用程序。

(3) 两者市场定位不同,Flex 是面向企业级的网络应用程序,Flash 则面向诸如平面动画、广告设计等多媒体展示程序。

(4) Flash 的编程模型是基于时间轴的(适合做动画),Flex 的则是基于窗体(适合做应用程序)。

参 考 文 献

[1] 刘清堂.数字媒体技术导论.北京：清华大学出版社,2008.

[2] 刘惠芬.数字媒体——技术·应用·设计.北京：清华大学出版社,2003.

[3] 张文俊.数字媒体技术基础.上海：上海大学出版社,2007.

[4] 卢虹,张璋.优秀动漫游戏系列教材——游戏概论.北京：中国科学技术出版社,2009.

[5] 石民勇.游戏概论.北京：中国传媒大学出版社,2009.

[6] 刘康.高等院校动画艺术专业教材——游戏概论.武汉：湖北美术出版社,2011.

[7] 潜龙.游戏设计概论.北京：科学出版社,2006.

[8] 胡昭民,吴燦铭.游戏设计概论.第 3 版.北京：清华大学出版社,2011.

[9] 林大为.3D 游戏动画制作教程.上海：上海人民美术出版社,2011.

[10] 秦海玉.Windows 游戏程序设计基础.北京：电子工业出版社,2011.

[11] 黄玉清,郑雨涵.3ds Max 8 游戏设计与制作宝典.北京：科学出版社,2006.

[12] 钱俊,李斐.动画概论.武汉：武汉大学出版社,2011.

[13] 丁剑超,王剑白.动画制作.北京：水利水电出版社,2008.

[14] 张凡.Flash 动画设计.第 2 版.北京：机械工业出版社,2008.

[15] 孔德强,陈巍.二维动画合成教程——Animo.北京：中国传媒大学出版社,2008.

[16] 黄兴芳.动画原理 Animation Principles.上海：上海人民美术出版社,2011.

[17] 张凡等.Maya 游戏动画设计.北京：机械工业出版社,2011.

[18] 胡铮.三维角色动画设计与制作.北京：机械工业出版社,2010.

[19] 尚晓雷.二维动画设计与制作.长沙：中南大学出版社,2007.

[20] 孙立军,贾云鹏.三维动画设计.北京：人民邮电出版社,2008.

[21] 刘磊,张元龙.经典动画影片赏析.武汉：武汉理工大学出版社,2006.

[22] 丁海洋,姚桂萍.动漫影视作品赏析.北京：清华大学出版社,2008.

[23] 马建中,索晓玲.动画影片画面赏析.第 2 版.北京：中国传媒大学出版社,2011.

参 考 文 献